高职高专计算机实用规划教材——案例驱动与项目实践

U0148785

Visual Basic .NET 程序设计与项目实践

刘绪崇　周　玲　范明辉　陆昌辉　主　编

清华大学出版社

北　京

内 容 简 介

本书主要介绍采用 Visual Studio 2008 的 Visual Basic .NET 语言为前台，SQL Server 2000 数据库为后台的数据库系统开发技术。全书分为 12 章，具体包括初识 Visual Studio 2008，Microsoft .NET 框架，编程基础，显示对话框，软件开发过程，调试和错误处理，面向对象程序设计基础，Windows 应用程序，数据库基础，Web 窗体，Web 服务等内容，最后还详细讲解了一个通信录系统的开发过程，让读者获得更加感性的认识。

本书适合作为高职高专、本科计算机专业的教材，也适合初学数据库开发的读者使用，尤其适合初学 Visual Basic .NET + SQL Server 数据库开发的读者阅读和参考。

图书在版编目(CIP)数据

Visual Basic .NET 程序设计与项目实践/刘绪崇，周玲，范明辉，陆昌辉主编. --北京：清华大学出版社，2013

(高职高专计算机实用规划教材——案例驱动与项目实践)

ISBN 978-7-302-33664-8

Ⅰ. ①V… Ⅱ. ①刘… ②周… ③范… ④陆… Ⅲ. ①BASIC 语言—程序设计—高等职业教育—教材 Ⅳ. ①TP312

中国版本图书馆 CIP 数据核字(2013)第 206366 号

责任编辑：黄　飞　桑任松
封面设计：杨玉兰
责任校对：周剑云
责任印制：杨　艳

出版发行：清华大学出版社
　　　　　网　　　址：http://www.tup.com.cn，http://www.wqbook.com
　　　　　地　　　址：北京清华大学学研大厦 A 座　　　邮　　编：100084
　　　　　社 总 机：010-62770175　　　　　　　　　邮　　购：010-62786544
　　　　　投稿与读者服务：010-62776969，c-service@tup.tsinghua.edu.cn
　　　　　质 量 反 馈：010-62772015，zhiliang@tup.tsinghua.edu.cn
　　　　　课 件 下 载：http://www.tup.com.cn，010-62791865
印　刷　者：北京世知印务有限公司
装　订　者：三河市溧源装订厂
经　　销：全国新华书店
开　　本：185mm×260mm　　印　张：19.25　　字　　数：468 千字
版　　次：2013 年 10 月第 1 版　　　　　印　　次：2013 年 10 月第 1 次印刷
印　　数：1～3000
定　　价：36.00 元

产品编号：035230-01

前　言

Visual Basic .NET 是一种功能强大、使用简单的语言，主要面向需要使用 Microsoft .NET Framework 来创建应用程序的开发者。Microsoft Visual Studio 2008 提供的开发环境包含大量向导和增强措施，能显著提高开发者的工作效率。

本书旨在介绍基础知识，指导读者使用 Visual Studio 2008 和.NET Framework 来进行 Visual Basic .NET 编程。读者将学习 Visual Basic .NET 的各种特性，并利用它们来构建运行于 Windows 操作系统上的应用程序。学完本书之后，读者对 Visual Basic .NET 会有一个全面的理解，并能用它来构建 Windows 窗体应用程序、访问 SQL Server 数据库、开发.NET Web 应用程序以及创建并使用 Web 服务。

本书将帮助读者掌握在多个基本领域的开发技巧，全书体系结构合理，概念清晰，原理讲述清楚，既强调介绍基本原理和技术，又突出了实际应用。全书共分 12 章，各章主要内容说明如下。

第 1 章主要介绍 Visual Basic .NET 的运行环境以及安装。

第 2 章主要介绍.NET 框架，了解框架对将来的开发及应用都会起到非常重要的作用。

第 3 章详细介绍 Visual Basic .NET 语言的基本组成部分，具体包括数据类型、变量的使用、数据结构、控制语句等内容。

第 4 章主要介绍 Windows 应用程序开发中.NET 已经为开发人员设计好的一些控件。

第 5 章主要介绍软件开发的完整过程，这对读者将来在工作岗位上会很有帮助。在开发软件之前，必须进行周密的需求分析，所以特意将这些内容加到本书中。

第 6 章主要介绍开发人员如何编写更加健壮的程序，如何针对程序出现的异常情况做出补救措施。

第 7 章主要介绍面向对象程序设计的基础知识。读者可以将本章中介绍的类理解为一类物品和这类物品拥有的功能；对象可以理解为该类物品中的一件。

第 8 章主要介绍 Windows 应用程序的开发，即常见的 Windows 程序。

第 9 章主要讲解有关数据库方面的知识，包括常用的数据库介绍，如何在.NET 中操作数据库组件等内容。

第 10 章介绍 Web 窗体有关的知识，使读者对 Windows 窗体和 Web 窗体有更加明确的认识，掌握服务器控件的使用方法。

第 11 章讲解 Web 服务，Web 服务似乎是一个崭新的名词，各大主流技术论坛无一不在关注 Web 服务的发展。但到底什么是 Web 服务呢？本章将介绍 Web 服务的相关知识。

第 12 章详细描述一个通信录系统的开发过程，将本书所学的知识点贯穿起来，让读者有一个更加感性的认识。

本书既可以作为高等院校非计算机专业程序设计课程的教材，也可以作为从事计算机数据库应用系统开发和维护的工程技术人员、管理人员的参考用书或培训教材。

本书由刘绪崇、周玲、范明辉、陆昌辉、范方隆、肖正春、杨国锴、胡勇辉、彭为、钟坚成、文龙、王石罗、陈勇、兰湘涛、杭志、倪文志、胡亚兰等编写。因作者水平有限，还存在一些不足之处，恳请广大读者批评指正。

编 者

目　录

第 1 章　初识 Visual Studio 2008

教学提示：本章主要介绍 Visual Basic .NET 的运行环境及安装配置，这个过程对于开发人员来说是必不可少的内容，对开发环境的了解和熟练应用可以促进对这一门编程语言的学习。

教学目标：了解 Visual Basic .NET 的运行环境，可以熟练地使用该环境及帮助系统，并通过上机操作完成开发环境的安装。

1.1　安装 Visual Studio 2008

下面将真正开始.NET 应用程序开发的第一步，先介绍该工具的安装步骤。

(1)　打开安装程序所在的目录，双击 Setup.exe 可执行程序，启动 Microsoft Visual Studio 2008(或简称 VS2008)的安装进程。进入如图 1.1 所示的安装界面。

图 1.1　Microsoft Visual Studio 2008 的安装界面

(2)　单击"安装 Visual Studio 2008"链接，将进入安装向导对话框，如图 1.2 所示。

(3)　单击安装向导中的"下一步"按钮，将进入如图 1.3 所示的界面。在其中选中"我已阅读并接受许可条款"，输入产品密钥和名称，然后单击"下一步"按钮。

(4)　在随后出现的界面中，可以选择安装类型和安装路径，如图 1.4 所示。在本例中，选择的是"自定义"安装类型和安装路径，选择好后单击"下一步"按钮。

(5)　在接下来的界面中，进行功能种类的选择，在这里全部选中即可，如图 1.5 所示。选择好后直接单击"安装"按钮。

Visual Basic .NET 程序设计与项目实践

图 1.2　Visual Studio 2008 的安装向导

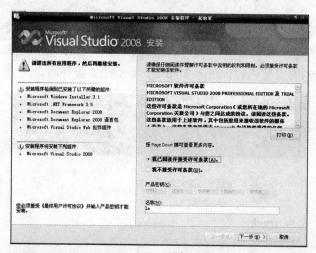

图 1.3　许可协议界面(起始页)

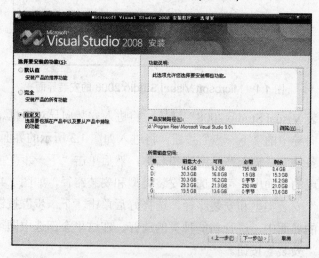

图 1.4　选项页界面

高职高专计算机实用规划教材——案例驱动与项目实践

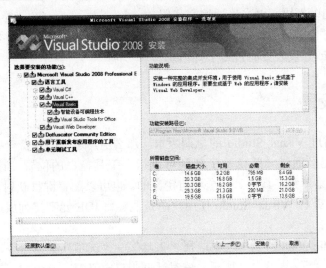

图 1.5　选择功能种类

(6)　安装过程将自动进行，安装完成后，将出现如图 1.6 所示的界面，确认无误后单击其中的"完成"按钮即可。至此，Microsoft Visual Studio 2008 就成功地安装到用户的计算机上了。

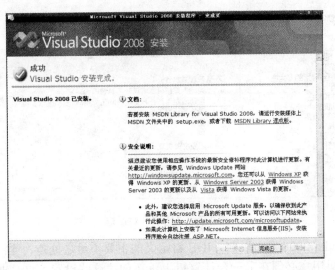

图 1.6　安装向导完成界面

注意：在 Windows XP SP2 下安装 VS2008 可能会无法安装 SQL 2008 组件，但是这并不影响 VS2008 的正常使用。

1.2　Visual Studio 2008 集成开发环境

Microsoft Visual Studio 2008 包含许多对开发环境新的增强、创新和提高，其目的在于使 Visual Basic .NET 开发人员比以往更加高效。本章探讨其中的一些功能，并且阐述开发人员如何使用它们以更快、更准确地编写代码。

除其他对 IDE 的改进之外，Visual Studio 2008 再次引入了"编辑并继续"，这对经验丰富的 Visual Basic 开发人员而言是个好消息。

1.2.1　配置设置

如果曾经使用过 Visual Studio 的早期版本，那么用户可能会花费一些时间自定义开发环境。用户可能已经通过一些试验了解到可以指定工具窗口的位置，或者可能已经发现 Visual Studio 中的菜单和工具栏是完全可自定义的。也可以配置键盘映射、项目模板类型和帮助筛选器等。事实上，Visual Studio 使用户总是能够将 IDE 元素排列成最适合个人的开发风格。

在 Visual Studio 2008 的菜单栏中选择"工具"→"选项"菜单命令，可打开用于配置设置的"选项"对话框，如图 1.7 所示。该对话框为自定义 Visual Studio 开发环境提供了大量的设置类别。

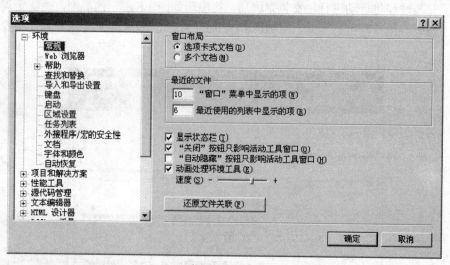

图 1.7　"选项"对话框

在 Visual Studio 2008 发布以前，IDE 自定义的主要不足之处是，无法以可移植的格式保存首选项。如果用户必须在另一台计算机上重新创建这些设置，这是非常有用的。使用 Visual Studio 2008，可以稍后或在另一台计算机上快速而轻松地还原个人设置。

Visual Studio 2008 允许以如下方式使用自定义设置：

- 制作当前设置的副本以供另一台计算机使用。
- 将设置分发给其他开发人员。
- 允许团队对 IDE 的某些元素(如代码编辑器)使用相同的设置，而在 IDE 的其他区域内保留个人的自定义。

如图 1.8 所示，"选项"对话框环境设置包括一个"导入和导出设置"项。"将我的设置自动保存到此文件"文本框中指定的文件在每次关闭 Visual Studio 时都会被更新。它可以是本地文件，也可以是网络文件。在用户经常操作两台计算机的情况下，应将该文件设

置在两台计算机都可以访问的网络位置，这样就能够确保用户在两台计算机上均享用相同的 Visual Studio "外观"。另外，每次更改其中一台计算机的设置时，它都会自动地在另一台计算机上显示。

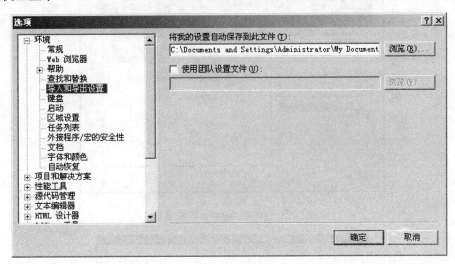

图 1.8 "导入和导出设置"项

在"使用团队设置文件"复选框下面的文本框中，可指定一个.vssettings 文件来包含一组开发人员共享的设置。

要理解其用途，不妨考虑以下情况：一个开发团队的所有成员都必须使用 Visual Basic .NET 代码文件相同的缩进和格式化选项。

开发人员主管可以配置 Visual Studio 2008 中的格式化选项，然后使用"导入和导出设置"界面将这些格式化设置保存到网络共享的.vssettings 文件中。然后，开发团队的其他成员更新他们的 Visual Studio 配置以使用该团队的设置文件。

如果该团队以后决定更改默认值，则开发人员主管可以将新设置导出到相同的文件位置，该团队中的每个成员在他们下次启动 Visual Studio 时，都将自动接收到此新设置。

1.2.2 菜单

启动 Visual Studio 之后，最上方的位置是平台的功能菜单区，其中的菜单项包括"文件"、"编辑"、"视图"、"项目"、"生成"、"调试"、"数据"、"工具"、"测试"、"窗口"和"帮助"等，如图 1.9 所示。

"文件"菜单用于新建网站或者项目、启动项目或者网站、保存修改、打开最近使用过的项目等功能的管理，此菜单中的具体命令如图 1.10 所示。

"编辑"菜单可以对内容进行复制、粘贴、剪切、删除，或者查找指定文本内容等操作，还包括替换内容的功能，这些功能在将来的应用开发中会经常用到，具体命令如图 1.11 所示。

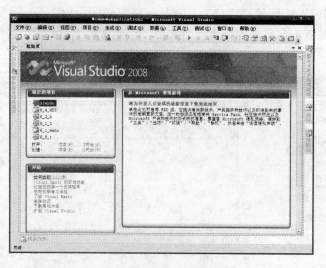

图 1.9　Visual Studio 的菜单栏

图 1.10　"文件"菜单

图 1.11　"编辑"菜单

　　"视图"菜单可以调出用户需要的窗口，比如用户希望查看"属性"或者"工具箱"窗口等，都可从该菜单中找到并打开。还可以设置工具栏选项，其中包括了很多功能的工具栏，在将来逐渐深入的学习中，会了解到它们的用途，具体命令如图 1.12 所示。

图 1.12　"视图"菜单

　　在"工具"菜单中，连接数据库、对平台的个性化设置等功能是开发人员经常使用的，个别功能不是常用的功能，在此不做过多讲解，具体命令如图 1.13 所示。

图 1.13　"工具"菜单

　　当加载已有项目后，在菜单栏中会多出一些菜单，例如"网站"、"生成"和"调试"菜单。"网站"菜单中的功能是对当前项目或网站进行管理，包括添加新项，移除某项、添加引用、添加 Web 引用、设置启动选项等功能，具体命令如图 1.14 所示。

图 1.14　"网站"菜单

　　"生成"菜单可以用来完成发布网站、生成网站、重新生成项目等功能，具体命令如图 1.15 所示。

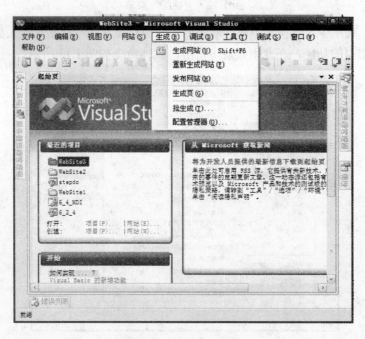

图 1.15　"生成"菜单

　　"调试"菜单中的功能在开发过程中是非常重要的，当开发人员完成一部分编码后，要通过调试来确保程序的正常运行，若程序出现问题，可以设置"断点"逐句排错，这个功能可以为开发人员在测试期间节省很多宝贵的时间，具体命令如图 1.16 所示。

图 1.16 "调试"菜单

1.2.3 解决方案、项目和文件

Visual Studio 提供了两类容器,来帮助用户有效地管理开发工作所需的项,如引用、数据连接、文件夹和文件等。这两类容器分别叫作解决方案和项目。

此外,Visual Studio 还提供解决方案文件夹,用于将相关的项目组织成项目组,然后对这些项目组执行操作。作为查看和管理这些容器及其关联项的界面,"解决方案资源管理器"是集成开发环境(IDE)的一部分。

(1) 容器(解决方案和项目)

解决方案和项目包含一些项,这些项表示创建应用程序所需的引用、数据连接、文件夹和文件。一个解决方案可包含多个项目,而一个项目通常包含多个项。这些容器允许用户采用以下方式来使用 IDE:

- 作为一个整体管理解决方案的设置或管理各个项目的设置。
- 在集中精力处理组成开发工作的项的同时,使用"解决方案资源管理器"来处理文件管理细节。
- 添加对解决方案中的多个项目有用或对该解决方案有用的项,而不必在每个项目中引用该项。
- 处理与解决方案或项目独立的杂项文件。

(2) 项(文件、引用、数据连接)

项可以是文件和项目的其他部分,如引用、数据连接或文件夹。在"解决方案资源管理器"中,项可以按下列方式来组织:

- 作为项目项(项目项是构成项目的项),如"解决方案资源管理器"中项目内的窗体、源文件和类。组织和显示方式取决于所选的项目模板以及所做的所有修改。
- 作为文件的解决方案项,适用于整个解决方案,位于"解决方案资源管理器"的"解决方案项"文件夹中。

● 作为文件的杂项文件，它们与项目或解决方案都不关联，可显示在"杂项文件"文件夹中。

1.2.4 社区集成

对托管和非托管代码的初学者和有经验的开发人员来说，Visual Studio 社区是一个重要的资源。可以利用开发人员知识的积累对每个人来说都是有益的。Visual Studio 2008 有一个菜单用于进入开发人员社区，"社区"菜单提供了进入开发人员社区的方便途径，使参与社区更加简单。

"社区"菜单提供了下列命令选项。

● 提出问题：该命令把开发人员带入 Microsoft 社区论坛，把问题张贴给 Microsoft。

● 社区搜索：该命令通过在线搜索，能够获得可供下载的项目模板、代码片段、宏和其他有用的资源。

● 开发中心：该命令把开发人员带入到 Microsoft Visual Studio 开发中心，在这里可以讨论与编程相关的话题。

● 检查问题状态：该命令把开发人员带入 Microsoft 社区论坛，查看以前的帖子的当前状态。

● 发送反馈意见：该命令把开发人员带入 MSDN 产品反馈中心。

● Codezone 社区：该命令把开发人员带入 Microsoft Codezone 社区页面，这是一个每个月都对开发人员社区做出很大技术贡献的特色网站。它同时列出了许多在线的社区。

● 合作伙伴产品目录：该命令把开发人员带入 Microsoft Visual Studio 行业合作伙伴计划。可以在这里查询特定的 Microsoft 合作伙伴、产品和解决方案。

1.2.5 添加引用

开发人员添加应用程序引用到项目中，以访问包含在那些应用程序中的外部类型。在 Visual Studio 2008 中的"添加引用"具有新的窗口。

选择"添加引用"菜单命令以从"项目"菜单添加一个引用。"添加 Web 引用"则是添加一个指向 Web 服务程序的引用。

也可以从"解决方案资源管理器"添加引用。打开一个"引用"文件夹的快捷菜单，在该菜单中选择"添加引用"或"添加 Web 引用"命令。"添加引用"菜单命令现在关联了 5 个窗口，可以从任意一个窗口来添加引用。

● .NET：该窗口列出了公共语言运行库(CLR)和.NET 框架类库的系统库。

● COM：该窗口列出了注册 COM 服务器，其中包含了非托管代码。

● 项目：该窗口列出了在当前解决方案中对其他项目的引用。

● 浏览：该窗口允许开发人员浏览所需要的引用。

● 最近：该窗口列出了最近被添加到该解决方案的引用。

高职高专计算机实用规划教材——案例驱动与项目实践

1.2.6   数据菜单

在 Visual Studio 2008 中，"数据"菜单已经被添加到菜单系统。开发人员可以从该菜单添加一个新的数据源到指定项目或显示可用的数据源。在添加新的数据源的时候，系统提供了"数据源配置向导"，如图 1.17 所示。

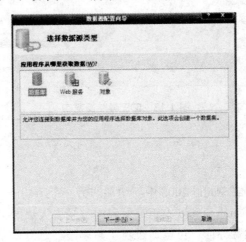

图 1.17   "数据源配置向导"对话框

数据源配置向导针对以下 3 种数据源。

● 数据库：该数据源返回一个数据集给应用程序作为对一个数据库的连接。一个数据集是一个数据源里数据的分离客户端表示。

● Web 服务：该数据源从一个 Web 服务检索数据。该选项添加一个 Web 引用到指定的 Web 服务应用程序。

● 对象：该数据源从一个托管对象中检索数据。

1.2.7   Visual Studio 中的管理窗口

Visual Studio 为不同的应用提供了一批窗口。可能的窗口包括"代码编辑"窗口、各种工具箱、"服务器资源管理器"、"解决方案资源管理器"和"属性"窗口等，还有更多的其他窗口。这些窗口中的大部分窗口是可移动的，但也可以是可停靠的。在 Visual Studio 中，在试图停靠一个窗口的时候，很容易将窗口放错地方或弄乱界面。Visual Studio 2008 提供了可视化提示来帮助移动和停靠一个窗口，包括一个具有停靠箭头的菱形来帮助正确地停靠窗口。

在项目文件和窗口之间进行转换也有所改善。Visual Studio 2008 提供了"IDE 导航器"来帮助在打开文件和窗口之间进行切换。按 Ctrl+Tab 组合键可以打开"IDE 导航器"，从这里用户可以在打开文件和窗口之间定位。"IDE 导航器"窗口如图 1.18 所示，当这个窗口打开的时候，可以用"Ctrl+方向键"或 Ctrl+Tab 组合键来定位窗口中的项。

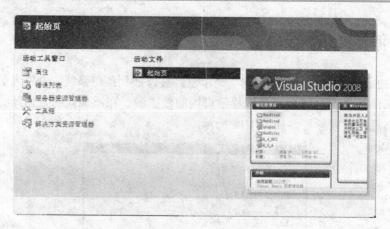

图 1.18　IDE 导航器窗口

1.2.8　自动恢复

"自动恢复"是 Visual Studio 2008 中新增加的另一个新功能。该功能对一个项目进行周期性保存，以防止在 Visual Studio 不正常退出的时候丢失数据。图 1.19 显示了"选项"对话框的"自动恢复"设置界面。可以通过"工具"→"选项"菜单命令打开这个窗口。"自动恢复"出现在"环境"项中。可以在"自动恢复"设置界面中设置自动保存的时间间隔和备份保留的天数。

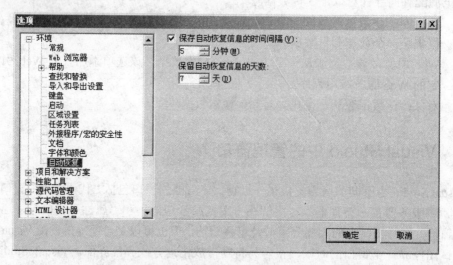

图 1.19　"自动恢复"设置界面

1.3　实　践　训　练

下面先向读者简单介绍 Windows 应用程序和控制台应用程序，在后面的章节中会有更加详细的讲解。

1.3.1　Windows 应用程序

　　窗口类型的应用程序项目具有图形用户界面，并有很多 Windows 控件可供使用，以下即为窗口应用程序的范例，接下来开始创建这个应用程序。

　　(1)　创建一个 Windows 应用程序项目

　　启动 Visual Studio 2008，依次单击"文件"→"新建"→"项目"→"Visual Basic"→"Windows 窗体应用程序"，会自动创建一个名为 Form1 的窗体，按如图 1.20 所示来设计该窗体。

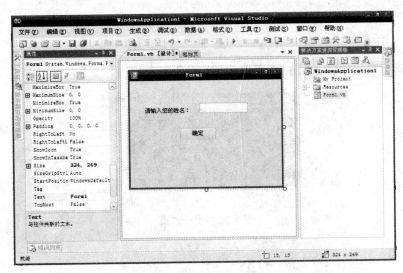

图 1.20　创建 Windows 应用程序

　　(2)　编写代码

　　双击"确定"按钮，进入 Form1.vb 的代码编辑界面，在其中输入如下代码：

```
Public Class Form1
    Private Sub Button1_Click(ByVal sender As System.Object,
    ByVal e As System.EventArgs) Handles Button1.Click
        Label2.Text = "Hello, " + TextBox1.Text
        Label2.Visible = True
    End Sub
End Class
```

　　(3)　运行效果

　　按 F5 键，项目开始进行编译，然后程序正常运行，当用户输入"王"，并单击"确定"按钮时，程序的运行效果如图 1.21 所示。

图 1.21　程序运行效果

1.3.2　控制台应用程序

　　控制台应用程序是开发 DOS 环境的应用程序，没有任何表单组件可供使用。下面开始创建一个简单的控制台应用程序。

(1) 创建项目

启动 Visual Studio 2008，依次单击"文件"→"新建"→"项目"→"控制台应用程序"，单击"确定"按钮创建项目程序。

(2) 编写代码

由于控制台应用程序没有任何图形用户界面，所以将直接进入到代码编辑界面，并输入如下代码：

```
Sub Main()
    Dim strInput As String
    Console.Write("请输入姓名: ")
    strInput = Console.ReadLine()
    Console.WriteLine("Hello " + strInput)
    Console.WriteLine("Please Enter to Exit!")
    Console.ReadLine()
End Sub
```

(3) 运行效果

编译并运行后，得到如图 1.22 所示的运行效果。

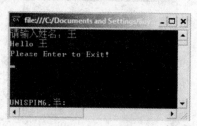

图 1.22　运行效果

1.4 习　　题

1. 填空题

(1) _____程序不同于过去的 MS-DOS 程序。_____程序自始至终遵循一种相对严格的路径。

(2) Windows 提供了事件驱动编程的方法。这些事件包括：_____、_____、_____等。

(3) _____包含许多对开发环境新的增强、创新和提高，其目的在于使_____开发人员比以往更加高效。

(4) 用户可能已经通过一些试验了解到可以指定工具窗口的位置，或者可能已经发现 Visual Studio 中的菜单和工具栏是完全可自定义的。也可以配置_____、_____和_____等。

(5) 在"使用团队设置文件"选项下面，可指定一个_____文件来包含在一组开发人员中共享的设置。

(6) _____用于新建网站或者项目、启动项目或者网站、保存修改、打开最近使用过的项目等功能的管理。

(7) 在"调试"菜单中的功能对于开发过程是非常重要的，当开发人员完成一部分编码后，要通过调试来确保程序的正常运行，若程序出现问题，可以设置_____逐句排错，这个功能为开发人员在测试期间节省了很多宝贵的时间。

2．选择题

(1) _____菜单可以调出用户需要的窗口，比如用户希望查看"属性"或者"工具箱"等窗口时都可从该菜单中找到并打开。

  A．文件   B．视图   C．编辑   D．工具

(2) Visual Studio 提供了两类容器，这两类容器分别叫作_____和_____。

  A．文件夹   B．解决方案   C．引用   D．项目

(3) Visual Studio 提供的两类容器中，项目容器包含了_____、_____、_____。

  A．文件夹   B．解决方案   C．引用

  D．项目   E．文件   F．数据连接

(4) 开发人员添加应用程序引用到项目中，_____窗口列出了在当前解决方案中对其他项目的引用。

  A．.NET   B．COM   C．项目

  D．浏览   E．最近

(5) _____数据源是返回一个数据集给应用程序的对一个数据库的连接。一个数据集是一个数据源里数据的分离客户端表示。

  A．数据库   B．Web 服务   C．对象

3．判断题

(1) Visual Studio 2008 允许将设置分发给其他开发人员。   ( )

(2) Visual Studio 2008 制作的当前设置只允许一台计算机使用。   ( )

(3) 通过"工具"菜单，可以对内容进行复制、粘贴、剪切、删除，或查找指定文本内容等操作，还包括替换内容的功能。   ( )

(4) 添加对解决方案中的多个项目有用或对该解决方案有用的项，而不必在每个项目中引用该项。   ( )

(5) 开发人员可以通过"网站"菜单添加一个新的数据源到指定项目或显示可用的数据源。   ( )

4．简答题

(1) 试说明"添加引用"、"添加 Web 引用"的目的是什么？

(2) Visual Studio 2008 提供了三种数据源向导，请简单表述这三种数据源的作用。

(3) 简要描述 AssemblyInfo.vb 文件的用途。

(4) Visual Studio 2008 允许用户以哪些方式使用自定义设置？

5．操作题

在自己的计算机中安装 Visual Studio 2008。

第 2 章　Microsoft .NET 框架

教学提示：本章主要介绍.NET 框架，了解框架对将来的开发及应用都会起到非常重要的作用。

教学目标：认真体会本章的精髓，要求对.NET 框架有一定程度的认识和了解。

2.1　.NET 概述

Microsoft .NET 的含义很广，也非常含糊。它包括.NET 框架(其中又包含了各种语言和执行平台)和扩展的类库(提供丰富的内置功能)。除了.NET 框架核心之外，.NET 还包括各种协议(如 SOAP)，这些协议利用一种名为 Web 服务的标准，通过 Internet 提供了软件集成的一个新层次。

基于.NET 框架的第一个发布产品是 VS.NET 2002，它在 2002 年 2 月公开发布，其中包含了.NET 框架 1.0 版本。VS.NET 2003 在一年后推出，其中包含了.NET 框架 1.1 版本。后来发布的 Visual Studio 2005 和 Visual Studio 2008 名称中已经不再包含 ".NET" 字样了。

本书中的一些例子在 VS.NET 2002 和 VS.NET 2003 中可以直接运行，但是由于 2.0 版与以前的版本有着非常大的变化，所以多数的例子不能在旧版本中运行。

2.1.1　MSN 1.0

当 Internet 开始进入千家万户时，微软公司就推出了 MSN 的第一版。与今天的版本有很大的不同，当初 MSN 是一项私人拨号服务，很像 CompuServe。先前，MSN 并没有为现在这样丰富的 Internet 世界提供访问权限，因为它只是一个封闭的系统。最初的 MSN 称为 MSN 1.0。

2.1.2　.NET 的理念

所有的计算机平台都想达到一个大致相同的目的：给用户提供应用程序。如果要写一本书，可以选择使用 Linux 平台上的 StarOffice，或使用 Windows 平台中的 Word。但使用计算机的方式是相同的，换句话说，应用程序与平台无关。

虽然.NET 针对的目标是 Windows 平台，但是有理由相信其后继版本的目标是其他的平台。现在已有了开放源代码的项目，试图重新创建运行于其他平台的.NET。这说明，对.NET 开发人员在 Windows 上编写的程序无需进行任何修改即可在 Linux 上运行。事实上，Mono 项目已经发布了其产品的第一个版本。该项目目前正在开发 C#编译器的开放源版本、CLI 运行库、.NET 类的一个子集，以及独立于 Microsoft 所包含内容的其他.NET 产品。

.NET 是一个程序设计层，它完全由 Microsoft 拥有和控制。读者应成为.NET 程序员而不是 Windows 程序员，软件应编写成.NET 软件而不是 Windows 软件。

为了理解这样做的重要性，假定一个新平台投放市场后，它开始以惊人的速度侵吞市场份额。就像 Internet，这个新平台提供了工作和生活的一种新方式，且确实有其优越的地方。随着.NET 的推出，要在这个平台上获得立足之地，Microsoft 必须开发在它上面运行的.NET 版本。现在所有的.NET 软件都在新平台上运行，减少了新平台侵占 Microsoft 市场份额的机会。

2.1.3　VB.NET 和 Java 的 OOP 设计

VB.NET 和 Java 这两种语言越成熟，它们也就越相似。尽管 Java 实际上是一种面向对象编程(Object-oriented Programming，OOP)语言，它的许多设计还是受到了 C++和 Smalltalk 的影响。

VB.NET 采纳了包括 Java 在内的许多其他面相对象编程语言的功能和特点。Visual Basic .NET 把基本数据类型(字符串、整型、双精度等)转换成带有属性和方法的对象；它还引入了 Java 类型的错误捕获机制(用 Try 和 Catch)；VB.NET 还把代码编译成微软中间语言(Microsoft Intermediate Language，MSIL)；它还提供了基于 XML 的应用程序配置。更重要的是设计面向对象解决方案的能力可以用任何语言来实现。

在 Visual Basic 中，如同在 Java 中那样，任何东西都是对象——字符、整型以及它所包括的其他基本类型。Visual Basic 语言的先期版本包括了一些内建函数来处理字符串；字符串或者整型没有属性和方法。现在，在 Visual Basic 中，字符串与 Java 中的字符串几乎是相同的。在 Java 中，int 和 double(基本类型)依然存在，但在 VB.NET 中，它们成功地被各自的对象所取代。

把字符串和数字转换成对象可以让代码更清晰、更少依赖于编程语言本身。这里给出一个例子，为了从一个字符串中找到一个字符，用先前版本的 VB，程序员可能会这么写：

```
sMyString = Mid(sMyString, 3, 4)
```

现在，它可以被替换为：

```
sMyString = sMyString.substring(3, 4)
```

VB 命令现在依然得到了保留，如果转换时出现问题，它们还可以使用；但是在上面例子中的第二部分，用 VB、Java 或是 C#实现，其语法是相同的。VB 程序员抛弃老 VB 语法采用"新的"面向对象编程技术几乎不会出现问题。

事件处理是 VB.NET 所提供的另一个强大补充，它的功能也可以与 Java 相提并论，也使用了"监听者(listener)"概念。利用事件处理，程序员可以给对象分配默认方法。例如，VB.NET 开发者可以给 Datagrid 添加一个处理来实现数据的改变。

在面向对象编程中，"has a"和"is a"语句用来进行对象之间的联系。在 VB.NET 中，这种类型的 OOP 关系的最好例子就是窗体中的默认按钮和取消按钮。在 VB 6.0 中，程序员需要设置按钮的默认值，这样按 Enter 键就起到了单击按钮的作用。现在，每个窗体"has a"默认按钮属性，由此，可以把窗体的这个属性赋值给按钮对象。由于窗体可能只有一个默认按钮和一个取消按钮，这个改变很有意义。

在 VB.NET 迁移到 OOP 环境的过程中，用户最关心的一个问题是现在有了更多的设计问题。在 Java 中，使用 OOP 需要在设计类和类之间的关系之前花费许多时间。如果没有花上这些时间，就需要开发团队的程序员变通性强，并且理解按计划或者项目进程进行设计修订的重要性。

在 VB6 中，许多程序员还趋向于写大块的过程代码。尽管这些代码依然被 VB.NET 所支持，VB 程序员还是需要在编写代码解决手头问题之前把 OOP 实践和设计结合到解决方案中去。

Visual Studio 已经开始实现了用与 J2EE 类似的技术来配置应用程序和方案，这主要通过使用 XML 配置文件。app.config 文件组织了一种设置应用程序配置的标准方法。.NET 安全可以通过控制面板进行配置。而在 Java 中，这种配置的典型例子就是 security.properties 文件。

网络应用程序现在同样包括一个 web.config 的文件。在这个文件中，程序员可以选择并配置数据库连接字符串、安全以及其他选项。这种配置类型使得对 Java 程序员来说更容易理解.NET 是如何工作的，但是，更重要的是，它给了微软开发人员一种进行配置和展开应用程序的标准方法。

很显然，Java 和 VB 越走越近了。在 OOP 成熟之时，将会看到这些语言更加相似。例如，C#接近于 Java 的程度超过了它接近 VB.NET 的程度。

2.2 .NET 框架概述

最重要的，.NET 是一个架构，它覆盖了在操作系统上开发软件的所有方面，为集成 Microsoft 或任意平台上的显示技术、组件技术和数据技术提供了最大的可能。其次，创建出来的整个体系可以使 Internet 应用程序的开发就像桌面应用程序的开发一样简单。

.NET 框架实际上封装了操作系统，把用.NET 开发的软件与大多数操作系统特性隔离开来，例如文件处理和内存分配。这样，为.NET 开发的软件就可以移植到许多不同的硬件和操作系统上。

VS.NET 支持 Windows Server 2003、Windows XP 和 Windows 2000 的所有版本。为.NET 创建的程序也可以运行在 Windows NT、Windows 98、Windows Me 上，但 VS.NET 不能在这些系统上运行。需要注意的是，在某些情况下，要运行.NET 程序必须先安装相关的服务包。

图 2.1 显示了 Microsoft .NET 框架的主要组件。

该架构的底层是内存管理和组件加载层，最高层提供了显示用户和程序界面的多种方式。在这两者之间的层仅提供开发人员需要的任一系统级功能。

底层是公共语言运行库，通常简写为 CLR。这是.NET 框架的核心，是驱动关键功能的引擎。它包括数据类型的公共系统等。这些公共类型和标准接口约定使跨语言继承成为可能。除了内存的分配和管理之外，CLR 还负责对象的跟踪、处理垃圾回收。

中间层包括下一代的标准系统服务，例如管理数据和 XML 的类。这些服务在架构的控制之下，可以在各处通用，而且在各种语言中的用法也一致。

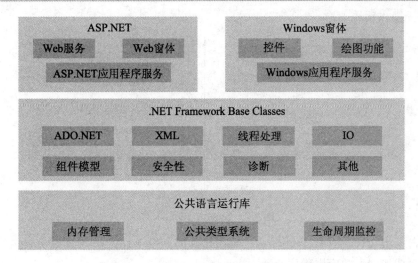

图 2.1　Microsoft .NET 框架的主要组件

顶层包括用户和程序界面。Windows 窗体是实现标准 Win32 屏幕的一种更高级的新方式(通常称为"智能客户程序")。Web 窗体提供了基于 Web 的新用户界面。最有革命性的是 Web 服务,它为程序使用 SOAP 在 Internet 上通信提供了一种机制。Web 服务在对象代理和连接方面类似于 COM 和 DCOM,但基于 Internet 技术,所以可以与非 Microsoft 平台集成。Web 窗体和 Web 服务组成了.NET 的 Internet 接口部分,由.NET 框架实现的一部分(即 ASP.NET)来实现。

对于基于.NET 平台的所有语言(当然包括 VB.NET),所有这些功能都是可用的。

2.2.1　.NET 框架类

.NET 框架实际上是一组类,称为基类,这组基类的内涵非常丰富,利用它们可以完成需要在 Windows 和 Web 环境中完成的任何操作,例如处理文件、处理数据、处理窗体和控件等。

与 Win32 API 不同,.NET 是完全面向对象的。无论用.NET 做什么工作,都会用到对象。如果想打开一个文件,就要创建一个知道该如何打开文件的对象。如果想在屏幕上绘制一个窗口,就要创建一个知道如何绘制窗口的对象。将功能封装在对象中,所以不用了解它在后台是如何操作的。

在.NET 中也有子系统的概念,但不能直接访问它们——它们已被框架类抽象化。无论哪种方式,.NET 应用程序都不会直接与子系统通信(但如果真的需要与子系统通信,也可以这么做)。

.NET 应用程序应与对象通信,然后对象再与子系统通信。在图 2.2 中,标有 System.IO.File 的方框是一个在.NET 框架中定义的类。

如果与对象通信,而该对象与子系统通信,那么需要了解子系统吗?答案是否定的,这就是因为 Microsoft 消除了依赖 Windows 的方式。如果知道了一个文件的名称,用相同的对象就可以打开它,而不管它是在 Windows XP 上、掌上电脑或 Linux(一旦所需的框架发布了)上运行。同样,如果要在屏幕上显示一个窗口,也不用在意它是在 Windows 操作系统上

Visual Basic .NET 程序设计与项目实践

还是在 Mac 操作系统上。

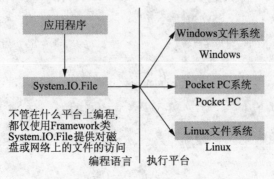

图 2.2　System.IO.File 类

类库自身很大，包含数千个对象，而在日常的开发工作中，开发人员仅需理解少数对象即可创建功能强大的应用程序。

另外，.NET 框架中的基类与所使用的语言无关。因此，如果编写 Visual Basic 2008 应用程序，可以使用 C#或 J#应用程序中的对象，且该对象会有相同的方法、属性和事件，这说明不同的语言在功能上没有什么差别，因为它们都依赖于架构。

2.2.2　客户端应用程序开发

客户端应用程序在基于 Windows 的编程中最接近于传统风格的应用程序。这些是在桌面上显示窗口或窗体从而使用户能够执行任务的应用程序类型。客户端应用程序包括诸如字处理程序和电子表格等应用程序，还包括自定义的业务应用程序(如数据输入工具、报告工具等)。客户端应用程序通常使用窗口、菜单、按钮和其他 GUI 元素，并且它们可能访问本地资源(如文件系统)和外围设备(如打印机)。

另一种客户端应用程序是作为网页通过 Internet 部署的传统 ActiveX 控件(现在被托管 Windows 窗体控件所替代)。此应用程序非常类似于其他客户端应用程序：它在本机执行，可以访问本地资源，并包含图形元素。

过去，开发人员结合使用 C/C++与 Microsoft 基础类(MFC)或应用程序快速开发(RAD)环境(如 Microsoft Visual Basic)来创建此类应用程序。.NET 框架将这些现有产品的特点合并到了单个且一致的开发环境中，该环境大大简化了客户端应用程序的开发。

包含在.NET 框架中的 Windows 窗体类旨在用于 GUI 开发。用户可以轻松地创建具有适应多变的商业需求所需的灵活性的命令窗口、按钮、菜单、工具栏和其他屏幕元素。

例如，.NET 框架提供简单的属性以调整与窗体相关联的可视属性。在某些情况下，基础操作系统不支持直接更改这些属性，而在这些情况下，.NET 框架将自动重新创建窗体。这是.NET 框架集成开发人员接口从而使编码更加简单一致的许多方法之一。

与 ActiveX 控件不同，Windows 窗体控件具有对用户计算机的不完全受信任的访问权限。这意味着二进制代码或在本机执行的代码可访问用户系统上的某些资源，例如 GUI 元素和访问受限制的文件，但这些代码不能访问或危害其他资源。由于具有代码访问安全性，许多曾经需要安装在用户系统上的应用程序现在可以通过 Web 来部署。用户的应用程序可

以像在网页中那样部署，来实现本地应用程序的功能。

2.2.3　编译.NET 代码

作为一种代码指令平台，.NET 比微软公司先前推出的其他技术平台要更为复杂。由于.NET 提供了对多种编程语言以及多重平台的支持，这就需要在传统的两个代码层之间添加一个中间代码层。传统的两层分别是源代码层和编译后的本机代码层。新加的代码层给.NET 平台带来了额外的灵活性，但是，反过来却又增加了系统的复杂性。此外，由于这一新代码层的出现，一连串的新型应用程序部署选项也首次展现在了程序员的面前。

在.NET 框架内，应用程序可以用多种高级程序语言来编写和创建，例如 VB.NET、C# 乃至 COBOL.NET 等。而每一种遵守.NET 规范的编程语言所编写的程序代码首先都得通过一种初始编译步骤，从源代码变成了.NET 的公共标准语言——MSIL(Microsoft Intermediate Language，微软中间语言)。MSIL 自身是一种完整的、与对象相关的语言，只有它才可能创建出应用程序。.NET 应用程序是以 MSIL 的形式出现的，只有在程序执行的时候才通过即时编译器(JIT)被编译为本机代码。

在编译过程中，JIT 编译器一旦首次遭遇对象的索引，就会装载匹配对象各个方法声明的对应程序。以后调用方法的时候就会编译其 IL，而方法的对应程序则被方法的编译后代码的地址所取代。这一过程在每次方法被首次调用的时候进行，产生的本机代码则被缓冲以便会话过程中下次装载 assembly 代码的时候可以被使用。显然，这样的指令系统相比传统的编译语言需要更大的处理能力。

很多读者认为.NET 应用程序是解释型而非编译型的程序，此外，还认为 JIT 编译的代码存储在磁盘上并且可以为同一应用程序执行。虽然这样做也不是不可以，但是，读者很快就会明白，这可不是默认的编译方案。应用程序的 IL 代码实际上在每次应用程序运行的时候都会被重新编译为本机代码。

事实上，JIT 编译器分成两种(精简编译器和普通编译器)，而且它们也不是固然平等的。精简 JIT 编译器代表了运行一个.NET 应用程序所需要的最少功能，它直接用对等的本机代码取代每一条 MSIL 指令，不进行任何优化，从而也带来更少的系统负载。这也意味着它主要应用在内存等资源比较紧张的平台上。

另一方面，普通 JIT 编译器则是默认的运行时配置,它会对其产生的代码进行即时优化。这样做无形中给予了.NET 超出传统预编译语言的一个优点：预编译语言只能对其处理的代码将要运行于其上的平台做一番大致的事前估计。JIT 编译器可以经过准确调节达到当前运行时状态，结果可以完成一些预编译语言无法完成的工作：

- 更高效地利用和分配 CPU 寄存器。
- 在适当的情况下实施低级代码优化，比如常量重叠、拷贝复制、取消范围检查、取消常规副表达式以及方法内联等。
- 在代码执行期间监控当前的物理和虚拟内存需求，从而更高效地利用内存。
- 产生特定的平台指令，以准确、充分地利用实际的处理器模式。

每次运行应用程序时 MSIL 就会被 JIT 编译。根据以上内容中说明的原理，在开始启动应用程序以及首次使用非核心功能的时候，显然会导致低于优化级的系统性能表现。那么又该采取什么措施把这种负面影响降低到最小呢？

微软公司的对策是提供了一种名为 Pre-JIT 的编译器，也被称做本机映像生成器(Native Image Generator)，程序名因此是 Ngen.exe。从表面上看，至少它也算是应付任何性能问题的一项治疗手段。Pre-JIT 编译器在运行时之前被调用，在安装时，它会把全部 assembly 形式的 MSIL 编译为本机代码。这种本机代码随后存储在全局 Assembly 缓存的某一个特殊部分供以后使用，这样就完全绕过了 JIT 编译过程。

2.2.4　元数据

元数据是一种二进制信息，用以对存储在公共语言运行库可移植可执行(PE)文件或存储在内存中的程序进行描述。将代码编译为 PE 文件时，便会将元数据插入到该文件的一部分中，而将代码转换为 Microsoft 中间语言(MSIL)并将其插入到该文件的另一部分中。在模块或程序集中定义和引用的每个类型和成员都将在元数据中进行说明。当执行代码时，运行库将元数据加载到内存中，并引用它来发现有关代码的类、成员、继承等信息。

元数据以非特定语言的方式描述在代码中定义的每一类型和成员。

(1)　元数据存储以下信息。

①　程序集的说明：

● 标识(名称、版本、区域性、公钥)。

● 导出的类型。

● 该程序集所依赖的其他程序集。

● 运行所需的安全权限。

②　类型的说明：

● 名称、可见性、基类和实现的接口。

● 成员(方法、字段、属性、事件、嵌套的类型)。

③　属性：修饰类型和成员的其他说明性元素。

对于一种更简单的编程模型来说，元数据是关键，该模型不再需要接口定义语言(IDL)文件、头文件或任何外部组件引用方法。元数据允许.NET 语言自动以非特定语言的方式对其自身进行描述，而这是开发人员和用户都无法看见的。另外，通过使用属性，可以对元数据进行扩展。

(2)　元数据具有以下主要优点。

①　自描述文件：公共语言运行库模块和程序集是自描述的。模块的元数据包含与另一个模块进行交互所需的全部信息。元数据自动提供 COM 中 IDL 的功能，允许将一个文件同时用于定义和实现。运行库模块和程序集甚至不需要向操作系统注册。结果，运行库使用的说明始终反映编译文件中的实际代码，从而提高了应用程序的可靠性。

②　语言互用性和更简单的基于组件的设计：元数据提供所有必需的有关已编译代码的信息，以供用户从用不同语言编写的 PE 文件中继承类。用户可以创建用任何托管语言(任何面向公共语言运行库的语言)编写的任何类的实例，而不用担心显式封送处理或使用自定义的互用代码。

③　属性：.NET 框架允许用户在编译文件中声明特定种类的元数据(称为属性)。在整

个.NET 框架中到处都可以发现属性的存在，属性用于更精确地控制运行时用户的程序如何工作。另外，还可以通过用户定义的自定义属性向.NET 框架文件发出用户自己的自定义元数据。

2.3　公共语言运行库

公共语言运行库(Common Language Runtime，CLR)支持多种不同的应用程序。例如，运行库可以运行 Web 服务器应用程序和控制台应用程序，以及带有传统的 Windows 用户界面的应用程序。每种应用程序都需要使用一段名为运行库宿主的代码才能启动。运行库宿主会将运行库加载到一个进程中，在该进程中创建应用程序域，然后在这些应用程序域内加载并执行用户代码。

使用针对运行库的语言编译器开发的代码称为托管代码。它受益于跨语言集成、跨语言异常处理、增强的安全性、版本控制和部署支持、简化的组件交互模型、调试和分析服务等诸多功能。

若要使运行库能够向托管代码提供服务，语言编译器必须发出对代码中的类型、成员和引用进行描述的元数据。元数据与代码一起存储；每个可加载的公共语言运行库可移植可执行(PE)文件都包含元数据。运行库使用元数据查找和加载类、在内存中对实例布局、解析方法调用、生成本机代码、强制安全性以及设置运行时上下文边界。

运行库自动处理对象布局和管理对对象的引用，当不再使用对象时释放它们。其生存期以这种方式来管理的对象称为托管数据。自动内存管理消除了内存泄漏以及其他一些常见的编程错误。如果代码是托管的，则可以在.NET 框架应用程序中使用托管数据、非托管数据或者使用这两者。由于语言编译器提供它们自己的类型(如基元类型)，因此可能并不总是知道(或需要知道)数据是否是托管的。

公共语言运行库使设计能够跨语言交互的组件和应用程序变得很容易。用不同语言编写的对象可以互相通信，并且它们的行为可以紧密集成。例如，可以定义一个类，然后使用不同的语言从原始类派生类或调用原始类的方法。还可以将类的实例传递到用不同语言编写的类的方法。这种跨语言集成之所以成为可能，是因为针对运行库的语言编译器和工具使用由运行库定义的通用类型系统，而且它们遵循运行库关于定义新类型以及创建、使用、保持和绑定到类型的规则。所有托管组件都携带有关生成该托管组件的组件和资源的信息，作为其元数据的一部分。运行库使用这些信息确保组件或应用程序具有它所需要的所有内容的程序集，这使代码不太可能由于某些未满足的依赖项而中断。注册信息和状态数据不再保存在注册表中(在注册表中建立和维护它们会很困难)；相反，有关用户定义的类型(和它们的依赖项)的信息作为元数据与代码存储在一起，这样大大降低了组件复制和移除任务的复杂性。

语言编译器和工具已经对它们的开发人员以有用和直观的方式公开运行库的功能。这意味着运行库的某些功能可能在一个环境中比在另一个环境中更引人注意。用户对运行库的体验取决于用户使用的语言编译器或工具。例如，如果用户是一位 Visual Basic 开发人员，用户可能会注意到有了公共语言运行库，Visual Basic 语言的面向对象的功能比以前多了。

用户可能会对运行库的下列优点特别感兴趣：

- 性能改进。
- 能够轻松使用用其他语言开发的组件。
- 类库提供的可扩展类型。
- 新的语言功能，如面向对象的编程的继承、接口和重载；允许创建多线程的可扩展应用程序的显式自由线程处理支持；结构化异常处理和自定义属性支持。

如果使用 Microsoft Visual C++ .NET，则可以使用 C++托管扩展来编写托管代码。C++托管扩展提供了托管执行环境以及对用户所熟悉的强大功能和富于表现力的数据类型的访问等优点。用户可能会发现下列运行库功能特别引人注目：

- 跨语言集成，特别是跨语言继承。
- 自动内存管理(垃圾回收)，它管理对象生存期，使得引用计数不再是必要的。
- 自描述的对象，它使得使用接口定义语言(IDL)不再是必要的。
- 编译一次即可在任何支持运行库的系统上运行的能力。

2.3.1 通用类型系统

通用类型系统定义了如何在运行库中声明、使用和管理类型，同时也是运行库支持跨语言集成的一个重要组成部分。

(1) 通用类型系统执行以下功能：

- 建立一个支持跨语言集成、类型安全和高性能代码执行的框架。
- 提供一个支持完整实现多种编程语言的面向对象的模型。
- 定义各语言必须遵守的规则，有助于确保用不同语言编写的对象能够交互作用。

(2) 通用类型系统支持两种一般类别的类型，每一类都细分成子类别：

- 值类型。值类型直接包含它们的数据，值类型的实例要么在堆栈上，要么内联在结构中。值类型可以是内联的(由运行库实现)、用户定义的或枚举的。
- 引用类型。引用类型存储对值的内存地址的引用，位于堆上。引用类型可以是自描述类型、指针类型或接口类型。引用类型的类型可以由自描述类型的值来确定。自描述类型进一步细分成数组和类类型。类类型是用户定义的类、装箱的值类型和委托。

作为值类型的变量，每个都有自己的数据副本，因此对一个变量的操作不会影响其他变量。作为引用类型的变量，可以引用同一对象；因此对一个变量的操作会影响另一个变量所引用的同一对象。

值是数据的二进制表示形式，类型提供了一种解释该数据的方式。值类型直接以类型数据的二进制表示形式存储。引用类型的值是表示该类型的数据的位序列的位置。

每个值都有一个准确的类型，完全定义了值的表示形式和针对值定义的操作。自描述类型的值称为对象。通过检查值，总是可以确定对象的准确类型，但却不能这样处理值类型和指针类型。值可以有多种类型。一种实现某一接口的类型，其值也是该接口类型的值。同样，从某一基本类型派生的类型，其值也是该基本类型的值。

运行库使用程序集来定位和加载类型。程序集清单包含运行库用来解析在程序集范围内进行的所有类型引用的信息。

运行库中的类型名称有两个逻辑部分：程序集名称和程序集内类型的名称。有着相同名称但位于不同程序集内的类型被定义为两种不同的类型。

程序集在开发人员所看到的名称范围与运行库系统所看到的名称范围之间提供了一致性。开发人员在程序集的上下文中创作类型。开发人员正在构建的程序集内容确立了在运行时的可用名称范围。

运行库允许定义类型的成员：事件、字段、嵌套类型、方法和属性。每个成员都有一个签名。表 2.1 说明了.NET 框架中使用的类型成员。

表2.1　.NET 框架中使用的类型成员

成　　员	说　　明
事件	定义可以响应的事件，并定义订阅、取消订阅及引发事件的方法。事件通常用于通知其他类型的状态改变
字段	描述并包含类型状态的一部分。字段可以是运行库支持的任何类型
嵌套类型	在封闭类型范围内定义类型
方法	描述可用于类型的操作。方法的签名指定其所有参数和返回值的允许类型。构造函数是一种特殊类型的方法，可创建类型的新实例
属性	命名类型的值或状态，并定义获得或设置属性值的方法。属性可以是基元类型、基元类型的集合、用户定义的类型或用户定义类型的集合。属性通常用于使类型的公共接口独立于类型的实际表示形式

2.3.2　程序集

程序集是.NET 框架应用程序的构造块；程序集构成了部署、版本控制、重复使用、激活范围控制和安全权限的基本单元。程序集是为协同工作而生成的类型和资源的集合，这些类型和资源构成了一个逻辑功能单元。程序集向公共语言运行库提供了解类型实现所需要的信息。

程序集是.NET 框架编程的基本组成部分。程序集执行以下功能：

- 包含公共语言运行库执行的代码。如果可移植可执行(PE)文件没有相关联的程序集清单，则将不执行该文件中的 Microsoft 中间语言(MSIL)代码。
- 程序集形成安全边界。程序集就是在其中请求和授予权限的单元。
- 程序集形成类型边界。每一类型的标识均包括该类型所驻留的程序集的名称。在一个程序集范围内加载的 MyType 类型不同于在其他程序集范围内加载的 MyType 类型。
- 程序集形成引用范围边界。程序集的清单包含用于解析类型和满足资源请求的程序集元数据。它指定在该程序集之外公开的类型和资源。该清单还枚举它所依赖的其他程序集。
- 程序集形成版本边界。程序集是公共语言运行库中最小的可版本化单元，同一程序集中的所有类型和资源均会被版本化为一个单元。程序集的清单描述为任何依赖项程序集所指定的版本依赖性。

● 程序集形成部署单元。当一个应用程序启动时，只有该应用程序最初调用的程序集必须存在。其他程序集(例如本地化资源和包含实用工具类的程序集)可以按需检索。这就使应用程序在第一次下载时保持精简。

● 程序集是支持并行执行的单元。

程序集可以是静态的或动态的。静态程序集可以包括.NET 框架类型(接口和类)，以及该程序集的资源(位图、JPEG 文件、资源文件等)。静态程序集存储在磁盘上的可移植可执行(PE)文件中。用户还可以使用.NET 框架来创建动态程序集，动态程序集直接从内存运行并且在执行前不存储到磁盘上。用户可以在执行动态程序集后将它们保存在磁盘上。

有几种创建程序集的方法。用户可以使用过去用来创建.dll 或.exe 文件的开发工具，例如 Visual Studio 2008。用户可以使用在.NET 框架 SDK 中提供的工具来创建带有在其他开发环境中创建的模块的程序集。用户还可以使用公共语言运行库 API 来创建动态程序集。

2.3.3　安全性

开发安全的应用程序是非常重要的，尤其是在公众更加清楚当前软件里应用程序的错误，并了解这些错误潜在后果的情况下。在用户的应用程序里留下这样的安全隐患会导致各式各样的问题。

很多安全隐患是由于用户没有正确地处理用户的输入而造成的。要增强 Visual Basic 应用程序的安全性，就应该将用户输入信息的长度限制到一个适当的范围内。

允许用户在输入字段输入无限量的信息，会给他们进行缓冲区溢出攻击造成机会，这会导致应用程序崩溃或者允许他们(未经授权就)获得计算机的控制权。

将接受社会安全号的字段设置为最大 11 个字符(包括连字符)是如何限制用户输入的一个例子：

```
txtSSNum.MaxLength = 11
If Len(txtSSNum.Text) > 11 Then
    ...
End If
```

将长度检测应用到所有可能的输入处是很重要的。命令行的参数、用户输入的控制信息、组件里公共方法的参数等，都是需要进行检查的地方。

.NET 为代码的安全性提供了强有力的支持。这为系统管理员、用户和软件开发人员提供了对应用程序功能的精细控制。

假设有一段程序可用来扫描计算机硬盘以搜索 Word 文档。如果运行它是为了寻找丢失的文档，这就是一段相当有用的程序。现在假定这段程序通过 E-mail 发送过来，自动运行并将它"感兴趣"的所有文档发送给其他人，这就不是一个有用的程序了。

这种情形是使用旧式的 Windows 开发方式所导致的。基本上，Windows 应用程序的目的是解除对计算机的访问限制，可以为所欲为。这就是 Melissa 和 I Love You 这类病毒存在的原因——Windows 看不出自己编写的、用来浏览地址簿并给别人发送 E-mail 的脚本文件与别人编写的、用来传播病毒的文件之间有什么不同。

有了.NET，这种情形就会有所改观，因为 CLR 中内置了安全功能。代码需要"证据"

才能运行。用户和系统管理员可以设置证据和代码的来源(例如,它是来自本地的机器、办公室网络还是 Internet)。

2.3.4 创建和使用组件

"组件"是一种类,它实现 System.ComponentModel.IComponent 接口或者直接或间接地从实现 IComponent 的类派生。.NET 框架组件是可重用的对象,它可以与其他对象进行交互,还可以提供对外部资源和设计时支持的控制。

组件的一个重要特性就是它们是可设计的,这意味着可以在 Visual Studio 集成开发环境中使用作为组件的类。可以将组件添加到"工具箱"、拖放到窗体以及在设计界面上操作。对组件的基本设计时支持已经内置于.NET 框架中;组件开发人员无须进行任何额外的工作就可利用基本设计时功能。

"控件"与组件类似,它们都是可设计的。不过,控件提供用户界面,而组件则不提供。控件必须从以下基本控件类之一派生:Control 或 UserControl。

如果类将在设计界面(如 Windows 窗体设计器或 Web 窗体设计器)上使用,但没有用户界面,此类应该是一个组件并实现 IComponent,或者是从直接或间接实现 IComponent 的类派生的。

Component 和 MarshalByValueComponent 类是 IComponent 接口的基实现。这两个类的主要区别是:Component 类由引用封送,而 IComponent 则由值封送。

以下列表为实施者提供了全面的指南:

● 如果组件需要由引用封送,从 Component 派生。
● 如果组件需要由值封送,从 MarshalByValueComponent 派生。
● 如果由于单一继承导致无法从其中一个基实现派生组件,则实现 IComponent。

System.ComponentModel 命名空间提供用于实现组件和控件的运行时和设计时行为的类。此命名空间包括用于属性和类型转换器的实现、数据源绑定和组件授权的基类和接口。

(1) 核心组件类包括:

● Component。IComponent 接口的一个基实现。此类可以实现在应用程序之间共享对象。
● MarshalByValueComponent。IComponent 接口的一个基实现。
● Container。IContainer 接口的一个基实现。此类封装零个或多个组件。

(2) 部分用于侦听组件的类包括:

● License。所有许可证的抽象基类。而许可证将授予组件的特定实例。
● LicenseManager。提供属性和方法来将许可证添加到组件以及管理 LicenseProvider。
● LicenseProvider。实现许可证提供程序的抽象基类。
● LicenseProviderAttribute。指定要与某个类一起使用的 LicenseProvider 类。

(3) 常用于描述和保存组件的类:

● TypeDescriptor。提供有关组件特征(如组件的特性、属性和事件)的信息。
● EventDescriptor。提供有关事件的信息。
● PropertyDescriptor。提供有关属性的信息。

2.3.5 异常处理

Visual Basic 支持结构化异常(错误)处理，此类处理使程序能够在执行过程中检测错误并且有可能从错误中恢复。Visual Basic 使用其他语言(如 C++)支持的 Try...Catch...Finally 语法的增强版。结构化异常处理将现代控制结构(类似于 Select Case 或 While)与异常、受保护的代码块和筛选器结合起来。

在 Visual Basic 中，结构化异常处理为建议的错误处理方法，这种方法使得可以容易地创建并维护具有可靠、全面的错误处理程序的程序。使用 On Error 的非结构化异常处理会降低应用程序性能并导致代码难以调试和维护。

Visual Basic 支持"结构化"和"非结构化"异常(错误)处理。通过在应用程序中放置异常处理代码，可以处理用户可能遇到的大多数错误并使应用程序能够继续运行。使用结构化和非结构化错误处理，可以规划潜在的错误，防止它们影响应用程序。

如果任何方法使用可能生成异常的运算符，或者调用或访问其他可能生成异常的过程，则在这些方法中应考虑使用异常处理。

如果发生异常的方法不具备处理异常的功能，异常将被传播回调用方法或前一个方法。如果前一个方法也没有异常处理程序，则异常被传播回该方法的调用方，依此类推。对处理程序的搜索一直持续到"调用堆栈"，它是应用程序内被调用过程的序列。如果未能找到异常的处理程序，则将显示错误信息并终止应用程序。

在结构化异常处理中，代码块是封装的，每个块有一个或几个关联的处理程序。每个处理程序对它处理的异常类型指定某种形式的筛选条件。当受保护块内的代码引发异常时，按顺序搜索相应的处理程序集，并执行第一个与筛选条件匹配的处理程序。单个方法可以有多个结构化异常处理块，而且块可以互相嵌套。

Try...Catch...Finally 语句专门用于结构化异常处理。

On Error 语句专门用于非结构化异常处理。在非结构化异常处理中，On Error 被放置在代码块的开始处。它于是具有该块的"范围"，它处理发生在该块内的任何错误。如果程序遇到另一个 On Error 语句，则该语句变为有效，而第一个语句变成无效。

2.3.6 互用性

语言互用性是一种代码与使用其他编程语言编写的另一种代码进行交互的能力。语言互用性可以有助于最大程度地提高代码的重复使用率，从而提高开发过程的效率。

因为开发人员使用多种工具和技术，而每一种工具和技术都支持不同的功能和类型，这就形成了确保语言互用性较为困难的历史根源。但是，面向公共语言运行库的语言编译器和工具却受益于运行库的内置语言互用性支持。

公共语言运行库通过指定和强制公共类型系统以及提供元数据为语言互用性提供了必要的基础。因为所有面向运行库的语言都遵循通用类型系统规则来定义和使用类型，类型的用法在各种语言之间是一致的。元数据通过定义统一的存储和检索类型信息的机制使语言互用性成为可能。编译器将类型信息存储为元数据，公共语言运行库使用该信息在执行过程中提供服务；因为所有类型信息都以相同的方式存储和检索，而与编写该代码的语言无关，所以运行库可以管理多语言应用程序的执行。

托管代码受益于运行库的语言互用性支持，表现在以下几个方面：

- 类型可以从其他类型继承实现，将对象传递到另一个类型的方法，以及调用对其他类型定义的方法，而不管该类型是在哪种语言中实现的。
- 调试器、探查器或其他工具只需理解一种环境语言就可以支持面向运行库的任何编程语言，这种环境语言就是——公共语言运行库的 Microsoft 中间语言(MSIL)和元数据。
- 多种语言间异常处理是一致的。代码可以以一种语言引发异常，该异常可以被用另一种语言编写的对象捕获并理解。

即便运行库向所有托管代码提供在多语言环境中执行的支持，仍无法保证创建的类型的功能可以被其他开发人员使用的编程语言完全利用。这主要因为面向运行库的每种语言编译器都使用类型系统和元数据来支持其自己独有的一组语言功能。在不了解调用代码将用何种语言编写的情况下，用户将不太可能知道调用方是否可以访问用户的组件公开的功能。例如，如果用户选用的语言支持无符号整数，用户可能使用 UInt32 类型的参数设计方法；但在不识别无符号整数的语言中，该方法可能无法使用。

为了确保使用任何编程语言的开发人员都可以访问用户的托管代码，.NET 框架提供了公共语言规范(CLS)，它描述了一组基本的语言功能并定义了如何使用这些功能的规则。

2.3.7　公共语言运行库

公共语言运行库已经过专门设计，支持各种类型的应用程序，包括从 Web 服务器应用程序到具有传统的丰富 Windows 用户界面的应用程序在内的所有应用程序。每种应用程序都需要一个运行库宿主来启动它。

运行库宿主将该运行库加载到进程中，在该进程内创建应用程序域，并且将用户代码加载到该应用程序域中。

.NET 框架附带有多种不同的运行库宿主，包括表 2.2 中列出的宿主。

表 2.2　运行库宿主

运行库宿主	说　明
ASP.NET	将运行库加载到要处理 Web 请求的进程中。ASP.NET 还为将在 Web 服务器上运行的每个 Web 应用程序创建一个应用程序域
Microsoft Internet Explorer	创建要在其中运行托管控件的应用程序域。.NET 框架支持下载和执行基于浏览器的控件。运行库通过 MIME 筛选器与 Microsoft Internet Explorer 的扩展性机制相连接，以创建要在其中运行托管控件的应用程序域。默认情况下，将为每个网站创建一个应用程序域
外壳程序可执行文件	每次从外壳程序启动可执行文件时，都要调用运行库宿主代码来将控制权转给该运行库

2.4 公共语言规范

要与其他对象完全交互，而不管这些对象是以何种语言实现的，对象必须只向调用方公开那些它们必须与之互用的所有语言的通用功能。为此定义了公共语言规范(Common Language Specification，CLS)，它是许多应用程序所需的一套基本语言功能。CLS 规则定义了通用类型系统的子集，即所有适用于公共类型系统的规则都适用于 CLS，除非 CLS 中定义了更严格的规则。

CLS 通过定义一组开发人员可以确信在多种语言中都可用的功能来增强和确保语言互用性。CLS 还建立了 CLS 遵从性要求，这帮助用户确定用户的托管代码是否符合 CLS 以及一个给定的工具对托管代码(该代码是使用 CLS 功能的)开发的支持程度。

如果用户的组件在对其他代码(包括派生类)公开的 API 中只使用了 CLS 功能，那么可以保证在任何支持 CLS 的编程语言中都可以访问该组件。遵守 CLS 规则、仅使用 CLS 中所包含功能的组件称为符合 CLS 的组件。

大多数由.NET 框架类库概述中的类型定义的成员都符合 CLS。但是，类库中的某些类型具有一个或多个不符合 CLS 的成员。这些成员能够支持 CLS 中没有的语言功能。在参考文档中以及所有存在符合 CLS 的替换选项的情况中，不符合 CLS 的类型和成员也照此标识。

CLS 在设计上足够大，可以包括开发人员经常需要的语言构造；同时也足够小，大多数语言都可以支持它。此外，任何不可能快速验证代码类型安全性的语言构造都被排除在 CLS 之外，以便所有符合 CLS 的语言都可以生成可验证的代码(如果它们选择这样做)。

表 2.3 总结了 CLS 中的功能并指出该功能是否"同时"适用于开发人员和编译器或仅适用于编译器。

表 2.3　CLS 功能详情

功　能	应 用 于	说　　明
常规		
可见性	全部	CLS 规则仅适用于类型中在定义程序集之外公开的部分
全局成员	全部	全局静态字段和方法不符合 CLS
命名		
字符和大小写	全部	符合 CLS 的语言编译器必须遵循 Unicode 标准 3.0 技术报告 15 的附件 7 中的规则，其中规定了可以用在标识符的开头以及包含在标识符中的字符。 要让两个标识符被认为是不同的，它们要在除大小写不同之外尚有其他不同之处
关键字	编译器	符合 CLS 的语言编译器提供用于引用与关键字相符的标识符的机制。符合 CLS 的语言编译器提供定义和用名称(该名称是语言中的关键字)重写虚方法的机制

功 能	应 用 于	说 明
命名		
唯一性	全部	除了通过重载来解析的名称可以相同之外，符合 CLS 的范围中的所有名称都必须是不同的，即使在这些名称用于两种不同类型的成员时也应如此。例如，CLS 不允许一个类型对方法和字段使用相同的名称
签名	全部	所有出现在类型或成员签名中的返回类型和参数类型都必须是符合 CLS 的
类型		
基元类型	全部	.NET 框架类库包括与编译器使用的基元数据类型相对应的类型。在这些类型中，下列类型符合 CLS：Byte、Int16、Int32、Int64、Single、Double、Boolean、Char、Decimal、IntPtr 和 String
已装箱的类型	全部	已装箱的值类型(已转换为对象的值类型)不属于 CLS。在需要时，转而使用 System.Object、System.ValueType 或 System.Enum
可见性	全部	类型和成员声明不能包含比所声明的类型或成员可见性或可访问性差的类型
接口方法	编译器	当单个类型实现两个接口，而每个接口都需要具有相同名称和签名的方法定义时，符合 CLS 的语言编译器必须具有用于以上情况的语法。这些方法必须被视为是独特的，并且不需要相同的实现
闭包	全部	符合 CLS 的接口和抽象类中的单个成员必须都定义成是符合 CLS 的
构造函数调用	全部	在构造函数访问任何继承的实例数据之前，它必须调用基类的构造函数
类型化的引用	全部	类型化的引用是不符合 CLS 的(类型化的引用是一个特殊的构造，它包含一个对对象的引用和一个对类型的引用。类型化的引用使公共语言运行库可以为具有可变数目参数的方法提供 C++样式的支持)
类型成员		
重载	全部	允许重载索引属性、方法和构造函数；不能重载字段和事件。属性不得由类型(即其 getter 方法的返回类型)重载,但允许用不同数目或类型的索引对这些属性进行重载。方法只能基于方法的参数数目和类型以及方法的泛型参数数目(如果有泛型方法)来重载。运算符重载不在 CLS 的范围中。但是，CLS 提供了有关提供有用名称(例如 Add())及在元数据中设置位的指南。要支持运算符重载的编译器应该遵循这些指南，但这不是必需的
重载成员的唯一性	全部	单进行标识符比较，字段和嵌套类型就必须是不同的。具有相同名称的方法、属性和事件必须在除返回类型不同之外具有其他不同之处
转换运算符	全部	如果 op_Implicit 或 op_Explicit 其中之一在其返回类型上重载,则必须有提供转换的替代方法

续表

功　能	应用于	说　明
方法		
重写方法的可访问性	全部	当重写继承的方法时,除非重写一个从另一个带有 FamilyOrAssembly 可访问性的程序集继承的方法,否则可访问性不能改变。在这种情况下,重写必须具有 Family 可访问性
参数列表	全部	CLS 支持的唯一调用约定就是标准托管调用约定;不允许可变长度参数列表(使用 Microsoft Visual Basic 中的 ParamArray 关键字和 C#中的 params 关键字来支持可变数目的参数)
属性		
访问器元数据	编译器	实现属性方法的 getter 和 setter 方法在元数据中标有 mdSpecialName 标识符
修饰符	全部	属性和其访问器必须同为 static、同为 virtual 或同为 instance
访问器名称	全部	属性必须遵循特定的命名方式。对于一个名为 Name 的属性,如果定义了 getter 方法,它将称为 get_Name;如果定义了 setter 方法,它将称为 set_Name
返回类型和参数	全部	属性的类型是 getter 的返回类型和 setter 最后一个参数的类型。属性参数的类型是对应于 getter 的参数的类型和 setter 除最后一个参数之外所有参数的类型。所有这些类型都必须符合 CLS,并且不能是托管指针;它们不得被引用传递
事件		
事件方法	全部	用于添加和移除事件的方法必须同时存在或同时不存在
事件方法元数据	编译器	实现事件的方法在元数据中必须标有 mdSpecialName 标识符
访问器可访问性	全部	用于添加、移除和引发事件的方法的可访问性必须相同
修饰符	全部	用于添加、移除和引发事件的方法必须同为 static、同为 virtual 或同为 instance
事件方法名称	全部	事件必须遵循特定的命名方式。对于一个名为 MyEvent 的事件,如果定义了 add 方法,它将称为 add_MyEvent;如果定义了 remove 方法,它将称为 remove_MyEvent;如果定义了 raise 方法,它将称为 raise_MyEvent
参数	全部	添加和移除事件的方法必须分别取一个参数,该参数的类型定义事件的类型,并且该类型必须派生自 System.Delegate
指针类型		
指针	全部	指针类型和函数指针类型是不符合 CLS 的
接口		
成员签名	全部	符合 CLS 的接口要实现不符合 CLS 的方法,应该不需要这些方法的定义
成员修饰符	全部	符合 CLS 的接口不能定义静态方法,也不能定义字段。允许符合 CLS 的接口定义属性、事件和虚方法

功　能	应 用 于	说　　明
引用类型		
构造函数调用	全部	对于引用类型，调用对象构造函数仅作为创建对象的一部分，对象只初始化一次
类类型		
继承	全部	符合 CLS 的类必须从符合 CLS 的类(System.Object 符合 CLS)继承
数组		
元素类型	全部	数组元素必须是符合 CLS 的类型
维数	全部	数组必须具有固定的维数数目，大于零
范围	全部	数组的所有维数必须具有零下限
枚举		
基础类型	全部	枚举的基础类型必须是内置 CLS 整数类型(Byte、Int16、Int32 或 Int64)
FlagsAttribute	编译器	枚举的定义中存在 System.FlagsAttribute 自定义属性指示该枚举应该作为一组位域(标志)对待，没有该属性指示该类型应被视为一组枚举常数。建议语言使用 FlagsAttribute 或语言特定的语法两者之一来区分这两种类型的枚举
字段成员	全部	枚举的 static 字段的类型必须与枚举本身的类型相同
异常		
继承	全部	引发的对象必须是 System.Exception 类型或从 System.Exception 继承
自定义属性		
值编码	编译器	要求符合 CLS 的编译器只处理自定义属性(元数据中自定义属性的表示形式)编码的子集。只有下列类型才能出现在这些编码中：System.Type、System.String、System.Char、System.Boolean、System.Byte、System.Int16、System.Int32、System.Int64、System.Single、System.Double 以及任何基于符合 CLS 的基础整数类型的枚举类型
元数据		
CLS 遵从性	全部	CLS 遵从性与程序集的遵从性不同的类型(这些类型是在该程序集中定义的)都必须标有此 System.CLSCompliantAttribute。同样，其 CLS 遵从性与其类型的遵从性不同的所有成员也必须进行标记。如果某个成员或类型被标记为不符合 CLS，则必须提供一个符合 CLS 的替换选项
泛型		
类型名称	编译器	泛型类型的名称必须对类型上声明的类型参数的数目进行编码。嵌套泛型类型的名称必须对新引入到类型中的类型参数的数目进行编码
嵌套类型	编译器	嵌套类型拥有的泛型参数数目必须至少与封闭类型的一样多。嵌套类型中的泛型参数在位置上与其封闭类型中的泛型参数对应
约束	全部	泛型类型必须声明足够多的约束，以确保对基类型或接口的任何约束能够满足泛型类型约束的需要
约束类型	全部	用作对泛型参数的约束的类型本身必须符合 CLS

续表

功 能	应 用 于	说 明
泛型		
成员签名	全部	实例化泛型类型中的成员(包括嵌套类型)的可见性和可访问性被认为限制在特定的实例化，而不是限制在整个泛型类型声明中
泛型方法	全部	对于每个抽象或虚拟泛型方法，必须有默认具体(非抽象)实现

2.5 实 践 训 练

本次上机指导的内容是完成一个用来对温度进行转换的应用程序，下面将详细介绍如何建立这个应用程序。

(1) 创建应用程序的界面。

启动 Visual Studio 2008，依次单击"文件"→"新建"→"项目"→"Windows 窗体应用程序"，单击"确定"按钮建立成功。

在窗体上添加两个 Label 控件、两个 TextBox 控件和两个 Button 控件，如图 2.3 所示。

(2) 编写程序代码、建立事件过程：

```
Public Class Form1

    Private Sub Button1_Click(ByVal sender As System.Object,
      ByVal e As System.EventArgs) Handles Button1.Click
        If TextBox2.Text <> "" Then
            TextBox1.Text = (9 / 5 * Convert.ToInt32(TextBox2.Text) + 32).ToString()
        End If
    End Sub

    Private Sub Button2_Click(ByVal sender As System.Object,
      ByVal e As System.EventArgs) Handles Button2.Click
        If TextBox1.Text <> "" Then
            TextBox2.Text = (5 / 9 * (Convert.ToInt32(TextBox1.Text) - 32)).ToString()
        End If
    End Sub

    Private Sub TextBox1_KeyPress(ByVal sender As System.Object,
      ByVal e As System.Windows.Forms.KeyPressEventArgs) Handles TextBox1.KeyPress
        If e.KeyChar = Microsoft.VisualBasic.ChrW(13) Then
            TextBox2.Text = (5 / 9 * (Convert.ToInt32(TextBox1.Text) - 32)).ToString()
        End If
    End Sub

    Private Sub TextBox2_KeyPress(ByVal sender As System.Object,
      ByVal e As System.Windows.Forms.KeyPressEventArgs) Handles TextBox2.KeyPress
        If e.KeyChar = Microsoft.VisualBasic.ChrW(13) Then
            TextBox1.Text = (9 / 5 * Convert.ToInt32(TextBox2.Text) + 32).ToString()
        End If
    End Sub

End Class
```

(3) 保存并运行程序。

首先保存项目，然后按 F5 功能键运行程序，输入数值后，单击"转换为华氏温度"或者单击"转换为摄氏温度"按钮，可得到如图 2.4 所示的效果。

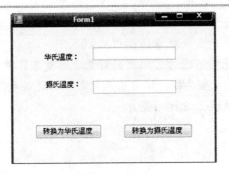

图 2.3　界面设计　　　　　　　　　　　　图 2.4　运行效果

2.6　习　　题

1．填空题

(1) 基于.NET 框架的第一个发布产品是_____，它在 2002 年 2 月公开发布，其中包含了.NET 框架 1.0 版本。

(2) 简而言之，.NET 将操作系统平台割裂开来。无论哪一种平台，Windows、Linux、Mac 等，都可以分成两个层次：_____和_____。

(3) Visual Basic .NET 把_____(字符串、整型、双精度等)转换成带有属性和方法的对象。

(4) .NET 是一个_____，它覆盖了在操作系统上开发软件的所有方面，为集成 Microsoft 或任意平台上的_____、_____和_____提供了最大的可能。

(5) 底层是_____，通常简写为 CLR。这是.NET 框架的核心，是驱动关键功能的引擎。

(6) _____是实现标准 Win32 屏幕的一种更高级的新方式(通常称为"智能客户程序")。

(7) .NET 框架实际上是一组类，称为_____，这组基类的内涵非常丰富，利用它们可以完成需要在 Windows 和 Web 环境中完成的任何操作，如处理文件、处理数据、处理窗体和控件等。

2．选择题

(1) VS.NET 支持的操作系统有_____。
   A．Windows 2003　　　B．Windows XP　　　C．Linux
(2) 元数据具有以下_____优点。
   A．类型的说明
   B．自描述文件
   C．语言互用性和更简单的基于组件的设计
   D．属性
(3) 通用类型系统会执行以下_____功能。

A. 建立一个支持跨语言集成、类型安全和高性能代码执行的框架

    B. 提供一个支持完整实现多种编程语言的面向对象的模型

    C. 定义各语言必须遵守的规则，可确保用不同语言编写的对象能够交互作用

    D. 自动内存管理(垃圾回收)，它管理对象生存期，使得引用计数不再是必要的

    E. 编译一次即可在任何支持运行库的系统上运行的能力

(4) 运行库允许定义类型的成员有_____。

    A. 事件

    B. 方法

    C. 属性

    D. 嵌套类型

    E. 字段

(5) Visual Basic 支持_____和_____异常(错误)处理。

    A. 结构化

    B. 非结构化

    C. 异步

    D. 同步

3. 判断题

(1) VB.NET 采纳了包括 Java 在内的许多其他面向对象编程语言的功能和特点。(　　)

(2) 利用事件处理，程序员可以给对象分配默认方法。　　　　　　　　　　(　　)

(3) 要运行.NET 程序，不必非要先安装相关的服务包也能运行。　　　　　　(　　)

(4) 与 Win32 API 不同，.NET 是完全面向对象的。　　　　　　　　　　　(　　)

(5) .NET 应用程序是以 MSIL 的形式出现的，只有在程序执行的时候才通过即时编译器(JIT)被编译为本机代码。　　　　　　　　　　　　　　　　　　　　　(　　)

4. 简答题

(1) 简单描述你所理解的"公共语言运行库"。

(2) 本章的内容使你得知哪些是需要注意的安全性问题？

(3) 简要描述"组件"的含义。

(4) 描述对"异常处理"的理解和认识。

5. 操作题

在勾股定理中，三个数的关系为 $a^2+b^2=c^2$，试编写程序，输出 20 以内满足上述关系的整数组合。

第3章　编　程　基　础

教学提示：在本章中将向读者详细介绍 VB 语言的基本组成部分，包括数据类型、变量的使用、数据结构、控制语句等内容。

教学目标：VB 语言基础是本书内容的重点，也是学好 VB 语言的必修内容，所以要求对本章内容全部掌握并能熟练运用。

3.1　数据类型和表达式

数据是程序处理的对象，不同类型的数据有不同的处理方法。数据可以依照类型进行分类。数据类型用于确定一个变量所具有的值在计算机内的存储方式，以及对变量可以进行何种操作。VB 语言的数据类型比较丰富，此外还可以通过数据类型定义语句在基本数据类型的基础上定义新的数据类型(自定义数据类型)。

3.1.1　信息和数据

信息描述的是事实，只要能被人类或计算机理解，它就可以以任何形式出现。例如，让 4 个人在一个十字路口记录来往的车辆，将获得 4 组手写的所通过车辆数目的记录。

数据是用来描述信息的，这种信息被收集、排序并格式化，可以直接由计算机软件使用。普通信息(例如笔记本上潦草的手写记录)一般是无法供软件直接使用的，人们必须处理这些信息，把它们转换为数据。例如，把混乱的记录转换到一个 Excel 电子表格中，以便进行软件辅助的分析。

3.1.2　变量

在 Visual Basic 环境下进行计算时，常常需要临时存储数据。例如，可能想要计算几个值，对它们进行比较，并根据比较的结果对它们进行不同的操作。如果想要比较这些值，就要存储它们。像大多数编程语言那样，Visual Basic 使用变量来存储值。变量具有名字(用来引用该变量所含的值的名词)和数据类型(确定变量可以存储的数据的种类)。数组可以用来存储建立了索引的相关变量集。

常数也存储数值，顾名思义，在整个应用程序执行过程中，这些值都保持不变。常数的使用增加了代码的可读性，因为看到的是具有含义的名字而不是数字。Visual Basic 有许多内部常数，但也可以建立自定义常数。

在 Visual Basic 中，数据类型控制了数据的内部存储。按照默认规定，Visual Basic 使用了变体数据类型。在不需要 Variant 提供的灵活性时，还有许多其他可用的数据类型，它们可用来优化代码的速度和大小。

可以把变量看作内存中存放未知值的所在处。例如，假定正在为水果铺编一个销售苹果的软件。在销售实际发生之前并不知道苹果的价格和销量。此时，可以设计两个变量来保存未知数，将它们命名为 ApplePrice 和 ApplesSold。每次运行程序时，用户就为这两个变量提供具体值。为了计算总的销售额，并且将结果显示在名叫 txtSales 的文本框中，代码应该是这样的：

```
txtSales.txt = ApplePrice * ApplesSold
```

每次根据用户提供的数值，这个表达式返回不同的金额。由于有了变量，就可以设计一个算式，而不必事先知道实际的输入是多少。

在这个例子中，ApplePrice 的数据类型是货币，而 ApplesSold 的数据类型是整数。变量还可以表示许多其他数值，比如文本数值、日期、各种数值类型，甚至对象也在此列。

用赋值语句进行计算，并将结果赋予变量：

```
ApplesSold = 10                  '将值 10 传给变量
ApplesSold = ApplesSold + 1      '变量值增 1
```

例子中的等号是赋值符，并不是"等于"操作符；它将数值 10 赋予变量 ApplesSold。

声明变量就是事先将变量通知程序。要用 Dim 语句声明变量，Dim 语句提供了变量名：

```
Dim variablename [As type]
```

在过程内部用 Dim 语句声明的变量，只有在该过程执行时才存在。过程一结束，该变量的值也就消失了。此外，过程中的变量值对过程来说是局部的，也就是说，无法在一个过程中访问另一个过程中的变量。由于这些特点，在不同过程中就可使用相同的变量名，而不必担心有什么冲突和意想不到的变故。

变量名应遵循如下规则：

- 必须以字母开头。
- 不能包含嵌入的英文句号(.)或者嵌入的类型声明字符。
- 不得超过 255 个字符。
- 在同一个范围内必须是唯一的。范围就是可以引用变量的变化域，如一个过程、一个窗体等。

通过 Dim 语句中的可选的 As type 子句，可以定义被声明变量的数据类型或对象类型。数据类型定义了变量所存储信息的类型。String、Integer 和 Currency 都是数据类型的例子。变量也可以包含来自 Visual Basic 或其他应用程序的对象。Object、Form1 和 TextBox 都是 Visual Basic 对象类型或类的实例。

在使用一个变量之前，并不必先声明这个变量。例如，可以书写这样一个函数，在其中就不必在使用变量 TempVal 之前先声明它：

```
Function SafeSqr(num)
    TempVal = Abs(num)
    SafeSqr = Sqr(TempVal)
End Function
```

Visual Basic 用这个名字自动创建一个变量，使用这个变量时，可以认为它就是显式声明的。虽然这种方法很方便，但是如果把变量名拼错了的话，会导致一个难以查找的错误。例如，假定写了这样一个函数：

```
Function SafeSqr(num)
    TempVal = Abs(num)
    SafeSqr = Sqr(TemVal)
End Function
```

乍看起来，与前面的代码相比，这两段代码好像是一样的。但是因为在倒数第二行把 TempVal 变量名写错了，所以函数总是返回 0。当 Visual Basic 遇到新名字，它分辨不出这是意味着隐式声明了一个新变量呢，还是仅仅把一个现有变量名写错了，于是只好用这个名字再创建一个新变量。

为了避免写错变量名引起的麻烦，可以规定，只要遇到一个未经明确声明就当成变量的名字，Visual Basic 都发出错误警告。要显式地声明变量，应在类模块、窗体模块或标准模块的声明段中加入这个语句：

```
Option Explicit
```

或者，在"工具"菜单中选择"选项"命令，在弹出的对话框中单击"编辑器"选项卡，再选中"要求变量声明"复选框。选中此选项后将会在任何新模块中自动插入 Option Explicit 语句，但不会在已经建立起来的模块中自动插入；所以在工程内部，只能用手工方法向现有模块添加 Option Explicit。

如果对包含 SafeSqr 函数的窗体或标准模块执行该语句，那么 Visual Basic 将认定 TempVal 和 TemVal 都是未经声明变量，并为两者都发出错误信息。

所以应该显式地声明 TempVal：

```
Function SafeSqr(num)
    Dim TempVal
    TempVal = Abs(num)
    SafeSqr = Sqr(TemVal)    '这里 TemVal 是拼错的，本应该是 TempVal
End Function
```

此时因为 Visual Basic 对拼错了的 TemVal 将会显示错误信息，所以程序员能够立刻明白出了什么问题。由于 Option Explicit 语句有助于抓住这些类型的错误，所以最好在所有代码中都使用它。

Option Explicit 语句的作用范围仅限于语句所在模块，所以，对每个需要 Visual Basic 强制显式变量声明的窗体模块、标准模块及类模块，必须将 Option Explicit 语句放在这些模块的声明段中。如果选择"要求变量声明"，Visual Basic 会在后续的窗体模块、标准模块及类模块中自动插入 Option Explicit，但是不会将它加入到现有代码中。必须在工程中通过手工将 Option Explicit 语句加到任何现有模块中。

变量的范围确定了能够知晓该变量存在的那部分代码。在一个过程内部声明变量时，只有过程内部的代码才能访问或改变那个变量的值；它有一个范围，对该过程来说是局部的。但是，有时需要使用具有更大范围的变量，例如需要这样一个变量，其值对于同一模块内的所有过程都有效，甚至对于整个应用程序的所有过程都有效。Visual Basic 允许在声明变量时指定它的范围。

过程级变量只有在声明它们的过程中才能被识别，它们又称为局部变量。用 Dim 或者 Static 关键字来声明它们。

例如：

```
Dim intTemp As Integer
```

或者：

```
Static intPermanent As Integer
```

在整个应用程序运行时，用 Static 声明的局部变量中的值一直存在，而用 Dim 声明的变量只在过程执行期间才存在。

对任何临时计算来说，局部变量是最佳选择。例如，可以建立十来个不同的过程，每个过程都包含称为 intTemp 的变量。只要每个 intTemp 都声明为局部变量，那么每个过程只识别它自己的 intTemp 版本。任何一个过程都能够改变它自己的局部的 intTemp 变量的值，而不会影响别的过程中的 intTemp 变量。

按照默认规定，模块级变量对该模块的所有过程都可用，但对其他模块的代码不可用。可在模块顶部的声明段用 Private 关键字声明模块级变量，从而建立模块级变量。例如：

```
Private intTemp As Integer
```

在模块级，Private 和 Dim 之间没有什么区别，但 Private 更好些，因为很容易把它与 Public 区别开来，使代码更容易理解。

为了使模块级的变量在其他模块中也有效，用 Public 关键字声明变量。公用变量中的值可用于应用程序的所有过程。与所有模块级变量一样，也在模块顶部的声明段来声明公用变量。例如：

```
Public intTemp As Integer
```

不能在过程中声明公用变量，只能在模块的声明段中声明公用变量。

如果不同模块中的公用变量使用同一名字，则通过同时引用模块名和变量名就可以在代码中区分它们。例如，如果有一个在 Form1 和 Module1 中都声明了的公用 Integer 变量 intX，则把它们作为 Module1.intX 和 Form1.intX 来引用便得到正确值。

为了看清这是如何工作的，在一个新工程中插入两个标准模块，并在窗体上画上三个命令按钮。

在第一个标准模块 Module1 中声明一个变量 intX。Test 过程设置它的值：

```
Public intX As Integer          '声明 Module1 的 intX
Sub Test()
    '设置 Module1 的 intX 变量的值
    intX = 1
End Sub
```

在第二个标准模块 Module2 中声明了第二个变量 intX，它有相同的名字。又是名为 Test 的过程设置它的值：

```
Public intX As Integer          '声明 Module2 的 intX
Sub Test()
    '设置 Module2 的 intX 变量的值
    intX = 2
End Sub
```

在窗体模块中声明了第三个变量 intX。名为 Test 的过程又一次设置它的值：

```
Public intX As Integer          '声明了该窗体的 intX 变量
Sub Test()
    ' 设置 form 中的 intX 变量值
    intX = 3
End Sub
```

在三个命令按钮的 Click 事件过程中，每一个都调用了相应的 Test 过程，并用 MsgBox

来显示这三个变量的值：

```
Private Sub Command1_Click()
    Module1.Test                    ' 调用 Module1 中的 Test
    MsgBox Module1.intX             ' 显示 Module1 的 intX
End Sub

Private Sub Command2_Click()
    Module2.Test                    ' 调用 Module2 中的 Test
    MsgBox Module2.intX             ' 显示 Module2 的 intX
End Sub

Private Sub Command3_Click()
    Test                            '调用 Form1 中的 Test
    MsgBox intX                     '显示 Form1 的 intX
End Sub
```

运行应用程序，单击三个命令按钮中的每一个按钮。于是将看到三个公用变量被分别引用。注意在第三个命令按钮的 **Click** 事件过程中，在调用 Form1 的 Test 过程时不必指定 Form1.Test，在调用 Form1 的 Integer 变量的值时也不必指定 Form1.intX。如果多个过程或变量同名，则 Visual Basic 会取变化更受限制的值，在本例中就是 Form1 变量。

在不同的范围内也可有同名的变量。例如，可有名为 Temp 的公用变量，然后在过程中声明名为 Temp 的局部变量。在过程内通过引用名字 Temp 来访问局部变量；而在过程外则通过引用名字 Temp 来访问公用变量。通过用模块名限定模块级变量就可在过程内访问这样的变量。例如：

```
Public Temp As Integer
Sub Test()
    Dim Temp As Integer
    Temp = 2                        ' Temp 的值为 2
    MsgBox Form1.Temp               ' Form1.Temp 的值为 1
End Sub

Private Sub Form_Load()
    Temp = 1                        ' 将 Form1.Temp 的值设置成 1
End Sub
Private Sub Command1_Click()
    Test
End Sub
```

一般说来，当变量名称相同而范围不同时，局限性大的变量总会用"阴影"遮住局限性不太大的变量(即优先访问局限性大的变量)。所以，如果还有名为 Temp 的过程级变量，则它会用"阴影"遮住模块内部的公用变量 Temp。

由于阴影效应，窗体属性、控件、常数和过程皆被视为窗体模块中的模块级变量。窗体属性或控件的名称与模块级变量、常数、自定义类型或过程的名称相同是不合法的，因为它们的范围相同。

在窗体模块内，与窗体中控件同名的局部变量将遮住同名控件。因此必须引用窗体名称或 Me 关键字来限定控件，才能设置或者得到该控件的值或它的属性值。例如：

```
Private Sub Form_Click()
    Dim Text 1, BackColor
    '假定该窗体有一个控件也叫做 Text1
    Text1 = "Variable"             ' 变量用"阴影"遮住控件
    Me.Text1 = "Control"           ' 要得到控件，必须用 Me 限定
    Text1.Top = 0                  ' 导致出错！
    Me.Text1.Top = 0               ' 要得到控件，必须用 Me 限定
    BackColor = 0                  ' 变量用"阴影"遮住属性
    Me.BackColor = 0               ' 要得到窗体属性，必须用 Me 限定
End Sub
```

专用模块级变量和公共模块级变量的名字也会与过程名冲突。模块中的变量不能与任

何过程同名，也不能与模块中定义的类型同名。但可以与公用过程或其他模块中定义的类型或变量同名。在这种情况下，从别的模块访问这个变量时，就必须用模块名来限定。

虽然上面讨论阴影规则并不复杂，但是用阴影的方法可能会带来麻烦，而且会导致难以查找的错误。因此，对不同的变量使用不同的名称才是一种好的编程习惯。在窗体模块中应尽量使变量名与窗体中的控件名不一样。

除范围之外，变量还有存活期，在这一期间变量能够保持它们的值。在应用程序的存活期内一直保持模块级变量和公用变量的值。但是，对于 Dim 声明的局部变量以及声明局部变量的过程，仅当过程在执行时这些局部变量才存在。通常，当一个过程执行完毕后，它的局部变量的值就已经不存在，而且变量所占据的内存也被释放。当下一次执行该过程时，它的所有局部变量将重新初始化。

但可将局部变量定义成静态的，从而保留变量的值。在过程内部用 Static 关键字声明一个或多个变量，其用法与 Dim 语句完全一样：

```
Static Depth
```

例如，下面的函数将存储在静态变量 Accumulate 中的以前的运营总值与一个新值相加，以计算运营总值：

```
Function RunningTotal(num)
    Static ApplesSold
    ApplesSold = ApplesSold + num
    RunningTotal = ApplesSold
End Function
```

如果用 Dim 而不用 Static 声明 ApplesSold，则以前的累计值不会通过调用函数保留下来，函数只会简单地返回调用它的那个相同值。

在模块的声明段声明 ApplesSold，并使它成为模块级变量，由此也会收到同样效果。但是，这种方法一旦改变变量的范围，过程就不再对变量排他性存取。由于其他过程也可以访问和改变变量的值，所以运营总值也许不可靠，代码将更难于维护。

为了使过程中所有的局部变量为静态变量，可在过程头的起始处加上 Static 关键字。例如：

```
Static Function RunningTotal(num)
```

这就使过程中的所有局部变量都变为静态，无论它们是用 Static、Dim 或 Private 声明的还是隐式声明的。可以将 Static 放在任何 Sub 或 Function 过程头的前面，包括事件过程和声明为 Private 的过程。

3.1.3 注释

阅读代码示例时，经常会遇到注释符号"'"。此符号通知 Visual Basic 编译器忽略在它后面的文本(即注释)。注释是为了方便阅读而为代码添加的简短的解释性说明。

在所有过程的开头加入一段说明过程功能特征(过程的作用)的简短注释是一个很好的编程做法。这对程序员自己和检查代码的任何其他人都有好处。应该把实现的详细信息(过程实现的方式)与描述功能特征的注释分开。若给说明加入了实现的详细信息，切记在更新函数时对这些详细信息进行更新。

注释可以与语句同行并跟随其后，也可以另占一整行。以下代码阐释了这两种情况：

```
text1.Text = "Hi!"    '为文本框的 Text 属性赋值

'为文本框的 Text 属性赋值
text1.Text = "Hi!"
```

如果注释需要多行，应在每行的前面使用注释符号。例如：

```
'如果注释内容过长
'可以换行进行注释
```

表 3.1 提供了在一段代码前可以加上哪些类型的注释的一般原则。这些原则仅为建议；Visual Basic 并未强制实施有关添加注释的规则。编写注释时，让代码的读者容易弄明白代码的用途就行。

表 3.1 注释原则

类 型	说 明
说明用途	描述过程的用途
说明前提	列举每个外部变量、控件、打开的文件或过程访问的其他元素
说明效果	列举每个受影响的外部变量、控件、文件以及它的作用(仅在作用不明显时列举)
说明输入	指定参数的用途
说明返回	说明过程返回的值

应当记住以下几点：

- 每个重要的变量声明前都应有注释，用以描述被声明变量的用途。
- 变量、控件和过程的命名应当足够清楚，能自然地让人明白，这样就可以只在遇到复杂的情况时才使用注释。
- 注释不能与行继续符同行。

通过选择一行或多行代码，然后在"编辑"工具栏上选中"注释" ▤ 按钮或"取消注释" ▤ 按钮，可以添加或移除某段代码的注释符。

也可以用在文本前加关键字 REM 的方式给代码添加注释。但符号"'"和"注释" ▤、"取消注释" ▤ 按钮更易于使用，而且需要的空间和内存更少。

3.1.4 数据类型

表 3.2 显示了 Visual Basic 的数据类型及其支持的公共语言运行库类型、名义存储分配和取值范围。

表 3.2 Visual Basic 的数据类型

Visual Basic 类型	公共语言运行库类型结构	取值范围
Boolean	Boolean	True 或者 False
Byte	Byte	0～255(无符号)

续表

Visual Basic 类型	公共语言运行库类型结构	取值范围
Char(单个字符)	Char	0～65535(无符号)
Date	DateTime	0001 年 1 月 1 日午夜 0:00:00 到 9999 年 12 月 31 日晚上 11:59:59
Decimal	Decimal	0～+/-79228162514264337593543950335(+/-7.9...E+28)，不包含小数点；0～+/-7.9228162514264337593543950335，包含小数点右边 28 位；最小非零数为+/-0.0000000000000000000000000001(+/-1E-28)
Double (双精度浮点型)	Double	对于负值，为： -1.79769313486231570E+308～-4.94065645841246544E-324 对于正值，为： 4.94065645841246544E-324～1.79769313486231570E+308
Integer	Int32	-2147483648～2147483647(有符号)
Long(长整型)	Int64	-9223372036854775808～9223372036854775807(9.2...E+18)(有符号)
Object	Object(类)	任何类型都可以存储在 Object 类型的变量中
SByte	SByte	-128～127(有符号)
Short(短整型)	Int16	-32768～32767(有符号)
Single (单精度浮点型)	Single	对于负值，为-3.4028235E+38～-1.401298E-45 对于正值，为 1.401298E-45～3.4028235E+38
String(变长)	String(类)	0～ 大约 20 亿个 Unicode 字符
UInteger	UInt32	0～4294967295(无符号)
ULong	UInt64	0～18446744073709551615(1.8...E+19)(无符号)
用户定义的(结构)	继承自 ValueType	结构中的每个成员都有由自身数据类型决定的取值范围，与其他成员的取值范围无关
UShort	UInt16	0～65535(无符号)

在科学计数法中，E 表示以 10 为底的幂。因此 3.56E+2 表示 $3.56×10^2$ 或 356，而 3.56E-2 表示 $3.56/10^2$ 或 0.0356。

(1) Boolean 数据类型

Boolean 数据类型的变量存放只可能为 True 或 False 的值。关键字 True 和 False 对应于 Boolean 变量的两种状态。

使用 Boolean 数据类型可以表示双状态值(例如 true/false、yes/no 或 on/off)。Boolean 的默认值为 False。

当 Visual Basic 将数字数据类型值转换为 Boolean 时，0 变为 False，所有其他值变为 True。当 Visual Basic 将 Boolean 值转换为数值类型时，False 变为 0，True 变为-1。

当在 Boolean 值和数值数据类型之间转换时，.NET 框架转换方法不会总是产生与 Visual Basic 转换关键字相同的结果。这是因为 Visual Basic 转换会保留与先前版本兼容的行为。以下将为读者提供几点编程提示，有助于在开发过程中使用。

- 负数：Boolean 不是数值类型，无法表示负值。在任何情况下都不应使用 Boolean 存放数值。

- 类型字符：Boolean 不包含文本类型字符或标识符类型字符。
- 框架类型：Boolean 类型在.NET 框架中的对应类型是 System.Boolean 结构。

在下面的示例中，runningVB 是一个存储简单的是/否设置的 Boolean 变量：

```
Dim runningVB As Boolean
If scriptEngine = "VB" Then
    runningVB = True
End If
```

(2) Byte 数据类型

Byte 数据类型存储 8 位(1 字节)无符号整数，值的范围为 0~255。用 Byte 数据类型包含二进制数据。Byte 的默认值为 0。以下是关于编程中的提示。

- 负数：因为 Byte 是无符号类型，所以它不能表示负数。如果对计算结果为 Byte 类型的表达式使用一元负(-)运算符，则 Visual Basic 首先将该表达式转换为 Short。
- 格式转换：当 Visual Basic 读取或写入文件或调用 DLL、方法和属性时，它可以自动转换数据格式。存储在 Byte 变量和数组中的二进制数据在格式转换中被保留。不应对二进制数据使用 String 变量，因为在 ANSI 和 Unicode 格式之间转换时其内容会损坏。
- 扩大：Byte 数据类型扩大为 Short、UShort、Integer、UInteger、Long、ULong、Decimal、Single 或 Double。这意味着用户可以将 Byte 转换为这些类型中的任何类型，而不会遇到 System.OverflowException 错误。
- 类型字符：Byte 不包含文本类型字符或标识符类型字符。
- 框架类型：Byte 类型在.NET 框架中的对应类型是 System.Byte 结构。

(3) Char 数据类型

Char 数据类型保存无符号的 16 位(双字节)码位，其值的范围是 0~65535。每个码位(或字符代码)表示单个 Unicode 字符。

在只需保存单个字符而无需保存 String 的标头时，应使用 Char 数据类型。在有些情况下，可以使用 Char()(Char 元素数组)来保存多个字符。Char 的默认值是码位为 0 的字符。

Unicode 的前 128 个码位(0~127)对应于标准美国键盘上的字母和符号。这前 128 个码位与 ASCII 字符集中定义的码位相同。随后的 128 个码位(128~255)表示特殊字符，如拉丁字母、重音符号、货币符号以及分数。Unicode 将其余的码位(256~65535)用于表示不同种类的符号，包括世界范围的各种文本字符、音调符号以及数学和技术符号。

可以对 Char 变量使用 IsDigit 和 IsPunctuation 这样的方法来确定其 Unicode 分类。

Visual Basic 不会在 Char 类型和数值类型之间直接转换。可以使用 Asc、AscW 函数将 Char 值转换为表示其码位的 Integer。可以使用 Chr、ChrW 函数将 Integer 值转换为具有该码位的 Char。

如果打开了类型检查开关(Option Strict 语句)，则必须在单字符字符串后追加一个文本类型字符，以将其标识为 Char 数据类型。下面的示例阐释了这一点：

```
Option Strict On
Dim charVar As Char
charVar = "Z"
charVar = "Z"C
```

以下是关于编程中的提示。

- 负数：Char 是一个无符号类型，不能表示负数。在任何情况下都不应使用 Char 存放数值。

- 互操作注意事项：如果使用的组件不是为.NET 框架编写的组件，字符类型在其他环境中具有不同的数据宽度(8 位)。如果将一个 8 位的参数传递给这样的组件，在新的 Visual Basic 代码中应将其声明为 Byte 而不是 Char。

- 扩大：Char 数据类型可扩大为 String。这意味着可以将 Char 转换为 String 而不会遇到 System.OverflowException 错误。

- 类型字符：在单字符字符串后追加一个文本类型字符 C 将强制其转换为 Char 数据类型。Char 没有标识符类型字符。

- 框架类型：Char 类型.NET 框架中的对应类型是 System.Char 结构。

(4) Date 数据类型

Date 数据类型存储 IEEE 64 位(8 个字节)值，表示从 0001 年 1 月 1 日到 9999 年 12 月 31 日的日期以及从午夜 0:00:00 到晚上 11:59:59.9999999 的时间。每个增量表示从公历第 1 年的 1 月 1 日开始经过的 100 纳秒时间。最大值表示 10000 年 1 月 1 日开始前的 100 纳秒。

使用 Date 数据类型包含日期值、时间值，或日期和时间值。Date 的默认值为 0001 年 1 月 1 日的 0:00:00(午夜)。

在编写的时候，必须将 Date 文本括在数字符号(# #)内。必须以 M/d/yyyy 格式指定日期值，例如#5/31/1993#。此要求独立于区域设置和计算机的日期和时间格式设置。

实施这一限制的原因是，代码的意义不应随运行应用程序的区域设置的不同而改变。假设要对 Date 文本#3/4/1998#进行硬编码，并打算使其表示 1998 年 3 月 4 日。在使用 mm/dd/yyyy 格式的区域设置中，3/4/1998 将按照期望编译。但是，假设用户在许多国家(地区)部署应用程序。在使用 dd/mm/yyyy 的区域设置中，硬编码的文本将会编译为 April 3, 1998。在使用 yyyy/mm/dd 的区域设置中，该文本将无效(April 1998, 0003)，并会导致编译器错误。

要将 Date 文本转换为区域设置格式或自定义格式，将该文本提供给 Format 函数，并指定预定义日期/时间格式(Format 函数)或用户定义的日期/时间格式(Format 函数)。

下面的示例说明了这一点：

```
MsgBox("The formatted date is " & Format(#5/31/1993#, "dddd, d MMM yyyy"))
```

另一种方法是，可以使用 DateTime 结构的一个重载构造函数来组合日期和时间值。下面的示例创建一个值，以表示 1993 年 5 月 31 日下午 12:14：

```
Dim dateInMay As New System.DateTime(1993, 5, 31, 12, 14, 0)
```

用户可以指定时间值为 12 小时或 24 小时制，例如#1:15:30 PM#或#13:15:30#。但是，如果没有指定分或秒，则必须指定 AM 或 PM。

如果在日期/时间文本中未包含日期，则 Visual Basic 将该值的日期部分设置为 0001 年 1 月 1 日。如果在日期/时间文本中未包含时间，则 Visual Basic 将该值的时间部分设置为当天的开始时间，即午夜(0:00:00)。

如果将 Date 值转换为 String 类型，Visual Basic 将根据由运行时区域设置指定的短日期格式呈现该日期,并根据由运行时区域设置指定的时间格式(12 小时或 24 小时)来呈现时间。

以下几点是提供给读者的一些编程提示。

- 互操作注意事项：如果正连接到不是为.NET 框架编写的组件，例如 Automation 或 COM 对象，其他环境中的日期/时间类型不与 Visual Basic 的 Date 类型兼容。如果要将日期/时间参数传递给这样的组件，在新 Visual Basic 代码中将其声明为 Double 而不是 Date，并使用转换方法 System.DateTime.FromOADate(System.Double)和 System.DateTime.ToOADate。

- 类型字符：Date 不包含文本类型字符或标识符类型字符。但是，编译器将包含在数字符号(# #)内的文本视为 Date。

- 框架类型：Date 类型在.NET 框架中的对应类型是 System.DateTime 结构。

Date 数据类型的变量或常数既可以存储日期也可以存储时间。例如：

```
Dim someDateAndTime As Date = #8/13/2002 12:14 PM#
```

(5) Decimal 数据类型

它存储 128 位(16 字节)的有符号值，它表示按 10 的可变幂变大或变小的 96 位(12 字节)整数。此比例因子指定小数点右边的数位，范围从 0 到 28。比例为 0 时(没有小数位数)，最大的可能值为+/-79228162514264337593543950335(+/-7.9228162514264337593543950335E+28)。如果小数位数为 28，则最大值为+/-7.9228162514264337593543950335，并且最小的非零值为+/-0.0000000000000000000000000001(+/-1E-28)。

Decimal 数据类型提供数字的最大数量的有效数位。它最多支持 29 个有效数位，并可以表示超过 7.9228×10^{28} 的值。它特别适用于需要使用大量数位但不能容忍舍入误差的计算，如金融方面的计算。Decimal 的默认值为 0。以下是一些编程提示。

- 精度：Decimal 不是浮点数据类型。Decimal 结构存储二进制整数值，以及符号位和指定值中的哪部分为纯小数的整数比例因子。因此，Decimal 数字在内存中的表示形式比浮点型(Single 和 Double)更精确。

- 性能：Decimal 数据类型是所有 Numeric 类型中最慢的一种类型。在选择数据类型之前，应权衡精度和性能之间的重要性。

- 扩大：Decimal 数据类型扩大至 Single 或 Double。这意味着可以将 Decimal 转换为这些类型中的任何类型，而不会遇到 System.OverflowException 错误。

- 尾随零：Visual Basic 不会将尾随零存储在 Decimal 文本中。但是，Decimal 变量将保留通过计算获得的任何尾随零。下面的示例演示了这一点：

```
Dim d1, d2, d3, d4 As Decimal
d1 = 2.375D
d2 = 1.625D
d3 = d1 + d2
d4 = 4.000D
MsgBox("d1 = " & CStr(d1) & ", d2 = " & CStr(d2) _
  & ", d3 = " & CStr(d3) & ", d4 = " & CStr(d4))
```

MsgBox 的输出如下所示：

```
d1 = 2.375, d2 = 1.625, d3 = 4.000, d4 = 4
```

- 类型字符：将文本类型字符 D 追加到文本会将其强制转换成 Decimal 数据类型。将标识符类型字符@追加到任何标识符会将其强制转换成 Decimal。

- 框架类型：Decimal 类型在.NET 框架中的对应类型是 System.Decimal 结构。

可能需要使用 D 类型字符将较大的值分配到 Decimal 变量或常数。下面的示例演示了这一点：

```
Dim bigDec1 As Decimal = 9223372036854775807    ' 无溢出
Dim bigDec2 As Decimal = 9223372036854775808    ' 溢出
Dim bigDec3 As Decimal = 9223372036854775808D   ' 无溢出
```

除非文本后面有文本类型字符，否则编译器会将此文本解释为 Long。bigDec1 的声明不会产生溢出，因为它的值在 Long 的范围内。但是，bigDec2 的值对 Long 来说太大，所以编译器将生成错误。文本类型字符 D 强制编译器将文本解释为 Decimal，从而解决了 bigDec3 的问题。

(6)　Double 数据类型

Double 数据类型存储带符号的 IEEE 64 位(8 个字节)双精度浮点数。

负值取值范围为-1.79769313486231570E+308 ～ -4.94065645841246544E-324。

正值取值范围为 4.94065645841246544E-324 ～ 1.79769313486231570E+308。

双精度数值存储实数数值的近似值。Double 数据类型提供数字可能的最大和最小量值。Double 的默认值为 0。

以下是几点编程提示。

- 精度：处理浮点数时，应记住浮点数在内存中不一定有精确的表示形式。对于某些操作(例如值比较和 Mod 运算)，这可能导致意外的结果。

- 尾随零：浮点数据类型没有尾随 0 字符的任何内部表示形式。例如，这些数据类型不区分 4.2000 和 4.2。因此，在显示或输出浮点数值时，尾随 0 字符不会出现。

- 类型字符：在文本后追加文本类型字符 R 会将其强制转换成 Double 数据类型。在任何标识符后追加标识符类型字符#可将其强制转换成 Double。

- 框架类型：Double 类型在.NET 框架中的对应类型是 System.Double 结构。

(7)　Integer 数据类型

Integer 数据类型保存 32 位(4 字节)有符号整数，取值范围为-2147483648 ～ 2147483647。

Integer 数据类型提供了针对 32 位处理器的优化性能。其他整数类型在内存中加载和存储的速度都要稍慢一些。Integer 的默认值为 0。以下是一些编程提示。

- 互操作注意事项：如果使用的组件不是为.NET 框架编写的组件(如自动化对象或 COM 对象)，Integer 在其他环境中具有不同的数据宽度(16 位)。如果将一个 16 位参数传递给这样的组件，在新的 Visual Basic 代码中应将其声明为 Short 而不是 Integer。

- 扩大：Integer 数据类型可扩大为 Long、Decimal、Single 或 Double。这意味着用户可以将 Integer 转换为这些类型中的任何类型，而不会遇到系统溢出错误。

- 类型字符：在文本后追加文本类型字符 I 会将其强制转换成 Integer 数据类型。在任何标识符后追加标识符类型字符%可将其强制转换成 Integer 数据类型。

- 框架类型：Integer 类型在.NET 框架中的对应类型是 System.Int32 结构。

如果试图将整型变量设置为其类型范围以外的数值，将会出错。如果试图将其设置为一个小数，该数值将会四舍五入。下面的示例显示了如何执行此项操作：

```
Dim k As Integer
k = 2147483648
k = CInt(5.9)
```

(8)　Long 数据类型

Long 数据类型保存 64 位(8 字节)有符号整数，值的范围为-9223372036854775808~9223372036854775807(9.2...E+18)。

使用 Long 数据类型保存位数太多以至于不适合 Integer 数据类型的整数数值。Long 的默认值为 0。以下是一些编程提示。

- 互操作注意事项：如果用户使用不是为.NET 框架编写的组件(如 Automation 或 COM 对象)，在其他环境中，Long 具有不同的数据长度(32 位)。若将一个 32 位参数传递给这样的组件，在新的 Visual Basic 代码中应将其声明为 Integer 而不是 Long。此外，Automation 在 Windows 95、Windows 98、Windows ME 或 Windows 2000 上不支持 64 位整数。不能将 Visual Basic 的 Long 参数传递给这些平台上的 Automation 组件。
- 扩大：Long 数据类型扩大为 Decimal、Single 或 Double。这意味着可以将 Long 转换为这些类型中的任何类型，而不会遇到 System.OverflowException 错误。
- 类型字符：在文本后追加文本类型字符 L 会将其强制转换成 Long 数据类型。在任何标识符后追加标识符类型字符&可将其强制转换成 Long 数据类型。
- 框架类型：Long 类型在.NET 框架中的对应类型是 System.Int64 结构。

(9)　Object 数据类型

Object 数据类型保存引用对象的 32 位(4 字节)地址。可以为 Object 的变量分配任何引用类型(字符串、数组、类或接口)。Object 变量还可以引用任何值类型(数值、Boolean、Char、Date、结构或枚举)的数据。

Object 数据类型可以指向任意数据类型的数据，包括应用程序识别的任意对象实例。当在编译时不知道变量可能指向哪种数据类型时，使用 Object。Object 的默认值为 Nothing(空引用)。

可以将任何数据类型的变量、常数或表达式赋给 Object 变量。若要确定 Object 变量当前引用的数据类型，可以使用 System.Type 类的 GetTypeCode 方法。

下面的示例阐释了这一点：

```
Dim myObject As Object
Dim datTyp As Integer
datTyp = Type.GetTypeCode(myObject.GetType())
```

Object 数据类型为引用类型。但是，当 Object 变量引用值类型的数据时，Visual Basic 将此变量视为一个值类型。

无论它引用什么数据类型，Object 变量都不包含数据值本身，而是指向该值的一个指针。它总是在计算机内存中使用四个字节，但这不包括表示变量值的数据的存储。由于使用指针定位数据的代码的缘故，访问持有值类型的 Object 变量比访问显式声明类型的变量速度稍慢。以下是一些编程提示。

- 互操作注意事项：如果正连接到不是为.NET 框架编写的组件，例如 Automation 或 COM 对象，其他环境中的指针类型与 Visual Basic 的 Object 类型不兼容。
- 性能：用 Object 类型声明的变量足够灵活，可以包含对任何对象的引用。但是，在这样一个变量上调用方法或属性时，总是会遇到后期绑定(在运行时)。若要强制前期绑定(在编译时)和提高性能，可用特定的类名称声明变量，或将它强制转换为特定数据类型。当声明一个对象变量时，尝试使用特定的类类型，例如 OperatingSystem，而不是普通的 Object 类型。还应使用可用的最具体的类，例如 TextBox 而不是 Control，这样就可以访问其属性和方法。通常可以使用"对象浏览器"中的"类"列表来查找可用的类名。

- 扩大：所有数据类型和所有引用类型均扩大至 Object 数据类型。这意味着可以将任意类型转换为 Object，而不会遇到 System.OverflowException 错误。但是，如果在值类型和 Object 之间转换，Visual Basic 会执行称为装箱和取消装箱的操作，这将减慢执行速度。

- 类型字符：Object 不包含文本类型字符或标识符类型字符。

- 框架类型：Object 类型在.NET 框架中的对应类型是 System.Object 类。

下面的示例演示一个 Object 变量，它指向一个对象实例：

```
Dim objDb As Object
Dim myCollection As New Collection()
objDb = myCollection.Item(1)
```

(10) String 数据类型

String 数据类型存储 16 位(2 字节)无符号码位的序列，值的范围是 0~65535。每个"码位"(或字符代码)表示单个 Unicode 字符。一个字符串可包含 0~ 大约 20 亿(2^{31})个 Unicode 字符。

可使用 String 数据类型存储多个字符，这不会产生 Char()(Char 元素的数组)的数组管理开销。String 的默认值为 Nothing(空引用)。这与空字符串(值"")不同。

Unicode 的前 128 个码位(0~127)对应于标准美国键盘上的字母和符号。这前 128 个码位与 ASCII 字符集中定义的码位相同。随后的 128 个码位(128~255)表示特殊字符，如拉丁字母、重音符号、货币符号以及分数。Unicode 将其余的码位(256~65535)用于表示不同种类的符号，包括世界范围的各种文本字符、音调符号以及数学和技术符号。

可将如 IsDigit 和 IsPunctuation 等方法用于 String 变量中的单独字符来确定其 Unicode 分类。

必须将 String 文本放入引号(" ")内。如果需要包括引号作为字符串中的一个字符，应当使用两个连续的引号("")。下面的示例演示了这一点：

```
Dim j As String = "Joe said ""Hello"" to me."
Dim h As String = "Hello"
MsgBox(j)
MsgBox("Joe said " & """" & h & """" & " to me.")
MsgBox("Joe said "" & h & """ to me.")
```

表示字符串中的引号的连续引号与开始和结束 String 文本的引号无关。

将字符串分配到 String 变量后，该字符串为"不可变"，这意味着不能更改其长度或内容。以任何方式更改字符串时，Visual Basic 将创建一个新字符串并放弃先前的字符串。然后 String 变量指向新字符串。

可以使用多种字符串函数操作 String 变量的内容。下面的示例演示了 Left 函数：

```
Dim S As String = "Database"
S = Microsoft.VisualBasic.Left(S, 4)
```

由其他组件创建的字符串可能使用前导或尾随空格填充。如果接收到这种字符串，可

以使用 Trim、LTrim 和 RTrim 函数移除这些空格。

以下是一些编程提示。

- 负数：存放在 String 中的字符无符号，因此不能表示负值。在任何情况下都不应使用 String 存放数值。
- 互操作注意事项：如果与不是为.NET 框架编写的组件(如 Automation 或 COM 对象)交互，字符串字符在其他坏境中的数据宽度不同(8 位)。如果将 8 位字符的字符串参数传递到这种组件，在新的 Visual Basic 代码中将其声明为 Byte()(Byte 元素数组)而不是 String。
- 类型字符：将标识符类型字符$追加到任何标识符，以将其强制转换为 String 数据类型。String 没有文本类型字符。但是，编译器会将包含在双引号(" ")中的文本视为 String。
- 框架类型：String 类型在.NET 框架中的对应类型是 System.String 类。

3.2　控　制　语　句

在 Visual Basic 6.0 中，GoSub 语句调用过程内的子过程。On...GoSub 和 On...GoTo 结构(也称为已计算的 GoSub 和已计算的 GoTo)提供与 BASIC 早期版本的兼容性。While...Wend 结构在满足指定的条件时将循环执行代码。

在 Visual Basic 2008 中，可以用 Call 语句调用过程，而不支持 GoSub 语句。可以用 Select...Case 语句执行多个分支，而不支持 On...GoSub 和 On...GoTo 结构。但是，Visual Basic 2008 仍支持 On Error 语句。

Visual Basic 2008 保留了 While...Wend 结构，但将 Wend 关键字替换为 End 语句。系统不支持 Wend 关键字。

3.2.1　做出决策

算法通常包括决策。事实上，正是这种做出决策的能力使计算机能够圆满地完成任务。当编写代码时，可以做出两种决策。第一种是用来确定当前处理的是哪一部分算法或哪一部分算法可以解决问题。例如，假设有一个 10 人的列表，需要编写一段代码，依次给他们每人发一份邮件。为此，在发送完邮件后，需要确定"完成了吗？"假如完成了，就退出算法；否则就继续给列表中的下一个人发邮件。另外，在打开一个文件时，需要发问，"文件存在吗？"此时，必须考虑两种可能性。

第二种决策用于根据一个或多个事实执行算法的不同部分。仍考虑前面的 10 人列表，想给其中拥有计算机的人发邮件，给没有计算机的人打电话。在执行这项任务时，要根据他们是否拥有计算机来做出决策。

这两种决策是以同样的方式做出的，与这两种决策使用的多少无关(在实际运用中，第一种决策使用得更多一些)。下面介绍如何使用 If 语句做出决策。

3.2.2　If 语句

If 语句能够根据表达式的值,有条件地执行一组语句。

语法如下:

```
If condition [Then]
    [statements]
[ElseIf elseifcondition [Then]
    [elseifstatements]]
[Else
    [elsestatements]]
End If
```

或者:

```
If condition Then [statements] [Else [elsestatements]]
```

参数说明:

- condition:必选。表达式。计算结果必须为 True 或 False,或者是某种可隐式转换为 Boolean 的数据类型。
- Then:在单行格式中为必选项,在多行格式中为可选。
- statements:可选。跟在 If...Then 后面的一条或多条语句,如果 condition 的计算结果为 True,则执行这些语句。
- elseifcondition:如果存在 ElseIf,则为必选项。表达式。计算结果必须为 True 或 False,或者是某种可隐式转换为 Boolean 的数据类型。
- elseifstatements:可选。跟在 ElseIf...Then 后面的一条或多条语句,如果 elseifcondition 的计算结果为 True,则执行这些语句。
- elsestatements:可选。一条或多条语句,如果前面的 condition 或 elseifcondition 表达式的计算结果都不是 True,则会执行这些语句。
- End If:终止 If...Then...Else 块。

可以将单行格式用于短小简单的测试。但是,多行格式比单行格式提供更多的结构和灵活性,并且通常更易于阅读、维护和调试。

当遇到多行 If...Then...Else 时,将测试 condition。如果 condition 为 True,则会执行 Then 之后的语句。如果 condition 为 False,则按顺序计算每个 ElseIf 语句。如果找到某个值为 True 的 elseifcondition,则会执行紧跟在关联的 Then 之后的语句。如果没有任何 elseifcondition 的计算结果为 True,或者没有 ElseIf 语句,则会执行 Else 之后的语句。执行了 Then、ElseIf 或 Else 后面的语句之后,将继续执行 End If 之后的语句。

当计算具有若干可能值的单个表达式时,Select...Case 语句可能会更有用。

在单行格式中,作为 If...Then 判定的结果可能执行多条语句。所有语句必须位于同一行上,并且由冒号分隔。下面的示例说明了这一点:

```
If A > 10 Then A = A + 1 : B = B + A : C = C + B
```

在多行格式中,第一行只能是 If 语句。ElseIf、Else 和 End If 语句的前面只能有行标签。多行 If...Then...Else 块必须以 End If 语句结尾。

若要确定 If 语句是否引入多行格式,应检查 Then 关键字后面的内容。如果同一语句中的 Then 后面出现注释以外的任何其他内容，则该语句将被视为单行的 If 语句。如果 Then 不存在，则它必须是多行 If...Then...Else 的开头。

ElseIf 和 Else 子句都是可选的。可根据需要在多行 If...Then...Else 放置任意多个 ElseIf 子句，但任何一个都不能出现在 Else 子句的后面。多行格式可以嵌套在另一个多行格式中。

下面的示例显示多行格式和单行格式的 If...Then...Else 语句：

```
Dim number, digits As Integer
Dim myString As String
number = 53
If number < 10 Then
    digits = 1
ElseIf number < 100 Then
    digits = 2
Else
    digits = 3
End If

If digits = 1 Then myString = "One" Else myString = "More than one"
```

在上面的示例中，ElseIf 条件的计算结果为 True，并将值 2 赋给了 digits。最后一个语句随后将值"More than one"赋给 myString。

3.2.3　Select Case 语句

Select Case 语句能够根据表达式的值，运行若干组语句中的某一组。

语法如下：

```
Select [Case] testexpression
    [Case expressionlist
        [statements]]
    [Case Else
        [elsestatements]]
End Select
```

参数说明：

- testexpression：必选。表达式。计算结果必须为某个基本数据类型(Boolean、Byte、Char、Date、Double、Decimal、Integer、Long、Object、SByte、Short、Single、String、UInteger、ULong 和 UShort)。

- expressionlist：在 Case 语句中是必选项。代表 testexpression 匹配值的表达式子句的列表。多个表达式子句以逗号隔开。每个子句可以采取下面的某一种形式：

  ◆ expression1 To expression2

  ◆ [Is] comparisonoperator expression

  ◆ expression

  使用 To 关键字指定 testexpression 匹配值范围的边界。expression1 的值必须小于或等于 expression2 的值。

  使用带比较运算符(=、<>、<、<=、>或>=)的 Is 关键字来指定对 testexpression 匹配值的限制。如果没有 Is 关键字，系统将自动在 comparisonoperator 前面插入它。仅指定 expression 的格式被视为 Is 格式的一种特殊情况，在此情况下，comparisonoperator 为等号(=)。此格式的计算方式为 testexpression = expression。expressionlist 中的表达式可以是任何数据类型，只要它们可被隐式地转换为

testexpression 的类型，而且适当的 comparisonoperator 对于与它一起使用的这两种类型均有效。

- statements：可选。跟在 Case 后面的一个或多个语句，在以下情况下运行——testexpression 与 expressionlist 中的任何子句匹配。
- elsestatements：可选。跟在 Case Else 后面的一个或多个语句，在以下情况下运行——testexpression 与任何 Case 语句的 expressionlist 中的任何子句不匹配。
- End Select：结束 Select...Case 构造的定义。

如果 testexpression 与任何 Case expressionlist 子句匹配，跟在该 Case 语句后面的语句将运行，直至遇到下一个 Case、Case Else 或 End Select 语句。然后将控制传递到 End Select 后面的语句。如果 testexpression 与多个 Case 子句中的某个 expressionlist 子句匹配，则只有跟在第一个匹配子句后的语句才会运行。

Case Else 语句用于引入 elsestatements，以便在任何其他 Case 语句中的 testexpression 和 expressionlist 子句之间没有匹配项时运行。最好让 Select Case 构造中的 Case Else 语句来处理无法预料的 testexpression 值，尽管这样做并不是必需的。如果没有 Case expressionlist 子句与 testexpression 匹配，并且没有 Case Else 语句，控制权将会传递到跟在 End Select 后面的语句。

可以在每个 Case 子句中使用多个表达式或范围。例如，下面的行是有效的：

```
Case 1 To 4, 7 To 9, 11, 13, Is > maxNumber
```

Case 和 Case Else 语句中使用的 Is 关键字与 Is 运算符不同，后者用于对象引用比较。

可以针对字符串指定范围和多个表达式。在下面的示例中，Case 匹配与"apples"完全相同的任何字符串，它有一个介于"nuts"和"soup"之间的值(按字母顺序)，或包含与 testItem 的当前值完全相同的值：

```
Case "apples", "nuts" To "soup", testItem
```

Option Compare 的设置可能会影响字符串比较。依据 Option Compare Text 进行比较，字符串"Apples"和"apples"相同，但依据 Option Compare Binary 进行比较，它们则不同。

具有多个子句的 Case 语句可能会表现出称为"短路"的行为。Visual Basic 从左到右计算各个子句的值，如果某个子句生成了与 testexpression 匹配的值，则不会计算其余子句。"短路"可以提高性能，但是，如果希望计算 expressionlist 中每个表达式的值，可能会产生意外的结果。

如果 Case 或 Case Else 语句块内的代码无需再运行该块中的任何其他语句，可以使用 Exit Select 语句退出该块。这会将控制立即转交给 End Select 后面的语句。

Select Case 构造可相互嵌套。每个嵌套的 Select Case 构造必须有匹配的 End Select 语句，并且完整包含在外部 Select Case 构造(它嵌套于其中)的单个 Case 或 Case Else 语句块内。

下面的示例使用 Select Case 构造写入与变量 number 的值相对应的行。第二个 Case 语句包含与 Number 的当前值匹配的值，因此，写入"Between 6 and 8, inclusive"的语句将会运行：

```
Dim number As Integer = 8
Select Case number
    Case 1 To 5
        Debug.WriteLine("Between 1 and 5, inclusive")
    Case 6, 7, 8
```

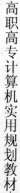

```
        Debug.WriteLine("Between 6 and 8, inclusive")
    Case 9 To 10
        Debug.WriteLine("Equal to 9 or 10")
    Case Else
        Debug.WriteLine("Not between 1 and 10, inclusive")
End Select
```

3.2.4 For...Next 循环

For...Next 循环用于将一组语句重复执行指定的次数。

语法如下：

```
For counter [As datatype] = start To end [Step step]
    [statements]
    [Exit For]
    [statements]
Next [counter]
```

(1) 参数说明：

- counter：For 语句的必选项。数值变量。它是循环的控制变量。
- datatype：如果尚未声明 counter，则是必选项。counter 的数据类型。
- start：必选。数值表达式。counter 的初始值。
- end：必选。数值表达式。counter 的最终值。
- step：可选。数值表达式。每次循环后 counter 的增量。
- statements：可选。放在 For 和 Next 之间的一条或多条语句，它们将会运行指定的次数。
- Exit For：可选。将控制转移到 For 循环外。
- Next：必选。结束 For 循环的定义。

当需要将一组语句重复执行设置好的次数时，使用 For...Next 结构。

当事先不知道需要执行多少次循环中的语句时，While...End While 语句或 Do...Loop 语句循环可很好地发挥作用。但是，如果希望让循环运行特定次数，则 For...Next 是较好的选择。需要在第一次输入循环时确定迭代次数。

(2) 以下是关于此循环结构的一些规则：

- 数据类型。counter 的数据类型通常是 Integer，但也可以是任何支持大于或等于(>=)、小于或等于(<=)、加法(+)和减法(–)运算符的类型。只要支持所有这些运算符，该数据类型甚至可以是用户定义的类型。start、end 和 step 表达式通常计算为 Integer 类型，但也可以计算为任何拓宽到 counter 类型的数据类型。如果要将用户定义的类型用于 counter，这意味着可能必须定义 CType 转换运算符，来将 start、end 或 step 的类型转换为 counter 的类型。
- 声明。如果未在此循环外声明 counter，则必须在 For 语句内声明它。这种情况下，counter 的范围就是循环的主体。但是，不能既在循环外声明 counter，又在循环内声明 counter。
- 迭代次数。Visual Basic 仅在循环开始之前计算一次迭代值 start、end 和 step。如果语句块更改 end 或 step，这些更改不影响循环的迭代。
- 嵌套循环。可以将一个循环放在另一个循环内以嵌套 For 循环。不过，每个循环

必须具有唯一的 counter 变量。下面的结构是有效的:

```
For i As Integer = 1 To 10
    For j As Integer = 1 To 10
        For k As Integer = 1 To 10
            '在这个代码块内可以使用变量i、j和k
        Next k
    Next j
Next i
```

还可以在一种控制结构中嵌套其他种类的控制结构。如果先遇到外部嵌套级别的 Next 语句,后遇到内部嵌套级别的 Next 语句,编译器将发出错误信号。不过,仅当在所有 Next 语句中都指定了 counter 时,编译器才能检测到这种重叠错误。

- 标识控制变量。可以选择在 Next 语句中指定 counter。这将提高程序的可读性,尤其是在具有嵌套的 For 循环的情况下。必须指定与相应的 For 语句中出现的变量相同的变量。

- 将控制转移到循环外。Exit 语句将控制立即转移到 Next 语句后面的语句。如果检测到使继续迭代不必要或不可能的条件(如错误值或终止请求),则可能需要退出循环。而且,如果在 Try...Catch...Finally 中捕获异常,则可以在 Finally 块的结尾使用 Exit For。可以在 For 循环中的任何位置插入任意数量的 Exit For 语句。Exit For 通常在计算特定条件后使用,例如在 If...Then...Else 结构中。

- 无限循环。Exit For 的一种用途是测试可能导致"无限循环"(即运行次数非常多甚至无限的循环)的条件。如果检测到这样的条件,就可以使用 Exit For 退出循环。

(3) 以下是该循环结构的运行流程:

- 进入循环。当开始执行 For...Next 循环时,Visual Basic 将计算 start、end 和 step(仅此一次)。然后将 start 赋予 counter。运行语句块之前,它先将 counter 与 end 进行比较。如果 counter 已经超过了结束值,则 For 循环终止,并且控制将传递给 Next 语句后面的语句。否则,将运行语句块。

- 循环的迭代。每次 Visual Basic 遇到 Next 语句时,都按 step 递增 counter,然后返回到 For 语句。它再次将 counter 与 end 进行比较,并再次根据结果运行块或者终止循环。这一过程将一直持续下去,直到 counter 传递 end 或者遇到 Exit For 语句为止。

- 循环的终止。在 counter 传递 end 之后,循环才会终止。如果 counter 等于 end,则循环继续。如果 step 为正数,确定是否运行循环代码块的比较运算将为 counter <= end;如果 step 为负数,则为 counter >= end。

- 更改迭代值。如果在循环内更改 counter 的值,将会使代码的阅读和调试变得更加困难。更改 start、end 或 step 的值不会影响首次进入循环时所确定的迭代值。

下面的示例演示了不同 Step 值情况下的 For...Next 嵌套结构:

```
Dim words, digit As Integer
Dim thisString As String = ""
For words = 10 To 1 Step -1
    For digit = 0 To 9
        thisString &= CStr(digit)
    Next digit
    thisString &= " "
Next words
```

上面的示例创建了一个字符串,该字符串包含 10 个从 0 到 9 的数字,各数字之间用一

个空格隔开。每循环一次，外部循环都使循环计数器变量递减一次。

3.2.5　For Each ... Next 循环

For Each ... Next 循环对于集合中的每个元素重复一组语句。

语法如下：

```
For Each element [As datatype] In group
    [statements]
    [Exit For]
    [statements]
Next [element]
```

(1)　参数说明：

- element：在 For Each 语句中是必选项。在 Next 语句中是可选项。变量。用于循环访问集合的元素。
- datatype：如果尚未声明 element，则是必选项。element 的数据类型。
- group：必选。对象变量。引用要重复 statements 的集合。
- statements：可选。For Each 和 Next 之间的一条或多条语句，这些语句在 group 中的每一项上运行。
- Exit For：可选。将控制转移到 For Each 循环外。
- Next：必选。终止 For Each 循环的定义。

当需要为集合或数组的每个元素重复执行一组语句时，使用 For Each ... Next 循环。

当可以将循环的每次迭代与控制变量相关联并可确定该变量的初始值和最终值时，For...Next 语句非常适合。但是，在处理集合时，初始值和最终值的概念没有意义，而且不必知道集合中包含多少元素；在这种情况下，For Each ... Next 循环是一个更好的选择。

(2)　以下是关于此循环结构的一些规则：

- 数据类型。group 的元素的数据类型必须可以转换为 element 的数据类型。group 的数据类型必须是引用集合或数组的引用类型。这意味着 group 必须引用实现 System.Collections 命名空间的 IEnumerable 接口或 System.Collections.Generic 命名空间的 IEnumerable 接口的对象。IEnumerable 定义 GetEnumerator 方法，而该方法返回集合的枚举数对象。枚举数对象实现 System.Collections 命名空间的 IEnumerator 接口，并公开 Current 属性以及 Reset 和 MoveNext 方法。Visual Basic 使用它们遍历集合。group 的元素通常属于 Object 类型，但是可以拥有任何运行时数据类型。
- 声明。如果未在此循环外声明 element，则必须在 For Each 语句内声明它。这种情况下，element 的范围就是循环的主体。但是，不能既在循环外声明 element，又在循环内声明 element。
- 迭代次数。Visual Basic 在循环开始之前只计算集合一次。如果语句块更改 element 或 group，这些更改不影响循环的迭代。
- 嵌套循环。可以将一个循环放在另一个循环内以嵌套 For Each 循环。不过，每个循环必须具有唯一的 element 变量。还可以在一种控制结构中嵌套其他种类的控制结构。如果先遇到外部嵌套级别的 Next 语句，后遇到内部嵌套级别的 Next 语句，编译器将发出错误信号。不过，仅当在所有 Next 语句中都指定了 element 时，编译器才能检测到这种重叠错误。

- 标识控制变量。可以选择在 Next 语句中指定 element。这将提高程序的可读性，尤其是在具有嵌套的 For Each 循环的情况下。必须指定与相应的 For Each 语句中出现的变量相同的变量。

- 将控制转移到循环外。Exit 语句将控制立即转移到 Next 语句后面的语句。如果检测到使继续迭代不必要或不可能的条件(如错误值或终止请求)，则可能需要退出循环。而且，如果在 Try...Catch...Finally 语句中捕获异常，则可以在 Finally 块的结尾使用 Exit For。可以在 For Each 循环中的任何位置插入任意数量的 Exit For 语句。Exit For 通常在计算特定条件后使用，例如在 If...Then...Else 结构中。

- 无限循环。Exit For 的一种用途是测试可能导致"无限循环"(即运行次数非常多甚至无限的循环)的条件。如果检测到这样的条件，就可以使用 Exit For 退出循环。

(3) 以下是该循环结构的运行流程：

- 进入循环。开始执行 For Each ... Next 循环时，Visual Basic 将检查 group 是否引用有效的集合对象。如果不是，它将引发异常。否则，它调用枚举数对象的 MoveNext 方法和 Current 属性以返回第一个元素。如果 MoveNext 指示没有下一个元素，即集合为空，则 For Each 循环终止，并将控制传递到 Next 语句后面的语句。否则，Visual Basic 将 element 设置为第一个元素，并运行语句块。

- 循环的迭代。Visual Basic 每次遇到 Next 语句时，都返回至 For Each 语句。它将再次调用 MoveNext 和 Current 以返回下一个元素，然后根据结果再次运行块或者终止循环。此过程将继续，直至 MoveNext 指示没有下一个元素或者遇到 Exit For 语句为止。

- 循环的终止。当连续地将集合中的所有元素分配给 element 后，For Each 循环终止，并将控制传递给 Next 语句后面的语句。

- 更改迭代值。如果在循环内更改 element 的值，将会使代码的阅读和调试变得更加困难。更改 group 的值不会影响集合或其元素，它们已在首次进入循环时确定。

- 遍历顺序。执行 For Each ... Next 循环时，将在 GetEnumerator 方法返回的枚举数对象的控制下遍历集合。遍历的顺序不是由 Visual Basic 确定的，而是由枚举数对象的 MoveNext 方法决定的。这意味着可能无法预测 element 中首先返回集合中的哪个元素，或者在某个给定的元素后返回的下一个元素是哪个元素。如果代码依赖于以特定顺序遍历集合，则 For Each ... Next 循环不是最佳选择，除非知道该集合公开的枚举数对象的特征。使用其他循环结构(如 For...Next 或 Do...Loop)可能会获得更可靠的结果。

- 修改集合。正常情况下，GetEnumerator 返回的枚举数对象不允许通过添加、删除、替换或重新排列任何元素来更改集合。如果在启动 For Each ... Next 循环后更改了集合，枚举数对象将失效，且下次尝试访问元素时将引发 InvalidOperationException 异常。但是，禁止修改不是由 Visual Basic 决定，而是由 IEnumerable 接口的具体实现方法决定。在实现 IEnumerable 时可以允许在迭代期间进行修改。如果要进行这种动态修改，应确保对所用集合 IEnumerable 实现的特点有很好的理解。

- 修改集合元素。枚举数对象的 Current 属性为 ReadOnly，它返回每个集合元素的本地副本。这意味着不能在 For Each ... Next 循环中修改元素本身。所做的任何修改只会影响从 Current 返回的本地副本，而不会反映回基础集合中。但是，如果元素属于引用类型，则可以修改它所指向的实例的成员。下面的示例阐释了这一点：

```
Sub lightBlueBackground(ByVal thisForm As System.Windows.Forms.Form)
    For Each thisControl As System.Windows.Forms.Control In thisForm.Controls
        thisControl.BackColor = System.Drawing.Color.LightBlue
    Next thisControl
End Sub
```

该示例可以修改每个 thisControl 元素的 BackColor 成员，但是不能修改 thisControl 自身。

- 遍历数组。由于 Array 类实现了 IEnumerable 接口，因此所有数组都公开 GetEnumerator 方法。这意味着可以使用 For Each ... Next 循环来循环访问数组。但是，只能读取数组元素，而不能进行更改。

下面的示例使用 For Each ... Next 语句在集合的所有元素中搜索字符串 "Hello"。此示例假定已创建集合 thisCollection，并且其元素的类型为 String：

```
Dim found As Boolean = False
Dim thisCollection As New Collection
For Each thisObject As String In thisCollection
    If thisObject = "Hello" Then
        found = True
        Exit For
    End If
Next thisObject
```

3.2.6　Do...Loop 循环

Do...Loop 循环当某个 Boolean 条件为 True 时，或在该条件变为 True 之前，重复执行某个语句块。

语法如下：

```
Do {While | Until} condition
    [statements]
    [Exit Do]
    [statements]
Loop
```

或者：

```
Do
    [statements]
    [Exit Do]
    [statements]
Loop {While | Until} condition
```

(1)　参数说明：

- While：必选项(除非使用了 Until)。重复执行循环，直到 condition 为 False。
- Until：必选项(除非使用了 While)。重复执行循环，直到 condition 为 True。
- condition：可选项。Boolean 表达式。如果 condition 为 Nothing，Visual Basic 会将其视为 False。

- statements：可选项。一条或多条语句，它们在 condition 为 True 时或变为 True 之前重复执行。
- Exit Do：可选项。将控制传送到 Do 循环外。
- Loop：必选。终止 Do 循环的定义。

如果想重复执行一组语句不定的次数，直到满足了某个条件为止，则可使用 Do...Loop 结构。如果想重复执行语句既定的次数，则 For...Next 语句通常是更好的选择。

Do...Loop 结构在灵活性上比 While ... End While 语句更强，这是因为，它允许在 condition 停止为 True 或初次变为 True 的时候选择是否结束循环。它还允许在循环的开头或结尾测试 condition。

(2) 以下是关于此循环结构的一些规则：

- 条件的性质。条件通常通过两个值的比较得到，但也可以是任何计算为 Boolean 数据类型值(True 或 False)的表达式。这包括已转换为 Boolean 的其他数据类型(如数字类型)的值。
- 测试条件。只能在循环的开头或结尾测试 condition 一次。可以使用 While 或 Until 来指定 condition，但不能同时使用两个。
- 迭代次数。如果在循环的开头(在 Do 语句中)测试 condition，则循环可能从来不会运行一次。如果在循环的结尾(在 Loop 语句中)进行测试，则循环总是会运行至少一次。
- 嵌套循环。可以将一个 Do 循环放在另一个同类循环内以嵌套该循环。也可以互相嵌套不同类型的控制结构。
- 传送到循环外。Exit 语句将控制立即传送给 Loop 语句后面的语句。如果检测到使继续迭代不必要或不可能的条件(如错误值或终止请求)，则可能需要退出循环。可以在 Do 循环内的任何地方放入任意数量的 Exit Do 语句。通常会在计算某个条件的值后使用 Exit Do，例如在 If...Then...Else 结构中。Exit Do 的一种用途是测试能够导致无限循环(即运行次数非常多甚至无限的循环)的条件。如果检测到此类条件，则可以使用 Exit Do 来跳出循环。否则，循环会继续执行。

在下面的示例中，number 被赋予一个可以导致循环的执行次数超过 2^{31} 次的值。If 语句会检查此条件，如果它存在，则退出，从而防止无限循环。代码如下：

```
Sub exitDoExample()
    Dim counter As Integer = 0
    Dim number As Integer = 8
    Do Until number = 10
        If number <= 0 Then Exit Do
        number -= 1
        counter += 1
    Loop
    MsgBox("The loop ran " & counter & " times.")
End Sub
```

下面的示例阐释嵌套的 Do...Loop 结构，While 和 Until 的用法，以及在循环的开头(Do 语句)和结尾(Loop 语句)进行的测试：

```
Dim check As Boolean = True
Dim counter As Integer = 0
Do
    Do While counter < 20
        counter += 1
        If counter = 10 Then
```

```
            check = False
            Exit Do
        End If
    Loop
Loop Until check = False
```

在这个示例中，内层的 Do...Loop 结构循环 10 次，将标志值设置为 False，并使用 Exit Do 语句提前退出循环。外层循环则在检查标志值后立即退出。

3.3　数　据　结　构

数据结构是计算机存储、组织数据的方式。通常情况下，精心选择的数据结构可以带来更高的运行或者存储效率的算法。数据结构往往与高效的检索算法和索引技术有关。

3.3.1　数组

可以使用 Dim 语句，用声明任何其他变量的方法来声明数组变量。在变量名后面加上一对或几对圆括号，以指示该变量将存储数组而不是"标量"(包含单个值的变量)。

在声明中，在变量名称后面加上一对圆括号。下面的示例声明一个变量，它存储 Double 数据类型元素的一维数组：

```
Dim cargoWeights() As Double
```

该例声明了一个数组变量，但没有为它分配数组。还必须创建一个一维数组，初始化该数组，然后将它分配给 cargoWeights。

在声明中，在变量名后面加上一对圆括号并将逗号置于圆括号中以分隔维数。下面的示例声明一个变量，它存储 Short 数据类型元素的四维数组：

```
Dim atmospherePressures(,,,) As Short
```

该例声明了一个数组变量，但没有为它分配数组。还必须创建一个四维数组，初始化该数组，然后将它分配给 atmospherePressures。

在声明中，在变量名后面加上与嵌套数组级数相同的圆括号对。下面的示例声明一个变量，它存储一个嵌套数组(一种数组，其中每一级数组的每个元素都是一个数组)，最里面的数组包含 Byte 数据类型的元素：

```
Dim inquiriesByYearMonthDay()()() As Byte
```

该例声明了一个数组变量，但没有为它分配数组。还必须创建一个嵌套数组，初始化该数组，然后将它分配给 inquiriesByYearMonthDay。

通过使用数组名称和相应索引来指定单个元素，可以存储数组的一个值。

在等号(=)左侧指定数组名称，后接括号。在括号内，对应于要存储的元素，为每个索引提供一个表达式。数组的每一维都需要一个索引。下面的示例是一些在数组中存储值的语句：

```
Dim numbers() As Integer
Dim matrix(,) As Double
numbers(i + 1) = 0
matrix(3, j * 2) = j
```

对于数组的每一维，GetUpperBound 方法都返回索引可具有的最大值。而最小索引值始终为 0。

通过使用数组名称以及相应索引来指定单个元素可以获取一个数组中的值。

在表达式中指定数组名，后接括号。在括号内，对应于要获取的元素，为每个索引提供一个表达式。数组的每一维都需要一个索引。

下面的示例演示了一些从数组中获取值的语句：

```
Dim sortedValues(), rawValues(), estimates(,,) As Double
lowestValue = sortedValues(0)
wTotal += (rawValues(v) ^ 2)
firstGuess = estimates(i, j, k)
```

3.3.2   枚举

枚举提供一种使用成组的相关常数以及将常数值与名称相关联的方便途径。例如，可以为一组与一周中的 7 天相对应的整型常数声明一个枚举，然后在代码中使用这 7 天的名称而不是它们的整数值。

在类或模块的声明部分中用 Enum 语句创建枚举。不能在方法中声明枚举。若要指定适当的访问级别，可使用 Private、Protected、Friend 或 Public。

每个 Enum 类型都有一个名称、一个基础类型和一组字段，它们各表示一个常数。名称必须是一个有效的 Visual Basic 2008 限定符。基础类型必须是整数类型(Byte、Short、Long 或 Integer)之一。Integer 为默认类型。枚举始终是强类型的，不能与整数类型互换。

枚举不能具有浮点值。如果使用 Option Strict On 给枚举赋一个浮点值，则将产生编译器错误。如果 Option Strict 为 Off，则该值将自动转换为 Enum 类型。

这里编写一个包括代码访问级别、Enum 关键字和有效名称的声明，如下例所示，其中每个示例声明一个不同的 Enum：

```
Private Enum SampleEnum
    SampleMember
End Enum
Public Enum SampleEnum2
    SampleMember
End Enum
Protected Enum SampleEnum3
    SampleMember
End Enum
Friend Enum SampleEnum4
    SampleMember
End Enum
Protected Friend Enum SampleEnum5
    SampleMember
End Enum
```

可以定义枚举中的常数。默认情况下，枚举中的第一个常数初始化为 0，后面的常数初始化为比前面的常数多 1 的值。

例如，下面的枚举 Days 包含名为 Sunday 而值为 0 的常数、名为 Monday 而值为 1 的常数和名为 Tuesday 而值为 2 的常数等：

```
Public Enum Days
    Sunday
    Monday
```

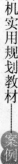
高职高专计算机实用规划教材——案例驱动与项目实践

```
        Tuesday
        Wednesday
        Thursday
        Friday
        Saturday
End Enum
```

可使用赋值语句将值显式赋予枚举中的常数。可赋予任何整数值，包括负数。例如，可能希望值小于零的常数表示错误情况。

在下面的枚举中，将值-1 显式赋予了常数 Invalid，而将值 0 显式赋予了常数 Sunday。因为 Saturday 是枚举中的第一个常数，因此它还被初始化为 0 值。Monday 的值为 1(比 Sunday 的值多 1)；Tuesday 的值为 2，依此类推。代码如下：

```
Public Enum WorkDays
        Saturday
        Sunday = 0
        Monday
        Tuesday
        Wednesday
        Thursday
        Friday
        Invalid = -1
End Enum
```

枚举提供了处理相关联的常数集的方便途径。枚举(或 Enum)是一个值集的符号名称。枚举按数据类型处理，可用于创建与变量和属性一起使用的常数集。

当一个过程接受一个有限的变量集时，可考虑使用枚举。枚举可使代码更清楚、更易读，使用有意义的名称时尤其如此。

使用枚举的优点如下：

● 可减少由数字转置或键入错误引起的错误。

● 以后更改值很容易。

● 使代码更易读，这意味着代码中发生错误的概率降低。

● 确保向前兼容性。使用枚举可减少将来有人更改与成员名称对应的值时代码出错的概率。

使用命名约定对枚举成员进行命名。当 Visual Basic 遇到枚举成员名称时，如果其他引用的类型库包含同样的名称，可能会引发异常。使用唯一的前缀将这些值从应用程序或组件中标识出来。

当引用枚举成员时，必须用枚举名称限定成员名称，否则使用 Imports 语句。

为了方便代码的使用，Visual Basic 提供了许多预定义的枚举，如 FirstDayOfWeek 和 MsgBoxResult 等。

3.3.3 常数

经常会发现代码包含一些常数值，它们一次又一次地反复出现。还可发现，代码要用到很难记住的数字，而那些数字没有明确意义。

在这些情况下，可用常数大幅度地改进代码的可读性和可维护性。常数是有意义的名字，取代永远不变的数值或字符串。尽管常数有点像变量，但不能像对变量那样修改常数，也不能对常数赋以新值。常数有如下两种来源。

（1）内部的或系统定义的常数是应用程序和控件提供的。在"对象浏览器"中的 Visual Basic 和 Visual Basic for Applications 对象库中列举了 Visual Basic 的常数。其他提供对象库的应用程序，如 Microsoft Excel 和 Microsoft Project，也提供了常数列表，这些常数可与应用程序的对象、方法和属性一起使用。在每个 ActiveX 控件的对象库中也定义了常数。

（2）符号的或用户定义的常数是用 Const 语句来声明的。

在 Visual Basic 中，常数名采用大小写混合的格式，其前缀表示定义常数的对象库名。来自 Visual Basic 和 Visual Basic for Applications 对象库的常数以"vb"开头，例如 vbTileHorizontal。

设计前缀时应尽力防止发生意外冲突，不能出现常数名称相同但表示不同数值的情况。即使使用了前缀，两个对象库也仍可能包含表示不同值的相同常数。在这种情况下，引用哪个常数取决于哪个对象库具有更高的优先级。

为了绝对确保不发生常数名字冲突，可用以下语法来限定对常数的引用：

```
[Libname.][Modulename.]Constname
```

Libname 通常是控件或库的类名。Modulename 是定义常数的模块的名字。Constname 是常数名。在对象库中定义了每个元素，并能在"对象浏览器"中查看元素。

声明常数的语法是：

```
[Public|Private] Const constantname[As type] = expression
```

参数 constantname 是有效的符号名(其规则与建立变量名的规则一样)，expression 由数值常数或字符串常数以及运算符组成；但在 expression 中不能使用函数调用。

Const 语句可以表示数量、日期和时间：

```
Const conPi = 3.14159265358979
Public Const conMaxPlanets As Integer = 9
Const conReleaseDate = #1/1/95#
```

也可用 Const 语句定义字符串常数：

```
Public Const conVersion = "07.10.A"
Const conCodeName = "Enigma"
```

如果用逗号进行分隔，则在一行中可放置多个常数声明：

```
Public Const conPi = 3.14, conMaxPlanets = 9, _
conWorldPop = 6E+09
```

等号(=)右边的表达式往往是数字或字符串，但也可以是其结果为数或字符串的表达式(尽管表达式不能包含函数调用)。甚至可用先前定义过的常数定义新常数：

```
Const conPi2 = conPi * 2
```

一旦已定义常数，就可将其放置在代码中，使代码更可读。例如：

```
Static SolarSystem(1 To conMaxPlanets)
If numPeople > conWorldPop Then Exit Sub
```

与变量声明一样，Const 语句也有范围，也使用相同的规则：

- 为创建仅存在于过程中的常数，应在这个过程内部声明常数。
- 为创建一常数，它对模块中所有过程都有效，但对模块之外任何代码都无效，应在模块的声明段中声明常数。

- 为创建在整个应用程序中有效的常数，应在标准模块的声明段中进行声明，并在 Const 前面放置 Public 关键字。在窗体模块或类模块中不能声明 Public 常数。

由于常数可以用其他常数定义，因此必须小心，在两个以上常数之间不要出现循环或循环引用。当程序中有两个以上的公用常数，而且每个公用常数都用另一个去定义时，就会出现循环。例如：

```
'在 Module1 中
Public Const conA = conB * 2          '在整个应用程序中有效
'在 Module 2
Public Const conB = conA / 2          '在整个应用程序中有效
```

如果出现循环，在试图运行此应用程序时，Visual Basic 就会产生错误信息。不解决循环引用就不能运行程序。为避免出现循环，可将公共常数限制在单一模块内，或最多只存在于少数几个模块内。

3.3.4　结构

"结构"是 Visual Basic 早期版本支持的用户定义类型(UDT)的一般化。除字段外，结构还可以公开属性、方法和事件。结构可以实现一个或多个接口，还可以分别为每个字段声明访问级别。

可以合并不同类型的数据项来创建结构。结构将一个或多个"元素"彼此关联并且将它们与结构本身关联。声明了结构后，它将成为"复合数据类型"，而可以声明该类型的变量。

想让单个变量持有几个相关信息时，结构就很有用。例如，可能想将一个雇员的姓名、电话分机号和薪金放在一起。可以对这些信息使用几个变量，或者可以定义一个结构，并将它用于单个雇员变量。当有许多雇员并且因此有该变量的许多实例时，结构的优点变得非常明显。

使用 Structure 语句作为结构声明的开始，并使用 EndStructure 语句作为结构声明的结束。在这两条语句之间必须至少声明一个"元素"。元素可以是任何数据类型，但是至少一个必须是非共享变量，或是非共享非自定义事件。

不能在结构声明中初始化任何结构元素。如果将一个变量声明为结构类型，则可以通过变量访问元素来给它们赋值。

为演示需要，考虑一种情况：跟踪雇员的姓名、电话分机和薪金。结构允许在单个变量中实现。

可以使用 Public、Protected、Friend 或 Private 关键字指定结构的访问级别，或者使用默认值 Public。例如：

```
Private Structure employee
End Structure
```

结构必须具有至少一个元素。必须声明结构的每个元素并指定其访问级别。如果使用不含任何关键字的 Dim 语句，则可访问性默认值为 Public。例如：

```
Private Structure employee
    Public givenName As String
    Public familyName As String
    Public phoneExtension As Long
```

```
    Private salary As Decimal
    Public Sub giveRaise(raise As Double)
        salary *= raise
    End Sub
    Public Event salaryReviewTime()
End Structure
```

该例中的 salary 字段是 Private 的，这意味着不能从结构之外访问该字段，即使是从包含类也不能访问。但是，giveRaise 过程是 Public 的，因此可以从结构之外调用。同样，可以从结构之外引发 salaryReviewTime 事件。

除了变量、Sub 过程和事件之外，还可以在结构中定义常数、Function 过程和属性。可将最多一个属性定义为"默认属性"，只要该属性具有至少一个参数。可以使用 Shared Sub 过程来处理事件。

3.3.5　集合

一般来说，集合是一个用于对相关对象进行分组和管理的对象。例如，每个 Form 均具有一个控件集合(可以通过窗体的 Controls 属性来访问此集合)。此集合是一个表示该窗体上所有控件的对象。它允许根据控件的索引在集合中检索控件，以及使用 For Each ... Next 语句来循环访问集合中的元素。但是，有几种类型的集合，而且它们在几个方面均互不相同。

Visual Basic 也提供了 Collection 类，可以利用此类定义和创建自己的集合。与窗体的 Controls 集合类似，Collection 类也提供使用 For Each ... Next 来循环访问元素以及按照索引检索元素的内置功能。

但是，这两种类型的集合互相不能交互操作。例如，下面的代码生成一个编译器错误：

```
Dim localControls As Collection
localControls = Me.Controls()
```

由于 Controls 集合是.NET 框架集合，而变量 localControls 是 Visual Basic 中 Collection 类型的集合，因此，两种集合互不兼容。这两种类型的集合是通过不同的类实现的。它们的方法相似，但不相同，而且它们的索引方案并不相同。

集合可以从 0 开始或者从 1 开始，具体取决于起始索引是什么。前者表示集合中第一个项的索引为 0，而后者表示此索引为 1。

出于标准化的目的，.NET 框架集合从 0 开始。而出于与早期版本兼容的目的，Visual Basic 的 Collection 类从 1 开始。

Visual Basic 的 Collection 类的实例允许使用数值索引或 String 键来访问项目。可以在指定或不指定键的情况下将项添加到 Visual Basic 的 Collection 对象。如果添加一个没有键的项，则必须使用其数值索引才能访问它。

相反，System.Collections.ArrayList 这类集合只允许数值索引。除非根据存放键的 String 数组构造自己的映射，否则无法将键与这些集合的元素关联。

集合在是否可向它们添加项以及如何添加那些项(如果可以添加的话)方面也有差异。因为 Visual Basic 的 Collection 对象是一种通用编程工具，所以它比其他一些集合更灵活。它具有一个用于将项放入集合的 Add 方法(Collection 对象)，以及一个用于取出项的 Remove 方法(Collection 对象)。

另一方面，某些专用集合不允许使用代码添加或移除元素。例如，System.Windows.

Forms.CheckedListBox.CheckedItems 属性按索引返回对象的引用集合，但代码无法在此集合中添加或移除项。只有用户通过在用户界面中选择或清除适当的框才能这样做。因此，对于此集合并没有 Add 或 Remove 方法。

3.4　实　践　训　练

本章的实践训练部分内容将分步进行学习，包括数组、ToString 函数的使用。要注意的是前面章节已经介绍如何创建控制台应用程序，在这里就不做过多的讲解，下面开始对这些内容进行学习。

3.4.1　数组的使用

在本例中使用控制台应用程序声明一个二维数组，然后使用赋值语句为数组中的元素赋值，在控制台应用程序中添加如下代码：

```
Module Module1

    Sub Main()
        Dim str_personal(2, 2) As String
        str_personal(0, 0) = "马良"
        str_personal(0, 1) = "Mulang"
        str_personal(1, 0) = "毛阿敏"
        str_personal(1, 1) = "Mormi"
        Console.WriteLine("中文: " + str_personal(0, 0) + " 英文: " + str_personal(0, 1))
        Console.WriteLine("中文: " + str_personal(1, 0) + " 英文: " + str_personal(1, 1))
        Console.ReadLine()
    End Sub

End Module
```

编译运行后的效果如图 3.1 所示。

图 3.1　运行效果

3.4.2　ToString 函数的使用

在控制台应用程序中添加如下代码：

```
Module Module1

    Sub Main()
        Dim sht_age As Short = 26
        Dim str_name As String = "马良"
        str_name = str_name + sht_age.ToString()
        Console.WriteLine(str_name)
```

```
    Console.ReadLine()
  End Sub
End Module
```

编译运行后的效果如图 3.2 所示。

图 3.2 运行效果

3.5 习   题

1. 填空题

(1) _____是程序处理的对象，不同类型的数据有不同的处理方法。

(2) 变量的_____确定了能够知晓该变量存在的那部分代码。

(3) 按照默认规定，_____对该模块的所有过程都可用，但对其他模块的代码不可用。

(4) 关键字_____和_____对应于 Boolean 变量的两种状态。

(5) 将文本类型字符_____追加到文本会将其强制转换成 Decimal 数据类型。

(6) _____数据类型可以指向任意数据类型的数据，包括应用程序识别的任意对象实例。

(7) _____是计算机存储、组织数据的方式。

2. 选择题

(1) 变量名应该遵守_____规则。

    A. 必须以字母开头

    B. 不能包含嵌入的英文句号(.)或者嵌入的类型声明字符

    C. 不得超过 255 个字符

    D. 在同一个范围内必须是唯一的。范围就是可以引用变量的变化域，如一个过程、一个窗体等

(2) Integer 数据类型的默认值是_____。

    A. Null

    B. [object]

    C. 0

    D. Nothing

(3) 以下_____属于循环结构。

    A. Select Case

    B. For...Next

    C. For Each ... Next

    D. Do...Loop

(4) 使用枚举的优点有_____。

    A. 可减少由数字转置或键入错误引起的错误

    B. 以后更改值很容易

    C. 使代码更易读，这意味着代码中发生错误的概率降低

    D. 确保向前兼容性。使用枚举可减少将来有人更改与成员名称对应的值时代码出错的概率

3. 判断题

(1) 在窗体模块内，与窗体中控件同名的局部变量将遮住同名控件。　　　（　　）

(2) 每个重要的变量声明前都应有注释，用以描述被声明变量的用途。　　（　　）

(3) 因为 Byte 是有符号类型，所以它可以表示负数。　　　　　　　　　（　　）

(4) 在任何情况下都不应使用 Char 存放数值。　　　　　　　　　　　　（　　）

(5) Decimal 是浮点数据类型。　　　　　　　　　　　　　　　　　　　（　　）

4. 简答题

(1) 简单说明何时需要使用"枚举"。

(2) 举例说明本章中出现的几种循环结构的用法。

(3) Select Case 语句何时使用比较合适？

(4) 简单描述"注释"的作用。

5. 操作题

编写一个 Do...Loop 循环结构的应用程序。

第4章 显示对话框

教学提示： 本章将向读者介绍在 Windows 应用程序开发中 .NET 已经为开发人员设计好的一些控件。

教学目标： 了解并能够熟练地使用这些窗体控件，这样会对将来独立开发应用程序起到很好的帮助作用。

4.1 MessageBox 对话框

MessageBox 对话框是比较常用的一个信息对话框，它不仅能够定义显示的信息内容、信息提示图标，而且可以定义按钮组合及对话框的标题，是一个功能齐全的信息对话框。

在消息对话框中，可以为其设置预定义的一些图标，它将会与消息框中的信息一起显示在对话框中，表 4.1 列出了 MessageBox 对话框预定义的图标属性。

表 4.1 MessageBox 中的可用图标

成员名称	说　明
Asterisk	同 Information
Error	该图标符号是由一个红色背景的圆圈及其中的白色 X 组成的
Exclamation	同 Warning
Hand	同 Error
Information	该图标符号是由一个圆圈及其中的小写字母 i 组成的
None	消息框未包含符号
Question	该图标符号是由一个圆圈和其中的一个问号组成的
Stop	同 Error
Warning	该符号是由一个黄色背景的三角形及其中的一个感叹号组成的

用户可以通过设置消息框功能来显示不同的按钮，表 4.2 列出了在 MessageBox 对话框中可用的按钮功能。

下面介绍 MessageBox 对话框的显示方法，通过调用 Show() 方法来实现，具体语法如下：

```
Public Shared Function Show ( _
    owner As IWin32Window, _
    text As String, _
    caption As String, _
    buttons As MessageBoxButtons, _
    icon As MessageBoxIcon, _
    defaultButton As MessageBoxDefaultButton, _
    options As MessageBoxOptions, _
    helpFilePath As String, _
    navigator As HelpNavigator, _
    param As Object _
) As DialogResult
```

表 4.2 MessageBox 对话框按钮

成员名称	说 明
AbortRetryIgnore	消息框包含"中止"、"重试"和"忽略"按钮
OK	消息框包含"确定"按钮
OKCancel	消息框包含"确定"和"取消"按钮
RetryCancel	消息框包含"重试"和"取消"按钮
YesNo	消息框包含"是"和"否"按钮
YesNoCancel	消息框包含"是"、"否"和"取消"按钮

参数说明：

- owner：将拥有模式对话框的 IWin32Window 的一个实现。
- text：要在消息框中显示的文本。
- caption：要在消息框的标题栏中显示的文本。
- buttons：MessageBoxButtons 值之一，可指定在消息框中显示哪些按钮。
- icon：MessageBoxIcon 值之一，它指定在消息框中显示哪个图标。
- defaultButton：MessageBoxDefaultButton 值之一，可指定消息框中的默认按钮。
- options：MessageBoxOptions 值之一，可指定将对消息框使用哪些显示和关联选项。若要使用默认值，传入 0。
- helpFilePath：用户单击"帮助"按钮时显示的"帮助"文件的路径和名称。
- navigator：HelpNavigator 值之一。
- param：用户单击"帮助"按钮时显示的帮助主题的数值 ID。

消息框是一种模式对话框，这表示除了该模式窗体上的对象之外，不能对其他对象进行任何输入(通过键盘或鼠标单击)。该程序必须隐藏或关闭有模式窗体(通常是响应某个用户操作)，然后才能对另一窗体进行输入。可以使用 owner 参数指定一个特定对象，该对象实现 IWin32Window 接口，而该接口充当对话框的顶级窗口和所有者。

用户单击"帮助"按钮时，会打开 helpFilePath 参数中指定的帮助文件，显示由 navigator 参数标识的帮助内容。拥有消息框的窗体(即活动窗体)也接收 HelpRequested 事件。已编译的帮助文件在页中提供目录、索引、搜索和关键字链接。可以对 navigator 使用以下值：TableOfContents、Find、Index 或 Topic。可以使用 param 进一步细化 Topic 命令。如果在 navigator 参数中指定的值是 TableOfContents、Index 或 Find，则该值应为空引用(在 Visual Basic 中为 Nothing)。如果 navigator 参数引用了 Topic，则该值应引用包含要显示的主题数值的对象。helpFilePath 参数的形式可以是 C:\path\sample.chm 或/folder/file.htm。

MessageBox 消息框的样式如图 4.1 所示。

图 4.1 MessageBox 消息框

4.2 OpenFileDialog 控件

用户可以使用 OpenFileDialog 组件浏览他们的计算机以及网络中任何计算机上的文件夹，并选择打开一个或多个文件。该对话框返回用户在对话框中选定的文件的路径和名称。

用户选定要打开的文件后，可以使用两种机制来打开文件。如果希望使用文件流，则可以创建 StreamReader 类的实例。另一种方法是使用 OpenFile 方法打开选定的文件。

下面的第一个示例包括 FileIOPermission 权限检查，但示例授予了访问文件名的权限。可以在本地计算机、Intranet 以及 Internet 区域中使用这种技术。第二个方法也执行了 FileIOPermission 权限检查，但更适合于 Intranet 或 Internet 区域中的应用程序。

(1) 使用 OpenFileDialog 组件以流方式打开文件。

显示"打开文件"对话框，并调用方法打开用户选定的文件。

其中一个方法是使用 ShowDialog 方法显示"打开文件"对话框，并使用 StreamReader 类的实例打开文件。

下面的示例使用 Button 控件的 Click 事件处理程序打开 OpenFileDialog 组件的实例。当用户选定某个文件并单击"确定"按钮后，将打开对话框中选定的文件。在这种情况下，内容将显示在一个消息框中，并且只是说明已读取文件流。

本示例假设窗体具有一个 Button 控件和一个 OpenFileDialog 组件：

```
Private Sub Button1_Click(ByVal sender As System.Object, _
  ByVal e As System.EventArgs) Handles Button1.Click

  If OpenFileDialog1.ShowDialog() = DialogResult.OK Then
    Dim sr As New System.IO.StreamReader(OpenFileDialog1.FileName)
    MessageBox.Show(sr.ReadToEnd)
    sr.Close()
  End If

End Sub
```

(2) 使用 OpenFileDialog 组件以文件方式打开文件。

使用 ShowDialog 方法显示对话框，并使用 OpenFile 方法打开文件。

OpenFileDialog 组件的 OpenFile 方法返回构成文件的字节。这些字节提供了一个可从中读取的流。在下面的示例中，将实例化一个具有 cursor 筛选器的 OpenFileDialog 组件，使用户只能选择具有.cur 文件扩展名的文件。如果选择了一个.cur 文件，该窗体的光标将设置为选定的光标。

本示例假设窗体具有一个 Button 控件：

```
Private Sub Button1_Click(ByVal sender As System.Object, _
  ByVal e As System.EventArgs) Handles Button1.Click

  Dim openFileDialog1 As New OpenFileDialog()
  openFileDialog1.Filter = "Cursor Files|*.cur"
  openFileDialog1.Title = "Select a Cursor File"

  If openFileDialog1.ShowDialog() = DialogResult.OK Then
    Me.Cursor = New Cursor(openFileDialog1.OpenFile())
  End If

End Sub
```

OpenFileDialog 控件的样式如图 4.2 所示。

图 4.2　OpenFileDialog 控件

表 4.3 列出了 OpenFileDialog 组件的主要公共属性。

表 4.3　OpenFileDialog 公共属性

名　　称	说　　明
AddExtension	获取或设置一个值，该值指示如果用户省略扩展名，对话框是否自动在文件名中添加扩展名
CheckFileExists	获取或设置一个值，该值指示如果用户指定不存在的文件名，对话框是否显示警告
CheckPathExists	获取或设置一个值，该值指示如果用户指定不存在的路径，对话框是否显示警告
Container	获取 IContainer，它包含 Component
DefaultExt	获取或设置默认文件扩展名
DereferenceLinks	获取或设置一个值，该值指示对话框是否返回快捷方式引用的文件的位置，或者是否返回快捷方式(.lnk)的位置
FileName	获取或设置一个包含在文件对话框中选定的文件名的字符串
FileNames	获取对话框中所有选定文件的文件名
Filter	获取或设置当前文件名筛选器字符串，该字符串决定对话框的"另存为文件类型"或"文件类型"框中出现的选择内容
FilterIndex	获取或设置文件对话框中当前选定筛选器的索引
InitialDirectory	获取或设置文件对话框显示的初始目录
Multiselect	获取或设置一个值，该值指示对话框是否允许选择多个文件
ReadOnlyChecked	获取或设置一个值，该值指示是否选定只读复选框
RestoreDirectory	获取或设置一个值，该值指示对话框在关闭前是否还原当前目录
ShowHelp	获取或设置一个值，该值指示文件对话框中是否显示"帮助"按钮
ShowReadOnly	获取或设置一个值，该值指示对话框是否包含只读复选框
Site	获取或设置 Component 的 ISite
Title	获取或设置文件对话框标题
ValidateNames	获取或设置一个值，该值指示对话框是否只接受有效的 Win32 文件名

表 4.4 列出了 OpenFileDialog 组件的所有公共方法。

表 4.4　OpenFileDialog 公共方法

名　称	说　明
CreateObjRef	创建一个对象，该对象包含生成用于与远程对象进行通信的代理所需的全部相关信息
Dispose	释放由 Component 占用的资源
Equals	确定两个 Object 实例是否相等
GetHashCode	用作特定类型的哈希函数。GetHashCode 适合在哈希算法和数据结构(如哈希表)中使用
GetLifetimeService	检索控制此实例的生存期策略的当前生存期服务对象
GetType	获取当前实例的 Type
InitializeLifetimeService	获取控制此实例的生存期策略的生存期服务对象
OpenFile	打开用户选定的具有只读权限的文件。该文件由 FileName 属性指定
ReferenceEquals	确定指定的 Object 实例是否是相同的实例
Reset	将所有属性重新设置为其默认值
ShowDialog	运行通用对话框
ToString	提供此对象的字符串版本

StreamReader 旨在以一种特定的编码输入字符，而 Stream 类用于字节的输入和输出。使用 StreamReader 读取标准文本文件的各行信息。

除非另外指定，StreamReader 的默认编码为 UTF-8，而不是当前系统的 ANSI 代码页。UTF-8 可以正确处理 Unicode 字符并在操作系统的本地化版本上提供一致的结果。默认情况下，StreamReader 不是线程安全的。表 4.5 列出了 StreamReader 类的主要公共方法。

表 4.5　StreamReader 类的公共方法

名　称	说　明
Close	关闭 StreamReader 对象和基础流，并释放与读取器关联的所有系统资源
CreateObjRef	创建一个对象，该对象包含生成用于与远程对象进行通信的代理所需的全部相关信息
DiscardBufferedData	允许 StreamReader 对象丢弃其当前数据
Equals	确定两个 Object 实例是否相等
GetHashCode	用作特定类型的哈希函数。GetHashCode 适合在哈希算法和数据结构(如哈希表)中使用
GetLifetimeService	检索控制此实例的生存期策略的当前生存期服务对象

高职高专计算机实用规划教材——案例驱动与项目实践

名　称	说　明
GetType	获取当前实例的 Type
InitializeLifetimeService	获取控制此实例的生存期策略的生存期服务对象
Peek	返回下一个可用的字符，但不使用它
Read	读取输入流中的下一个字符或下一组字符
ReadBlock	从当前流中读取最大 count 的字符并从 index 开始将该数据写入 buffer
ReadLine	从当前流中读取一行字符并将数据作为字符串返回
ReadToEnd	从流的当前位置到末尾读取流
ReferenceEquals	确定指定的 Object 实例是否是相同的实例
Synchronized	在指定 TextReader 周围创建线程安全包装
ToString	返回表示当前 Object 的 String

4.3　SaveFileDialog 控件

　　使用该控件作为一个简单的解决方案，使用户能够保存文件，而不用配置自己的对话框。利用标准的 Windows 对话框，创建基本功能可立即为用户所熟悉的应用程序。但是应注意，使用 SaveFileDialog 组件时，必须编写自己的文件保存逻辑。可使用 ShowDialog 方法在运行时显示该对话框。使用 OpenFile 方法可以读写方式打开文件。

　　将 SaveFileDialog 组件添加到窗体后，它出现在 Windows 窗体设计器底部的栏中。表4.6 列出了 SaveFileDialog 组件的主要公共属性。

表 4.6　SaveFileDialog 公共属性

名　称	说　明
AddExtension	获取或设置一个值，该值指示如果用户省略扩展名，对话框是否自动在文件名中添加扩展名
CheckFileExists	获取或设置一个值，该值指示如果用户指定一个不存在的文件名，对话框是否显示警告
CheckPathExists	获取或设置一个值，该值指示如果用户指定不存在的路径，对话框是否显示警告
Container	获取 IContainer，它包含 Component
CreatePrompt	获取或设置一个值，该值指示如果用户指定不存在的文件，对话框是否提示用户允许创建该文件
DefaultExt	获取或设置默认文件扩展名
DereferenceLinks	获取或设置一个值，该值指示对话框是否返回快捷方式引用的文件的位置，或者是否返回快捷方式(.lnk)的位置

名　称	说　明
FileName	获取或设置一个包含在文件对话框中选定的文件名的字符串
FileNames	获取对话框中所有选定文件的文件名
Filter	获取或设置当前文件名筛选器字符串，该字符串决定对话框的"另存为"文件类型或"文件类型"框中出现的选择内容
FilterIndex	获取或设置文件对话框中当前选定筛选器的索引
InitialDirectory	获取或设置文件对话框显示的初始目录
OverwritePrompt	获取或设置一个值，该值指示如果用户指定的文件名已存在，Save As 对话框是否显示警告
RestoreDirectory	获取或设置一个值，该值指示对话框在关闭前是否还原当前目录
ShowHelp	获取或设置一个值，该值指示文件对话框中是否显示"帮助"按钮
Site	获取或设置 Component 的 ISite
Tag	获取或设置一个对象，该对象包含控件的数据
Title	获取或设置文件对话框标题
ValidateNames	获取或设置一个值，该值指示对话框是否只接受有效的 Win32 文件名

表 4.7 列出了 SaveFileDialog 的公共方法。

表 4.7　SaveFileDialog 的公共方法

名　称	说　明
CreateObjRef	创建一个对象，该对象包含生成用于与远程对象进行通信的代理所需的全部相关信息
Dispose	释放由 Component 占用的资源
Equals	确定两个 Object 实例是否相等
GetHashCode	用作特定类型的哈希函数。GetHashCode 适合在哈希算法和数据结构(如哈希表)中使用
GetLifetimeService	检索控制此实例的生存期策略的当前生存期服务对象
GetType	获取当前实例的 Type
InitializeLifetimeService	获取控制此实例的生存期策略的生存期服务对象
OpenFile	打开用户选定的具有读/写权限的文件
ReferenceEquals	确定指定的 Object 实例是否是相同的实例
Reset	将所有对话框选项重置为默认值
ShowDialog	运行通用对话框
ToString	提供此对象的字符串版本

显示"保存文件"对话框并调用一个方法保存用户选定的文件。

使用 SaveFileDialog 组件的 OpenFile 方法来保存文件。此方法提供了一个可以写入的 Stream 对象。

高职高专计算机实用规划教材——案例驱动与项目实践

　　以下示例使用 DialogResult 属性获取文件的名称，并使用 OpenFile 方法保存文件。OpenFile 方法提供了可以写入文件的流。

　　示例中有一个分配了图像的 Button 控件。单击该按钮时，将使用一个允许.gif、.jpeg 和.bmp 类型文件的筛选器实例化 SaveFileDialog 组件。如果在"保存文件"对话框中选定了此类型的文件，那么将保存按钮的图像。

　　该示例假设窗体上有一个 Button 控件，该控件的 Image 属性设置为.gif、.jpeg 或.bmp 类型的文件。

　　FileDialog 类的 FilterIndex 属性(根据继承的特性，该属性属于 SaveFileDialog 类)使用从 1 开始的索引。如果通过编写代码以特定格式保存数据(例如，以纯文本而不是二进制格式保存文件)，那么这一点很重要。示例的具体代码如下：

```
Private Sub Button2_Click(ByVal sender As System.Object, _
  ByVal e As System.EventArgs) Handles Button2.Click
  ' 单击Button2 触发保存图片的事件
  Dim saveFileDialog1 As New SaveFileDialog()
  saveFileDialog1.Filter = "JPeg Image|*.jpg|Bitmap Image|*.bmp|Gif Image|*.gif"
  saveFileDialog1.Title = "Save an Image File"
  saveFileDialog1.ShowDialog()

  '如果文件名称不为空，则进行保存
  If saveFileDialog1.FileName <> "" Then
    Dim fs As System.IO.FileStream =
      Ctype(saveFileDialog1.OpenFile(), System.IO.FileStream)
    Select Case saveFileDialog1.FilterIndex
      Case 1
        Me.button2.Image.Save(fs, _
          System.Drawing.Imaging.ImageFormat.Jpeg)

      Case 2
        Me.button2.Image.Save(fs, _
          System.Drawing.Imaging.ImageFormat.Bmp)

      Case 3
        Me.button2.Image.Save(fs, _
          System.Drawing.Imaging.ImageFormat.Gif)
    End Select

    fs.Close()
  End If
End Sub
```

　　SaveFileDialog 控件的样式如图 4.3 所示。

　　StreamWriter 旨在以一种特定的编码来输出字符，而从 Stream 派生的类则用于字节的输入和输出。

　　StreamWriter 默认使用 UTF8Encoding 的实例，除非指定了其他编码。构造 UTF8Encoding 的这个实例使得 Encoding.GetPreamble 方法返回以 UTF-8 格式编写的 Unicode 字节顺序标记。当不再向现有流中追加时，编码的报头将被添加到流中。这表示使用 StreamWriter 创建的所有文本文件都将在其开头有三个字节顺序标记。UTF-8

图 4.3　SaveFileDialog 控件

可以正确处理所有的 Unicode 字符并在操作系统的本地化版本上产生一致的结果。

　　表 4.8 列出了 StreamWriter 的主要公共方法。

表 4.8　StreamWriter 的公共方法

名　称	说　明
Close	关闭当前的 StreamWriter 对象和基础流
CreateObjRef	创建一个对象，该对象包含生成用于与远程对象进行通信的代理所需的全部相关信息
Equals	确定两个 Object 实例是否相等
Flush	清理当前编写器的所有缓冲区，并使所有缓冲数据写入基础流
GetHashCode	用作特定类型的哈希函数。GetHashCode 适合在哈希算法和数据结构(如哈希表)中使用
GetLifetimeService	检索控制此实例的生存期策略的当前生存期服务对象
GetType	获取当前实例的 Type
InitializeLifetimeService	获取控制此实例的生存期策略的生存期服务对象
ReferenceEquals	确定指定的 Object 实例是否是相同的实例
Synchronized	在指定 TextWriter 周围创建线程安全包装
ToString	返回表示当前 Object 的 String
Write	写入流
WriteLine	写入重载参数指定的某些数据，后跟行结束符

表 4.9 列出了 StreamWriter 的公共属性。

表 4.9　StreamWriter 公共属性

名　称	说　明
AutoFlush	获取或设置一个值，该值指示 StreamWriter 是否在每次调用 StreamWriter.Write 之后，将其缓冲区刷新到基础流
BaseStream	获取同后备存储区连接的基础流
Encoding	获取将输出写入到其中的 Encoding
FormatProvider	获取控制格式设置的对象
NewLine	获取或设置由当前 TextWriter 使用的行结束符字符串

4.4　FontDialog 控件

　　Windows 窗体 FontDialog 组件是一个预先配置的对话框，该对话框是标准的 Windows "字体"对话框，用于公开系统上当前安装的字体。可在基于 Windows 的应用程序中将其用作简单的字体选择解决方案，而不是配置自己的对话框。

　　默认情况下，该对话框显示字体、字体样式和字体大小的列表框，删除线和下划线等效果的复选框，脚本的下拉列表以及字体外观的示例(脚本是指给定字体可用的不同字符脚本，如希伯来语或日语)。若要显示该字体对话框，可调用 ShowDialog 方法。

　　该组件具有若干可配置其外观的属性。用于设置对话框选择内容的属性包括 Font 和

Color。Font 属性设置字体、样式、大小、脚本和效果；如 Arial, 10pt, style=Italic, Strikeout。

下面的代码示例使用 ShowDialog 来显示 FontDialog。此代码要求已经用 TextBox 和其上的按钮创建了 Form。它还要求已经创建了 fontDialog1。Font 包含大小信息，但不包含颜色信息。具体如下：

```
Private Sub button1_Click(sender As Object, e As System.EventArgs)
    fontDialog1.ShowColor = True

    fontDialog1.Font = textBox1.Font
    fontDialog1.Color = textBox1.ForeColor

    If fontDialog1.ShowDialog() <> DialogResult.Cancel Then
        textBox1.Font = fontDialog1.Font
        textBox1.ForeColor = fontDialog1.Color
    End If
End Sub
```

FontDialog 控件的样式如图 4.4 所示。

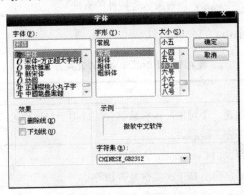

图 4.4　FontDialog 控件

表 4.10 列出了 FontDialog 的公共属性。

表 4.10　FontDialog 公共属性

名　　称	说　　明
AllowScriptChange	获取或设置一个值，该值指示用户能否更改"脚本"组合框中指定的字符集，以显示除了当前所显示字符集以外的字符集
AllowSimulations	获取或设置一个值，该值指示对话框是否允许图形设备接口(GDI)字体模拟
AllowVectorFonts	获取或设置一个值，该值指示对话框是否允许选择矢量字体
AllowVerticalFonts	获取或设置一个值，该值指示对话框是既显示垂直字体又显示水平字体，还是只显示水平字体
Color	获取或设置选定字体的颜色
Container	获取 IContainer，它包含 Component
FixedPitchOnly	获取或设置一个值，该值指示对话框是否只允许选择固定间距字体
Font	获取或设置选定的字体
FontMustExist	获取或设置一个值，该值指示对话框是否指定当用户试图选择不存在的字体或样式时的错误条件
MaxSize	获取或设置用户可选择的最大磅值

名　称	说　明
MinSize	获取或设置用户可选择的最小磅值
ScriptsOnly	获取或设置一个值，该值指示对话框是否允许为所有非 OEM 和 Symbol 字符集以及 ANSI 字符集选择字体
ShowApply	获取或设置一个值，该值指示对话框是否包含"应用"按钮
ShowColor	获取或设置一个值，该值指示对话框是否显示颜色选择
ShowEffects	获取或设置一个值，该值指示对话框是否包含允许用户指定删除线、下划线和文本颜色选项的控件
ShowHelp	获取或设置一个值，该值指示对话框是否显示"帮助"按钮
Site	获取或设置 Component 的 ISite
Tag	获取或设置一个对象，该对象包含控件的数据

表 4.11 列出了 FontDialog 的公共方法。

表 4.11　FontDialog 的公共方法

名　称	说　明
CreateObjRef	创建一个对象，该对象包含生成用于与远程对象进行通信的代理所需的全部相关信息
Dispose	释放由 Component 占用的资源
Equals	确定两个 Object 实例是否相等
GetHashCode	用作特定类型的哈希函数。GetHashCode 适合在哈希算法和数据结构(如哈希表)中使用
GetLifetimeService	检索控制此实例的生存期策略的当前生存期服务对象
GetType	获取当前实例的 Type
InitializeLifetimeService	获取控制此实例的生存期策略的生存期服务对象
ReferenceEquals	确定指定的 Object 实例是否是相同的实例
Reset	将所有对话框选项重置为默认值
ShowDialog	运行通用对话框
ToString	检索包含对话框中当前选定字体的名称的字符串

4.5　ColorDialog 控件

Windows 窗体 ColorDialog 组件是一个预先配置的对话框，它允许用户从调色板选择颜色以及将自定义颜色添加到该调色板。此对话框与在其他基于 Windows 的应用程序中看到的用于选择颜色的对话框相同。可在基于 Windows 的应用程序中使用它作为简单的解决方案，而不用配置自己的对话框。

此对话框中选择的颜色在 Color 属性中返回。如果 AllowFullOpen 属性设置为 false，则将禁用"定义自定义颜色"按钮,并且用户只能使用调色板中的预定义颜色。如果 SolidColorOnly 属性设置为 true,则用户无法选择抖色。若要显示此对话框,必须调用它的 ShowDialog 方法。

可以使用 Windows 窗体 ColorDialog 组件的若干属性来配置其外观。对话框包括两部分: 一部分显示基本颜色,另一部分允许用户定义自定义颜色。

多数属性限制用户可以从对话框中选择的颜色。如果将 AllowFullOpen 属性设置为 true, 则允许用户定义自定义颜色。如果对话框进行了扩展以定义自定义颜色,则 FullOpen 属性 为 true;否则用户必须单击"定义自定义颜色"按钮。将 AnyColor 属性设置为 true 时,对 话框会在基本颜色集内显示所有可用的颜色。如果将 SolidColorOnly 属性设置为 true,则用 户不能选择仿色;只有纯色可供选择。

如果将 ShowHelp 属性设置为 true,则会在对话框上显示"帮助"按钮。当用户单击"帮 助"按钮时,会引发 ColorDialog 组件的 HelpRequest 事件。

1. 配置颜色对话框的外观

将 AllowFullOpen、AnyColor、SolidColorOnly 和 ShowHelp 属性设置为期望值:

```
ColorDialog1.AllowFullOpen = True
ColorDialog1.AnyColor = True
ColorDialog1.SolidColorOnly = False
ColorDialog1.ShowHelp = True
```

ColorDialog 组件显示调色板并返回包含用户选定颜色的属性。

2. 使用 ColorDialog 组件选择颜色

(1) 使用 ShowDialog 方法显示对话框。

(2) 使用 DialogResult 属性确定如何关闭对话框。

(3) 使用 ColorDialog 组件的 Color 属性设置选定的颜色。

在下面的示例中,Button 控件的 Click 事件处理程序打开一个 ColorDialog 组件。当用 户选定颜色并单击"确定"按钮后,Button 控件的背景色将设置为选定的颜色。本示例假 设窗体具有一个 Button 控件和一个 ColorDialog 组件。代码如下:

```
Private Sub Button1_Click(ByVal sender As System.Object, _
  ByVal e As System.EventArgs) Handles Button1.Click
  If ColorDialog1.ShowDialog() = DialogResult.OK Then
    Button1.BackColor = ColorDialog1.Color
  End If
End Sub
```

ColorDialog 控件的样式如图 4.5 所示。

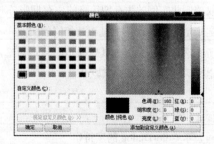

图 4.5　ColorDialog 控件

表 4.12 列出了 ColorDialog 的公共属性。

表 4.12　ColorDialog 的公共属性

名　称	说　明
AllowFullOpen	获取或设置一个值,该值指示用户是否可以使用该对话框定义自定义颜色
AnyColor	获取或设置一个值,该值指示对话框是否显示基本颜色集中可用的所有颜色
Color	获取或设置用户选定的颜色
Container	获取 IContainer,它包含 Component
CustomColors	获取或设置对话框中显示的自定义颜色集
FullOpen	获取或设置一个值,该值指示用于创建自定义颜色的控件在对话框打开时是否可见
ShowHelp	获取或设置一个值,该值指示在颜色对话框中是否显示"帮助"按钮
Site	获取或设置 Component 的 ISite
SolidColorOnly	获取或设置一个值,该值指示对话框是否限制用户只选择纯色
Tag	获取或设置一个对象,该对象包含控件的数据

表 4.13 列出了 ColorDialog 的公共方法。

表 4.13　ColorDialog 的公共方法

名　称	说　明
CreateObjRef	创建一个对象,该对象包含生成用于与远程对象进行通信的代理所需的全部相关信息
Dispose	释放由 Component 占用的资源
Equals	确定两个 Object 实例是否相等
GetHashCode	用作特定类型的哈希函数。GetHashCode 适合在哈希算法和数据结构(如哈希表)中使用
GetLifetimeService	检索控制此实例的生存期策略的当前生存期服务对象
GetType	获取当前实例的 Type
InitializeLifetimeService	获取控制此实例的生存期策略的生存期服务对象
ReferenceEquals	确定指定的 Object 实例是否是相同的实例
Reset	将所有选项重新设置为其默认值,将最后选定的颜色重新设置为黑色,将自定义颜色重新设置为其默认值
ShowDialog	运行通用对话框
ToString	返回表示 ColorDialog 的字符串

4.6　PrintDialog 控件

Windows 窗体 PrintDialog 控件是一个预先配置的对话框，可在基于 Windows 的应用程序中用于选择打印机、选择要打印的页以及确定其他与打印相关的设置。将该控件用作选择打印机和打印相关设置的简单解决方案，而不用配置自己的对话框。可使用户能够打印文档的很多部分：全部打印、打印选定的页范围或打印选定内容。利用标准的 Windows 对话框，可以创建其基本功能可立即为用户所熟悉的应用程序。

PrintDialog 组件从 CommonDialog 类继承。

可以使用 ShowDialog 方法，在运行时显示该对话框。该组件具有与单个打印作业 (PrintDocument 类) 或者与个别打印机的设置 (PrinterSettings 类) 相关的属性。这两类属性反过来可由多个打印机共享。

将 PrintDialog 组件添加到窗体后，它出现在 Windows 窗体设计器底部的栏中。

PrintDialog 控件的样式如图 4.6 所示。

表 4.14 列出了 PrintDialog 的公共属性。

图 4.6　PrintDialog 控件

表 4.14　PrintDialog 的公共属性

名　称	说　明
AllowCurrentPage	获取或设置一个值，该值指示是否显示"当前页"选项按钮
AllowPrintToFile	获取或设置一个值，该值指示是否启用"打印到文件"复选框
AllowSelection	获取或设置一个值，该值指示是否启用"选择"选项按钮
AllowSomePages	获取或设置一个值，该值指示是否启用"页"选项按钮
Container	获取 IContainer，它包含 Component
Document	获取或设置一个值，指示用于获取 PrinterSettings 的 PrintDocument
PrinterSettings	获取或设置对话框修改的打印机设置
PrintToFile	获取或设置一个值，该值指示是否选中"打印到文件"复选框
ShowHelp	获取或设置一个值，该值指示是否显示"帮助"按钮
ShowNetwork	获取或设置一个值，该值指示是否显示"网络"按钮
Site	获取或设置 Component 的 ISite
Tag	获取或设置一个对象，该对象包含控件的数据
UseEXDialog	-

表 4.15 列出了 PrintDialog 的公共方法。

表 4.15 PrintDialog 的公共方法

名 称	说 明
CreateObjRef	创建一个对象，该对象包含生成用于与远程对象进行通信的代理所需的全部相关信息
Dispose	释放由 Component 占用的资源
Equals	确定两个 Object 实例是否相等
GetHashCode	用作特定类型的哈希函数。GetHashCode 适合在哈希算法和数据结构(如哈希表)中使用
GetLifetimeService	检索控制此实例的生存期策略的当前生存期服务对象
GetType	获取当前实例的 Type
InitializeLifetimeService	获取控制此实例的生存期策略的生存期服务对象
ReferenceEquals	确定指定的 Object 实例是否是相同的实例
Reset	将所有选项、最后选定的打印机和页面设置重新设置为其默认值
ShowDialog	运行通用对话框
ToString	返回包含 Component 的名称的 String(如果有)。不应重写此方法

4.7 实 践 训 练

设计一个能运行可执行文件(.exe、.com、.bat)的对话框程序。程序启动后能打开 Windows 的"打开"对话框，选择文件后单击"打开"按钮，返回到程序，用户所选择的文件能显示到文本框中。通过单击按钮可以使程序按"常规"、"最大化"或"最小化"方式运行。

现在开始编写这个程序，创建这个程序的具体步骤如下。

(1) 创建应用程序的界面。

选择"开始"→"所有程序"→"Microsoft Visual Studio 2008"→"Microsoft Visual Studio 2008"，然后单击"文件"→"新建"→"项目"→"Visual Basic"→"Windows 窗体应用程序"，单击"确定"按钮创建新应用程序成功。

在窗体上添加一个 OpenFileDialog 控件、一个框架控件、3 个单选按钮、一个标签控件、一个文本框控件和 4 个命令按钮，按照如图 4.7 所示的设计界面放置控件位置。

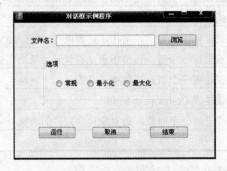

图 4.7 设计界面

(2) 设置对象的属性值。

按照表 4.16 所示来设置各控件的属性。

表 4.16　各控件的属性设置

控 件 名	属 性 名	设置属性值
Form1	Text	"对话框示例程序"
Lebel1	Text	"文件名："
TextBox1	Text	空
RadioButton1	Text	"常规"
RadioButton2	Text	"最小化"
RadioButton3	Text	"最大化"
Button1	Text	"运行"
Button2	Text	"取消"
Button3	Text	"结束"
Button4	Text	"浏览"
OpenFileDialog1	FileName	"OpenFileDialog1"
GroupBox1	Text	"选项"

(3) 编写程序代码、建立事件过程：

```
Private Sub Button4_Click(ByVal sender As System.Object, ByVal e As System.EventArgs)
  Handles Button4.Click
      OpenFileDialog1.Filter =
        "执行文件(*.exe;*.com;*.bat)|*.exe;*.com;*.bat|所有文件(*.*)|*.*"
      OpenFileDialog1.ShowDialog()            '显示"打开"对话框
      TextBox1.Text = OpenFileDialog1.FileName     '将用户选择的可执行文件名显示到文本框中
End Sub

Private Sub Button1_Click(ByVal sender As System.Object, ByVal e As System.EventArgs)
  Handles Button1.Click
      On Error GoTo error1    '若出现错误转去执行以"error1"为标号的程序行
      If RadioButton1.Checked =
        True Then Shell(TextBox1.Text, AppWinStyle.NormalFocus)
      If RadioButton2.Checked =
        True Then Shell(TextBox1.Text, AppWinStyle.MinimizedFocus)
      If RadioButton3.Checked =
        True Then Shell(TextBox1.Text, AppWinStyle.MaximizedFocus)
      Exit Sub
error1:  '错误处理程序
      If TextBox1.Text = "" Then
          MessageBox.Show("未选择文件，无法执行！", "警告", MessageBoxButtons.OK)
      Else
          MessageBox.Show("不能运行该程序！", "注意", MessageBoxButtons.OK)
      End If
      Resume Next     '从出错语句的下一个语句开始恢复运行
End Sub

Private Sub Button2_Click(ByVal sender As System.Object, ByVal e As System.EventArgs)
  Handles Button2.Click
      TextBox1.Text = ""
      TextBox1.Focus()
End Sub

Private Sub Button3_Click(ByVal sender As System.Object, ByVal e As System.EventArgs)
  Handles Button3.Click
      End
End Sub
```

（4）保存并运行项目。

保存了项目之后，按下 F5 功能键来运行程序，单击"浏览"按钮，弹出如图 4.8 所示的对话框，选择可执行文件。

然后选择"常规"、"最小化"或"最大化"三种运行方式之一，单击"运行"按钮运行程序，本程序的运行界面如图 4.9 所示。

图 4.8 "打开"对话框

图 4.9 运行界面

4.8 习　　题

1．填空题

（1）_____对话框是比较常用的一个信息对话框，它不仅能够定义显示的信息内容、信息提示图标，而且可以定义按钮组合及对话框的标题，呈现功能齐全的信息提示图标，而且可以定义按钮组合及对话框的标题，是一个功能齐全的信息对框。

（2）消息框是一种_____，这表示除了该模式窗体上的对象之外，不能对其他对象进行任何输入(通过键盘或鼠标单击)。

（3）用户可以使用_____组件浏览他们的计算机以及网络中任何计算机上的文件夹，并选择打开一个或多个文件。

（4）使用_____读取标准文本文件的各行信息。

（5）_____控件作为一个简单的解决方案，使用户能够保存文件，而不用配置自己的对话框。利用标准的 Windows 对话框，创建基本功能可立即为用户所熟悉的应用程序。

2．选择题

（1）MessageBox 对话框中可用的按钮有_____。

　　A．AbortRetryIgnore

　　B．OK

　　C．OKCancel

　　D．YesNoCancel

（2）StreamReader 的默认编码为_____。

　　A.GB2312

  B. Unicode

  C. UTF-8

  D. ACSI

(3) 以下_____用于读取文件。

  A. StreamWriter

  B. StreamReader

(4) 下列_____对话框控件用来打印。

  A. FontDialog

  B. ColorDialog

  C. PrintDialog

  D. OpenFileDialog

3. 判断题

(1) MessageBox 对话框的显示方法，通过调用 Show()方法来实现。   ( )

(2) 如果希望使用文件流，则可以创建 StreamReader 类的实例。   ( )

(3) 使用 StreamWrite 读取标准文本文件的各行信息。   ( )

(4) FileDialog 类的 FilterIndex 属性(根据继承的特性，该属性属于 SaveFileDialog 类)使用从 0 开始的索引。   ( )

(5) StreamWriter 默认使用 UTF8Encoding 的实例,除非指定了其他编码。 ( )

4. 简答题

(1) 简单描述 StreamReader 和 StreamWriter 的用途。

(2) MessageBox 与 MsgBox 的区别是什么？

(3) 简单描述 OpenFileDialog 控件的作用。

(4) 简单描述 SaveFileDialog 控件的作用。

5. 操作题

编写一个文件上传的应用程序，要求使用 OpenFileDialog 控件、SaveFileDialog 控件等。

第 5 章　软件开发过程

教学提示： 本章将向读者介绍软件开发的完整过程，这对将来走上工作岗位完成实际工作任务会有很大的帮助，在开发软件之前，必须做详细周密的需求分析，所以我们特意将这些内容加入本书中。

教学目标： 了解软件开发流程，可以独立完成需求文档、设计文档等的编写。

5.1　概　　述

软件工程是一类工程。工程是将理论和知识应用于实践的科学。就软件工程而言，它借鉴了传统工程的原则和方法，以求高效地开发高质量软件。其中应用了计算机科学、数学和管理科学。计算机科学和数学用于构造模型和算法，工程科学用于制定规范、设计范型、评估成本及进行权衡，管理科学用于计划、资源、质量和成本的管理。

软件工程的主要目标是：生产具有正确性、可用性以及开销合宜的产品。正确性是指软件产品达到预期功能的程度。可用性是指软件基本结构、实现及文档为用户可用的程度。开销合宜性是指软件开发、运行的整个开销满足用户要求的程度。这些目标的实现不论在理论上还是在实践中均存在很多问题有待解决，它们形成了对过程、过程模型及工程方法选取的约束。

软件工程活动是"生产一个最终满足需求且达到工程目标的软件产品所需要的步骤"。主要包括需求、设计、实现、确认以及支持等活动。需求活动包括问题分析和需求分析。问题分析获取需求定义，又称软件需求规约。需求分析生成功能规约。设计活动一般包括概要设计和详细设计。概要设计建立整个软件体系结构，包括子系统、模块以及相关层次的说明、每一模块接口定义。详细设计产生程序员可用的模块说明，包括每一模块中的数据结构说明及加工描述。实现活动把设计结果转换为可执行的程序代码。确认活动贯穿于整个开发过程，实现完成后的确认，保证最终产品能够满足用户的要求。支持活动包括修改和完善。伴随以上活动，还有管理过程、支持过程、培训过程等。

软件工程围绕工程设计、工程支持以及工程管理，提出了以下 4 项基本原则：

- 选取适宜开发范型。该原则与系统设计有关。在系统设计中，软件需求、硬件需求以及其他因素之间是相互制约、相互影响的，经常需要权衡。因此，必须认识需求定义的易变性，采用适宜的开发范型予以控制，以保证软件产品满足用户的要求。
- 采用合适的设计方法。在软件设计中，通常要考虑软件的模块化、抽象与信息隐蔽、局部化、一致性以及适应性等特征。合适的设计方法有助于这些特征的实现，以实现软件工程的目标。
- 提供高质量的工程支持。"工欲善其事，必先利其器"。在软件工程中，软件工具和环境对软件过程的支持颇为重要。软件工程项目的质量和开销直接取决于对软件工程所提供的支撑质量和效用。

● 重视开发过程的管理。软件工程的管理，直接影响可用资源的有效利用，生产满足目标的软件产品，提高软件组织的生产能力。因此，仅当软件开发过程得以有效管理时，才能实现有效的软件工程。

5.1.1　瀑布模型

瀑布模型规定了各项软件工程活动，包括制定开发计划、进行需求分析和说明、软件设计、程序编码实现、测试及运行维护，如图 5.1 所示。并且规定了它们自上而下、相互衔接的固定次序，如同瀑布流水，逐级下落。

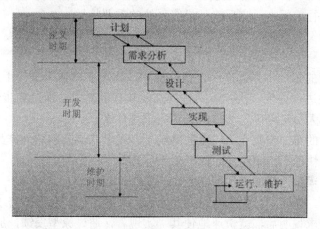

图 5.1　瀑布模型

然而软件开发的实践表明，上述各项活动之间并非完全是自上而下，呈线性形式。实际情况是，每项开发活动均应具有以下特征。

(1) 从上一项活动接受该项活动的工作对象，作为输入。

(2) 利用这一输入实施该项活动应完成的内容。

(3) 给出该项活动的工作成果，作为输出传给下一项活动。

(4) 对该项活动实施的工作进行评审。若其工作得到确认，则继续进行下一项活动，否则返回前项，如图 5.1 中的箭头所示。

软件维护在软件生存期中有它的特点。一方面，维护的具体要求是在软件投入运行以后提出来的，经过"评价"，确定变更的必要性，才进入维护工作。另一方面，维护中对软件的变更仍然要经历上述软件生存期在开发中已经历过的各项活动。如果把这些活动一并表达，就构成了生存期循环，事实上，有人把维护称为软件的二次开发，正是出于这种考虑。

瀑布模型为软件开发和软件维护提供了一种有效的管理模式。根据这一模式制定开发计划、进行成本预算、组织开发力量，以项目的阶段评审和文档控制为手段有效地对整个开发过程进行指导，从而保证了软件产品及时交付，并达到预期的质量要求。瀑布模型多年来之所以广为流行，是因为它在消除非结构化软件、降低软件的复杂度、促进软件开发工程化方面起着显著的作用。与此同时，瀑布模型在大量的软件开发实践中也逐渐暴露出它的严重缺点。其中最为突出的缺点是该模型缺乏灵活性，特别是无法解决软件需求不明确或不准确的问题。这些问题的存在对软件开发会带来严重影响，最终可能导致开发出的软件并不是用户真正需要的软件，并且这一点在开发过程完成后才有所察觉。面对这些情况，无疑需要进行返工或是不得不在维护中纠正需求的偏差。但无论上述哪一种情况，都必须付出高额的代价，并将为软件开发带来不必要的损失。另一方面，随着软件开发项目规模的日益庞大化，由于瀑布模型不够灵活等缺点引发出的上述问题显得更为严重。

5.1.2 原型模型

原型是指模拟某种产品的原始模型，在其他产业中经常使用。软件开发中的原型是软件的一个早期可运行的版本，它反映了最终系统的重要特性。

快速原型模型又称原型模型，它是增量模型的另一种形式；在开发真实系统之前，构造一个原型，在该原型的基础上，逐渐完成整个系统的开发工作。

快速原型模型的第一步是建造一个快速原型，实现客户或未来的用户与系统的交互，用户或客户对原型进行评价，进一步细化待开发软件的需求。通过逐步调整原型使其满足客户的要求，开发人员可以确定客户的真正需求是什么。

快速原型模型的第二步则在第一步的基础上开发客户满意的软件产品。

以下详细说明快速原型模型思想的产生及原理。

(1) 快速原型模型思想的产生

由于种种原因，在需求分析阶段得到完全、一致、准确、合理的需求说明是很困难的，在获得一组基本需求说明后，就快速地使其"实现"，通过原型反馈，加深对系统的理解，并满足用户基本要求，使用户在试用过程中受到启发，对需求说明进行补充和精确化，消除不协调的系统需求，逐步确定各种需求，从而获得合理、协调一致、无歧义的、完整的、现实可行的需求说明。又把快速原型思想用到软件开发的其他阶段，向软件开发的全过程扩展。即先用相对少的成本，较短的周期开发一个简单的、但可以运行的系统原型，向用户演示或让用户试用，以便及早澄清并检验一些主要设计策略，在此基础上再开发实际的软件系统。

(2) 快速原型模型的原理

快速原型是利用原型辅助软件开发的一种新思想。经过简单的快速分析，快速实现一个原型，用户与开发者在试用原型过程中加强通信和反馈，通过反复评价和改进原型，减少误解、弥补漏洞、适应变化，最终提高软件的质量。

5.1.3 螺旋模型

1988 年，巴利·玻姆(Barry Boehm)正式发表了软件系统开发的"螺旋模型"，它将瀑布模型和快速原型模型结合起来，强调了其他模型所忽视的风险分析，特别适合于大型复杂的系统。

螺旋模型采用一种周期性的方法来进行系统开发。这会导致开发出众多的中间版本。使用它，项目经理在早期就能够为客户实证某些概念。该模型是快速原型法，以进化的开

高职高专计算机实用规划教材——案例驱动与项目实践

发方式为中心，在每个项目阶段使用瀑布模型法。这种模型的每一个周期都包括需求定义、风险分析、工程实现和评审 4 个阶段，由这 4 个阶段进行迭代。软件开发过程每迭代一次，软件开发又前进一个层次。如图 5.2 所示。

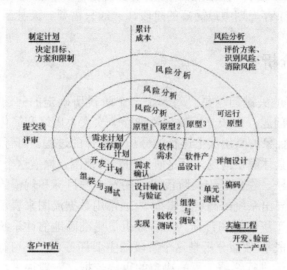

图 5.2　螺旋模型

螺旋模型基本做法是在"瀑布模型"的每一个开发阶段前引入一个非常严格的风险识别、风险分析和风险控制，它把软件项目分解成一个个小项目。每个小项目都标识一个或多个主要风险，直到所有的主要风险因素都被确定。

螺旋模型强调风险分析，使得开发人员和用户对每个演化层出现的风险有所了解，继而做出应有的反应，因此特别适用于庞大、复杂并具有高风险的系统。对于这些系统，风险是软件开发不可忽视且潜在的不利因素，它可能在不同程度上损害软件开发过程，影响软件产品的质量。减小软件风险的目标是在造成危害之前，及时对风险进行识别及分析，决定采取何种对策，进而消除或减少风险的损害。

5.2　软件定义及计划

软件项目计划是一个软件项目进入系统实施的启动阶段，主要进行的工作包括确定详细的项目实施范围、定义递交的工作成果、评估实施过程中主要的风险、制定项目实施的时间计划、成本和预算计划、人力资源计划等。

5.2.1　问题定义

问题定义阶段必须回答的关键问题是："要解决的问题是什么？"如果不知道问题是什么就试图解决这个问题，显然是盲目的，只会白白浪费时间和金钱，最终得出的结果很可能是毫无意义的。尽管确切地定义问题的必要性是十分明显的，但是在实践中它却可能是最容易被忽视的一个步骤。通过问题定义阶段的工作，系统分析员应该提出关于问题性质、工程目标和规模的书面报告。通过对系统的实际用户和使用部门负责人的访问调查，分析员扼要地写出对问题的理解，并在用户和使用部门负责人的会议上认真讨论这份书面报告，澄清含糊不清的地方，改正理解不正确的地方，最后得出一份双方都满意的文档。问题定义阶段是软件生存周期中最简短的阶段，一般只需要一天甚至更少的时间。

5.2.2　可行性分析

这个阶段要回答的关键问题是"对于上一个阶段所确定的问题有行得通的解决办法吗？"为了回答这个问题，系统分析员需要进行一次大大压缩和简化了的系统分析和设计的过程，也就是在较抽象的高层次上进行的分析和设计的过程。可行性研究应该比较简短，这个阶段的任务不是具体解决问题，而是研究问题的范围，探索这个问题是否值得去解决，是否有可行的解决办法。在问题定义阶段提出的对工程目标和规模的报告通常比较含糊。可行性研究阶段应该导出系统的高层逻辑模型(通常用数据流图来表示)，并且在此基础上更准确、更具体地确定工程规模和目标。然后分析员更准确地估计系统的成本和效益，对建议的系统进行仔细的成本/效益分析是这个阶段的主要任务之一。可行性研究的结果是使部门负责人做出是否继续进行这项工程的决定的重要依据，一般说来，只有投资可能取得较大效益的那些工程项目才值得继续进行下去。可行性研究以后的那些阶段将需要投入更多的人力物力。及时中止不值得投资的工程项目，可以避免更大的浪费。

5.3　需　求　分　析

软件工程理论认为，在软件生命周期中，需求分析是最重要的一个阶段。软件需求分析的质量对软件开发的影响是深远的、全局性的，高质量需求对软件开发往往起到事半功倍的效果，所谓"磨刀不误砍柴工"。在后续阶段改正需求分析阶段产生的错误将会付出高昂的代价。

5.3.1　需求分析的任务

这个阶段的任务仍然不是具体地解决问题，而是准确地确定"为了解决这个问题，目标系统必须做什么"，主要是确定目标系统必须具备哪些功能。用户了解他们所面对的问题，知道必须做什么，但是通常不能完整准确地表达出他们的要求，更不知道怎样利用计算机解决他们的问题；软件开发人员知道怎样使用软件实现人们的要求，但是对特定用户的具体要求并不完全清楚。因此系统分析员在需求分析阶段必须与用户密切配合，充分交流信息，以得出经过用户确认的系统逻辑模型。通常用数据流图、数据字典和简要的算法描述表示系统的逻辑模型。在需求分析阶段确定的系统逻辑模型是以后设计和实现目标系统的基础，因此必须准确完整地体现用户的要求。系统分析员通常都是计算机软件专家，技术专家一般都喜欢很快着手进行具体设计，然而，一旦分析员开始谈论程序设计的细节，就会脱离用户，使他们不能继续提出他们的要求和建议。软件工程使用的结构分析设计的方法为每个阶段都规定了特定的结束标准，需求分析阶段必须提出完整准确的逻辑模型，经过用户确认之后才能进入下一个阶段，这样就可以有效地防止和克服急于着手进行具体设计的倾向。

5.3.2　需求分析的过程

以下我们来简单地说明软件需求分析过程中的工作职责要点。

1．开始

(1)　项目经理根据项目特点，指定对过程表格的具体要求。

(2)　项目经理制订项目的标准，包括 DTS(缺陷类型)、TRA(风险类型)、TRS(需求类型)等，在过程表格中按标准引用。

2．计划

(1)　计划经理估算需求开发时间。

(2)　计划经理完成 SPT(进度计划)、TPT(任务计划)，将计划数据录入 PDS(项目计划摘要)。

3．需求获取

(1)　软件需求工程师搜集系统概要信息，填写 REQ(需求获取概貌)。

(2)　软件需求工程师搜集用户需求，分类并清晰地把需求写入 REA(需求获取/分析)、RES(需求获取情节)、UIR(用户交互需求)。

(3)　检查需求获取过程，并填写 REC(需求获取检查)。

(4)　如果检查未通过，从步骤 1 重新开始这个过程。

(5)　软件需求工程师填写 TRL(时间记录日志)、PIP(过程改进建议)。

(6)　计划经理整理本阶段数据，录入 SPT、TPT。

4．需求分析

(1)　软件需求工程师进行需求分析，建立分析模型、数据字典及项目词汇表，完成 REA。

(2)　软件需求工程师将发现的需求的冲突、交迭、冗余或矛盾记入 NCR。

(3)　检查需求分析，完成 RAC(需求分析检查)。

(4)　如果检查未通过，从步骤 1 重新开始过程。

(5)　软件需求工程师填写 TRL、PIP。

(6)　计划经理整理数据，录入 TPT、SPT。

5．协商

(1)　软件需求工程师利用 NCR，与风险承担者协商解决需求分析中发现的问题，将决议录入 NCR。

(2)　软件需求工程师根据决议，修改 REA 等相关文档。

(3)　如果有新的需求引入，需要重新进行需求分析阶段。

(4)　软件需求工程师填写 TRL、PIP。

(5) 计划经理整理数据，录入 TPT、SPT。

6．需求评审

(1) 评审小组负责人拟定检查清单，为成员分派检查任务，制订评审日程表。

(2) 评审员各自评审分派的内容，将发现的问题录入 DRL(缺陷记录日志)。

(3) 评审小组负责人组织评审会议，各小组成员提交 DRL 并讨论。

(4) 评审小组以 IRF 形式提交检查报表。

(5) 软件需求工程师根据 IRF 修订相关文档。

(6) 计划经理整理数据，录入 TPT、SPT。

7．需求文档编写

(1) 软件需求工程师综合考虑功能需求和非功能需求，编写软件需求说明书。

(2) 利用 RDC 检查软件需求说明书是否全面、正确并可执行。

(3) 如果检查未通过，从步骤 1 重新开始过程。

(4) 软件需求工程师填写 TRL、PIP。

(5) 计划经理整理数据，录入 TPT、SPT。

8．需求确认

(1) 评审小组对需求进行确认：

● 每一个需求及相互关系。

● 需求的总体质量达到标准。

● 将结果写到 RVC。

(2) 软件需求工程师根据 RVC，修订需求文档，并最终通过。

(3) 软件工程师为每一个需求设计测试用例，并录入 TRF。

(4) 相关人员填写 TRL、PIP。

(5) 计划经理整理数据，录入 TPT、SPT。

5.3.3　需求分析的方法

(1) 访谈式

这一阶段是与具体用户方的领导层、业务层人员的访谈式沟通，主要目的是从宏观上把握用户的具体需求方向和趋势，了解现有的组织架构、业务流程、硬件环境、软件环境、现有的运行系统等具体情况、客观的信息。建立起良好的沟通渠道和方式。针对具体的职能部门，最好能指定本次项目的接口人。

(2) 诱导式

这一阶段是在承建方已经了解了具体用户方的组织架构、业务流程、硬件环境、软件环境、现有的运行系统等具体客观的信息基础上，结合现有的硬件、软件实现方案，做出简单的用户流程页面，同时结合以往的项目经验对用户采用诱导式、启发式的调研方法和手段，与用户一起探讨业务流程设计的合理性、准确性、便易性、习惯性。用户可以操作简单演示的 DEMO，来感受一下整个业务流程的设计合理性、准确性等问题，及时地提出

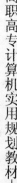

改进意见和方法。

(3)　确认式

这一阶段是在上述两个阶段成果的基础上，进行具体的流程细化、数据项的确认阶段，这个阶段承建方必须提供原型系统和明确的业务流程报告、数据项表，并能清晰地向用户描述系统的业务流设计目标。用户方可以通过审查业务流程报告、数据项表以及操作承建方提供的 DEMO 系统，来提出反馈意见，并对已经可接受的报告、文档签字确认。

5.4　软　件　设　计

软件设计是一个创造性的过程，对一些设计者来说需要一定的资质，而最后设计通常都是由一些初步设计演变而来的。从书本上学不会设计，只能经过实践，通过对实际系统的研究和实践才能学会。对于高效的软件工程，良好的设计是关键，一个设计得好的软件系统应该是可直接实现和易于维护、易懂和可靠的。设计得不好的系统尽管可以工作，但很可能维护起来费用昂贵、测试困难和不可靠，因此，设计阶段是软件开发过程中最重要的阶段。

5.4.1　设计目标

在软件需求分析阶段已经完全弄清楚了软件的各个需求，解决了要让所开发的软件“做什么”的问题。系统设计的任务是解决软件系统“如何做”的问题。

设计阶段要实现如下目标：

● 提高可维护性。可维护性体现在可读性、可扩展性、可修改性上。

● 提高可理解性。指构造清晰，层次分明，结构化程度高，文档规范化、标准化。

● 提高可靠性。可靠性包含正确性和健壮性两个方面。正确性指软件系统本身没有错误；健壮性指在输入数据不合理或异常时，软件系统能适当处理，不会发生系统崩溃。

5.4.2　设计任务

软件设计是一个把软件需求变换成软件表示的过程。最初这种表示只是描绘出软件总的框架，然后进一步细化，在此框架中填入细节，把它加工成在程序细节上非常接近于源程序的软件表示。从工程管理的角度来看，软件设计分两步完成。首先做概要设计，将软件需求转化为数据结构和软件的系统结构。然后是详细设计，即过程设计。通过对结构表示进行细化，得到软件的详细的数据结构和算法。

在概要设计过程中，需要完成的工作具体地讲，有以下几个方面。

1. 制定规范

在进入软件开发阶段之初，首先应为软件开发组制定在设计时应该共同遵守的标准，以便协调组内各成员的工作。它包括：

- 阅读和理解软件需求说明书，在给定预算范围内和技术现状下，确认用户的要求能否实现。若不能实现，则需明确实现的条件，从而确定设计的目标，以及它们的优先顺序。
- 根据目标确定最合适的设计方法。
- 规定设计文档的编制标准，包括文档体系、用纸及样式、记述详细的程度、图形的画法等。
- 规定编码的信息形式，与硬件、操作系统的接口规约，命名规则等。

2. 软件系统结构的总体设计

在需求分析阶段，已经从系统开发的角度出发，把系统按功能逐次分割成层次结构，使每一部分完成简单的功能且各个部分之间又保持一定的联系，这就是功能设计。在设计阶段，基于这个功能的层次结构把各个部分组合起来成为系统。它包括：

- 采用某种设计方法，将一个复杂的系统按功能划分成模块的层次结构。
- 确定每个模块的功能，建立与已确定的软件需求的对应关系。
- 确定模块间的调用关系。
- 确定模块间的接口，即模块间传递的信息。设计接口的信息结构。
- 评估模块划分的质量及导出模块结构的规则。

3. 处理方式设计

(1) 确定为实现软件系统的功能需求所必需的算法，评估算法的性能。

(2) 确定为满足软件系统的性能需求所必需的算法和模块间的控制方式。

性能主要是指以下 4 个指标。

- 周转时间：即一旦向计算机发出要求处理的请求之后，从输入开始，经过处理直到输出结果为止的整个时间。
- 响应时间：这是对于实时联机系统的性能需求。当终端用户向计算机发出处理请求之后，从输入开始到输出最终结果中间的一段时间内，用户需要多次对计算机进行输入输出，而一次输入输出的时间就是响应时间。
- 吞吐量：单位时间内能够处理的数据量叫做吞吐量。这是表示系统能力的指标。
- 精度：在进行科学计算或工程计算时，运算精确度的要求。

(3) 确定外部信号的接收发送形式。

4. 数据结构设计

确定软件涉及的文件系统的结构以及数据库的模式、子模式，进行数据完整性和安全性的设计。它包括：

- 确定输入、输出文件的详细的数据结构。
- 结合算法设计，确定算法所必需的逻辑数据结构及其操作。
- 确定对逻辑数据结构所必需的那些操作的程序模块。限制和确定各个数据设计决策的影响范围。
- 若需要与操作系统或调度程序接口所必需的控制表等数据时，确定其详细的数据

高职高专计算机实用规划教材——案例驱动与项目实践

结构和使用规则。
- 数据的保护性设计。
  - ◆ 防卫性设计：在软件设计中就插入自动检错、报错和纠错的功能。
  - ◆ 一致性设计：有两个方面。其一是保证软件运行过程中所使用的数据的类型和取值范围不变。其二是在并发处理过程中使用封锁和解除封锁机制保持数据不被破坏。
  - ◆ 冗余性设计：针对同一问题，由两个开发者采用不同的程序设计风格、不同的算法设计软件，当两者运行结果之差不在允许范围内时，利用检错系统予以纠正，或使用表决技术决定一个正确的结果，以保证软件容错。

5. 可靠性设计

可靠性设计也称为质量设计。在使用计算机的过程中，可靠性是很重要的。可靠性不高的软件会使得运行结果不能使用，而造成严重损失。软件可靠性简言之就是指程序和文档中的错误少。软件可靠性与硬件不同，软件越使用可靠性越高。但是在运行过程中，为了适应环境的变化和用户新的要求，需要经常对软件进行改造和修正，这就是软件的维护。由于软件的维护往往会产生新的故障，所以要求在软件开发期间应当尽早找出差错，并在软件开发的一开始就要确定软件可靠性和其他质量指标，考虑相应措施。以使得软件易于修改和易于维护。

6. 编写概要设计阶段的文档

(1) 概要设计阶段应编写以下文档：
- 概要设计说明书。给出系统目标、总体设计、数据设计、处理方式设计、运行设计、出错设计等。
- 数据库设计说明书。给出所使用数据库简介、数据模式设计、物理设计等。
- 用户手册。对需求分析阶段编写的初步的用户手册进行审订。
- 初步的测试计划。对测试的策略、方法和步骤提出明确的要求。

(2) 在完成以上几项工作之后，应当组织对概要设计工作的评审。包括下列内容。
- 可追溯性：即分析该软件的系统结构、子系统结构，确认该软件设计是否覆盖了所有已确定的软件需求，软件每一成分是否可追溯到某一项需求。
- 接口：即分析软件各部分之间的联系，确认该软件的内部接口与外部接口是否已经明确定义。模块是否满足高内聚和低耦合的要求。模块作用范围是否在其控制范围之内。
- 风险：即确认该软件设计在现有技术条件下和预算范围内是否能按时实现。
- 实用性：即确认该软件设计对于需求的解决方案是否实用。
- 技术清晰度：即确认该软件设计是否以一种易于翻译成代码的形式表达。
- 可维护性：从软件维护的角度出发，确认该软件设计是否考虑了方便未来的维护。
- 质量：即确认该软件设计是否表现出良好的质量特征。
- 各种选择方案：看是否考虑过其他方案，比较各种选择方案的标准是什么。
- 限制：评估对该软件的限制是否现实，是否与需求一致。
- 其他具体问题：对于文档、可测试性、设计过程等进行评估。

软件系统的一些外部特性的设计，例如软件的功能、一部分性能，以及用户的使用特性等，在软件需求分析阶段就已经开始。这些问题的解决，多少带有一些"怎么做"的性质，因此有人称之为软件的外部设计。

在详细设计过程中，需要完成的工作是：

● 确定软件各个组成部分内的算法以及各部分的内部数据组织。

● 选定某种过程的表达形式，来描述各种算法。

● 进行详细设计的评审。

软件设计的最终目标是要取得最佳方案。这里所谓"最佳"，是指在候选方案中，就节省开发费用，降低资源消耗，缩短开发时间的条件，选择能够赢得较高的生产率、较高的可靠性和可维护性的方案。在整个设计的过程中，各个时期的设计结果需要经过一系列的设计质量的评审，以便及时发现和及时解决在软件设计中出现的问题，防止把问题遗留到开发的后期阶段，造成后患。在评审以后，必须针对评审中发现的问题，对设计的结果进行必要的修改。

5.5 编 码

这个阶段的关键任务是写出正确的容易理解、容易维护的程序模块。程序员应该根据目标系统的性质和实际环境，选取一种适当的高级程序设计语言(必要时用汇编语言)，把所设计的结果翻译成用选定的语言书写的程序，并且仔细测试编写出的每一个模块。

5.5.1 程序设计风格

有相当长的一段时间，许多人认为程序只是给机器执行的，而不是供人阅读的，所以只要程序逻辑正确，能为机器理解并依次执行就足够了。至于"文体(即风格)"如何无关紧要。但随着软件规模增大，复杂性增加，人们逐渐看到，在软件生存期中需要经常阅读程序。特别是在软件测试阶段和维护阶段，编写程序的人和参与测试、维护的人都要阅读程序。人们认识到，阅读程序是软件开发和维护过程中的一个重要组成部分，而且读程序的时间比写程序的时间还要多。

因此，程序实际上也是一种供人阅读的文章，既然如此，就有一个文章的风格问题。20 世纪 70 年代初，有人提出在编写时，应该使程序具有良好的风格。这个想法很快就为人们所接受。

人们认识到，程序员在编写程序时，应当意识到今后会有人反复地阅读这个程序，并沿着自己的思路去理解程序的功能。所以应当在编写程序时多花些工夫，讲求程序的风格，这将大量地减少人们读程序的时间，从整体上看，效率是高的。

在本节中，将对程序设计风格的 4 个方面，即源程序文档化、数据说明的方法、语句结构和输入/输出方法中值得注意的问题进行概要讨论，力图从编码原则的角度探讨提高程序的可读性，改善程序质量的方法和途径。

5.5.2　编码标准

全面的编码标准包含代码结构的所有方面。虽然开发人员在实现标准时应慎重，但只要应用了就应该坚持。完成的源代码应该反映出一致的样式，就像一个开发人员在一个会话中编写代码一样。在开始软件项目时，建立编码标准以确保项目的所有开发人员协同工作。当软件项目并入现有的源代码时，或者在现有软件系统上执行维护时，编码标准应说明如何处理现有的基本代码。

源代码的可读性对于开发人员对软件系统的理解程度有直接影响。代码的可维护性是指为了添加新功能、修改现有功能、修复错误或提高性能，可以对软件系统进行更改的难易程度。尽管可读性和可维护性是许多因素的结果，但是软件开发中有一个特定的方面受所有开发人员的影响，那就是编码方法。确保开发小组生产出高质量代码的最容易方法是建立编码标准，然后在例行代码检查中将执行此标准。

使用一致的编码方法和好的编程做法来创建高质量代码在软件的品质和性能中起重要作用。另外，如果一致地应用正确定义的编码标准、应用正确的编码方法并在随后保持例行代码检查，则软件项目更有可能产生出易于理解和维护的软件系统。

尽管在整个开发周期内执行代码检查的主要目的是识别代码中的缺陷，但检查还可以以统一的方式执行编码标准。只有在整个软件项目中从开始到完成都遵从编码标准时，坚持编码标准才是可行的。在即成事实之后强加编码标准既不切合实际也是不明智的。

5.6　软 件 测 试

软件测试是软件工程的一个重要阶段，也是保证软件质量的重要手段。这里通过论述软件测试的重要性，着重介绍软件测试的组织管理工作和方法，以及测试的一些技巧。

5.6.1　概述

信息技术的飞速发展，使软件产品应用到社会的各个领域，软件产品的质量自然成为人们共同关注的焦点。不论软件的生产者还是软件的使用者，均生存在竞争的环境中，软件开发商为了占有市场，必须把产品质量作为企业的重要目标之一，以免在激烈的竞争中被淘汰出局。用户为了保证自己业务的顺利完成，当然希望选用优质的软件。质量不佳的软件产品不仅会使开发商的维护费用和用户的使用成本大幅增加，还可能产生其他的责任风险，造成公司信誉下降，继而冲击股票市场。在一些关键应用(如民航订票系统、银行结算系统、证券交易系统、自动飞行控制软件、军事防御和核电站安全控制系统等)中使用质量有问题的软件，还可能造成灾难性的后果。

软件危机曾经是软件界甚至整个计算机界最热门的话题。为了解决这种危机，软件从业人员、专家和学者做出了大量的努力。现在人们已经逐步认识到所谓的软件危机实际上仅是一种状况，那就是软件中有错误，正是这些错误导致了软件开发在成本、进度和质量上的失控。有错误是软件的属性，而且是无法改变的，因为软件是由人来完成的，所有由人做的工作都不会是完美无缺的。问题在于我们如何去避免错误的产生和消除已经产生的错误，使程序中的错误密度达到尽可能低的程度。

事实上，对于软件来讲，不论采用什么技术和什么方法，软件中仍然会有错。采用新的语言、先进的开发方式、完善的开发过程，可以减少错误的引入，但是不可能完全杜绝软件中的错误，这些引入的错误需要测试来找出，软件中的错误密度也需要通过测试来进行估计。测试是所有工程学科的基本组成单元，是软件开发的重要部分。自有程序设计的那天起，测试就一直伴随着。统计表明，在典型的软件开发项目中，软件测试工作量往往占软件开发总工作量的 40%以上。而在软件开发的总成本中，用在测试上的开销要占 30%到 50%。如果把维护阶段也考虑在内，讨论整个软件生存期时，测试的成本比例也许会有所降低，但实际上维护工作相当于二次开发，乃至多次开发，其中必定还包含有许多测试工作。因此，测试对于软件生产来说是必需的，问题是我们应该思考"采用什么方法、如何安排测试？"

5.6.2 测试原则

软件测试从不同的角度出发，会派生出两种不同的测试原则。从用户的角度出发，就是希望通过软件测试能充分暴露软件中存在的问题和缺陷；从开发者的角度出发，就是希望测试能表明软件产品不存在错误，已经正确地实现了用户的需求。

中国软件评测中心的测试原则，就是从用户和开发者的角度出发进行软件产品测试的。为了实现上述原则，需要注意以下几点：

- 应当把"尽早和不断地测试"作为开发者的座右铭。
- 程序员应该避免检查自己的程序，测试工作应该由独立的专业的软件测试机构来完成。
- 设计测试用例时，应该考虑到合法的输入和不合法的输入，以及各种边界条件，特殊情况下要制造极端状态和意外状态，比如网络异常中断、电源断电等情况。
- 一定要注意测试中的错误集中发生现象，这与程序员的编程水平和习惯有很大的关系。
- 对测试错误结果一定要有一个确认的过程。一般由 A 测试出来的错误，一定要由 B 来确认，严重的错误可以召开评审会进行讨论和分析。
- 制定严格的测试计划，并把测试时间安排得尽量宽松，不要希望在极短的时间内完成一个高水平的测试。
- 对于测试的关联性一定要引起充分的注意，修改一个错误而引起更多错误出现的现象并不少见。
- 妥善保存一切测试过程文档，意义是不言而喻的，测试的重现性往往要依靠测试文档。

5.6.3　测试方法

软件测试方法在不同的书籍中可能有不同的分类，不同的名称可以有不同的解释。比如，从测试人员角度看，可分为手动测试和自动测试。从源代码的角度，可分为单元测试和功能测试。从理论定义来分，可分为黑箱测试，白箱测试和灰箱测试。这里要讨论的基本软件测试方法主要侧重于软件功能的黑箱测试方法：功能测试、可接受性测试、用户界面测试、Ad hoc 一般指"探讨或开放"型测试、边界条件测试、性能测试、回归测试、强力测试、配置和安装测试、兼容性测试、国际化支持测试以及本地化语言测试。

以下逐一介绍这些测试方法。

(1) 功能测试：验证软件能否正常地按照它的设计工作。看运行软件时的期望行为是否符合原设计。比如，测试 Microsoft Excel 插入符号的功能，包括测试能否在 Microsoft Excel 所选单元格中正确地插入符号并且显示正确符号？能否正确显示使用不同字体的符号。

(2) 可接受性测试：是在把测试的版本交付测试部门大范围测试以前进行的对最基本功能的简单测试。因为在把测试的版本交付测试部门大范围测试以前应该先验证该版本对于所测试的功能基本上比较稳定。必须满足一些最低要求，比如不会很容易就挂起或崩溃。如果一个新版本没通过验证，就应该阻拦测试部门花时间在该测试版本上测试。同时还要找到造成该版本不稳定的主要缺陷并督促尽快加以修正。

(3) 用户界面测试：分析软件用户界面的设计是否合乎用户期望或要求。它常常包括对菜单、对话框及对话框上所有按钮文字的出错提示，以及对帮助信息等方面的测试。比如，测试 Microsoft Excel 中插入符号功能所用的对话框的大小，所有按钮是否对齐，字符串字体大小，出错信息内容和字体大小，工具栏位置/图标等。

(4) "探索或开放"型的测试：不是按部就班地按照一个又一个正式的测试用例来进行，也不局限于测试用例特定的步骤。这种测试是测试人员在理解该软件功能的基础上运用灵活多样的想象力和创造力去模拟用户的需求来使用该软件的多种功能。通常涉及很多的测试用例或者通过更复杂的步骤来使用该软件。

(5) 边界条件测试：是环绕边界值的测试。通常意味着测试软件各功能是否能正确处理最大值、最小值或者所设计软件能够处理的最长的字符串等。

(6) 性能测试：通常验证软件的性能在正常环境和系统条件下重复使用是否还能满足性能指标。或者执行同样任务时新版本不比旧版本慢。一般还检查系统内存容量在运行程序时会不会流失。比如，验证程序保存一个巨大的文件时新版本不比旧版本慢。

(7) 回归测试：根据修复好了的缺陷再重新进行的测试。目的在于验证以前出现过但已经修复好的缺陷不再重新出现。一般指对某已知修正的缺陷再次围绕它原来出现时的步骤重新测试。通常确定所需的再测试的范围时是比较困难的，特别当临近产品发布日期时。因为为了修正某缺陷，必需更改源代码，因而就有可能影响这部分源代码所控制的功能。所以在验证修好的缺陷时，不仅要遵循缺陷原来出现时的步骤重新测试，而且还要测试有可能受影响的所有功能。因此应当鼓励对所有回归测试用例进行自动化。

(8) 强力测试：它通常验证软件的性能在各种极端的环境和系统条件下是否还能正常工作。或者说是验证软件的性能在各种极端环境和系统条件下的承受能力。比如，在最低

的硬盘驱动器空间或系统内存容量条件下，验证程序重复执行打开和保存一个巨大的文件
1000 次后也不会崩溃或死机。

(9) 集成与兼容性测试：验证该功能能够如预期的那样与其他程序或者构件协调工作。
兼容性经常意味着新旧版本之间的协调，也包括测试的产品与其他产品的兼容使用。比如
用同样产品的新版本时不影响与用旧版本用户之间保存文件和其他数据等操作。

(10) 装配/安装/配置测试：验证软件程序在不同厂家的硬件上，所支持的不同语言的新
旧版本平台上，和不同方式安装的软件都能够如预期的那样正确运行。比如，把英文版的
Microsoft Office 2003 安装在韩文版的 Windows Me 上，再验证所有功能都正常运行。

(11) 国际化支持测试：验证软件程序在不同国家或区域的平台上也能够如预期的那样
运行，而且还可以按照原设计支持使用当地常用的日期、字体、文字表示、特殊格式等。
比如，日文版的 Microsoft Excel 对话框是否显示正确翻译的日语？一般来说，执行国际化
支持测试的测试人员往往需要基本上了解这些国家或地区的语言要求和期望什么。

(12) 本地化语言测试：要验证所有已计划要发布的不同语言版本软件如预期的那样被
正确地翻译成当地语言。这类测试一般包括验证菜单、对话框、出错信息、帮助内容等，
所有用户界面上的文字都能够显示正确翻译好的当地文字。

5.6.4　软件测试过程

这个阶段的关键任务是通过各种类型的测试(及相应的调试)使软件达到预定的要求。最
基本的测试是集成测试和验收测试。

所谓集成测试，是根据设计的软件结构，把经过单元测试检验的模块按某种选定的策
略装配起来，在装配过程中对程序进行必要的测试。

所谓验收测试，则是按照规格说明书的规定(通常在需求分析阶段确定)，由用户(或在
用户积极参加下)对目标系统进行验收。必要时还可以再通过现场测试或平行运行等方法对
目标系统进一步测试检验。为了使用户能够积极参加验收测试，并且在系统投入生产性运
行以后能够正确有效地使用这个系统，通常需要以正式的或非正式的方式对用户进行培训。

通过对软件测试结果的分析可以预测软件的可靠性；反之，根据对软件可靠性的要求，
也可以决定测试和调试过程什么时候可以结束。应该用正式的文档资料把测试计划、详细
测试方案以及实际测试结果保存下来，作为软件配置的一个组成成分。

软件测试是一个极为复杂的过程。一个规范化的软件测试过程通常包括以下基本的测
试活动。

(1) 拟定软件测试计划。

(2) 编制软件测试大纲。

(3) 确定软件测试环境。

(4) 设计和生成测试用例。

(5) 实施测试。

(6) 生成软件测试报告。

对整个测试过程进行有效的管理，实际上，软件测试过程与整个软件开发过程基本上
是平行进行的，那些认为只有在软件开发完成以后才进行测试的观点是危险的。测试计划

早在需求分析阶段即应开始制定，其他相关工作，包括测试大纲的制定、测试数据的生成、测试工具的选择和开发等也应在测试阶段之前进行。充分的准备工作可以有效地克服测试的盲目性、缩短测试周期，提高测试效率，并且起到测试文档与开发文档互查的作用。

软件测试大纲是软件测试的依据。它明确详尽地规定了在测试中针对系统的每一项功能或特性所必须完成的基本测试项目和测试完成的标准。无论是自动测试还是手动测试，都必须满足测试大纲的要求。

测试环境是一个确定的，可以明确说明的条件，不同的测试环境可以得出对同一软件的不同测试结果，这正说明了测试并不完全是客观的行为，任何一个测试的结果都是建立在一定的测试环境之上的。

没必要去创造一个尽可能好的测试环境，而只需一个满足要求的、公正一致的、稳定的、可以明确说明的条件。测试环境中最需明确说明的是测试人员的水平，包括专业的、计算机的、经验的能力以及与被测程序的关系，这种说明还要在评测人员对评测对象做出的判断的权值上有所体现。这一点要求测试机构建立测试人员库并对其参与测试的工作业绩不断做出评价。

一般而言，测试用例是指为实施一次测试而向被测系统提供的输入数据、操作或各种环境设置。测试用例控制着软件测试的执行过程，它是对测试大纲中每个测试项目的进一步实例化。已有许多著名的论著总结了设计测试用例的各种规则和策略。从工程实践的角度出发，应遵循以下几点：

- 要弄清软件的任务剖面，使测试用例具代表性；能够代表各种合理和不合理的、合法和非法的、边界和越界的，以及极限的输入数据、操作和环境设置等。
- 测试结果的可判定性——即测试执行结果的正确性是预先可判定的。
- 测试结果的可再现性——即对同样的测试用例，系统的执行结果应当是相同的。

5.7　软　件　维　护

许多软件的维护十分困难，原因在于这些软件的文档和源程序难于理解，又难于修改。从原则上讲，软件开发工作就严格按照软件工程的要求，遵循特定的软件标准或规范进行。但实际上往往由于种种原因并不能真正做到。例如文档不全、质量差、开发过程中不注意采用结构化方法，忽视程序设计风格等。因此，造成软件维护工作量加大，成本上升，修改出错率升高。

此外，许多维护要求并不是因为程序中出错而提出的，而是为适应环境变化或需要变化而提出的。由于维护工作面广，维护难度大，一不小心就会在修改中给软件带来新的问题或引入新的差错。所以，为了使软件能够易于维护，必须考虑使软件具有可维护性。

5.7.1　概述

维护阶段的关键任务是，通过各种必要的维护活动使系统持久地满足用户的需要。通常有 4 类维护活动：

- 改正性维护。也就是诊断和改正在使用过程中发现的软件错误。
- 适应性维护。即修改软件以适应环境的变化。
- 完善性维护。即根据用户的要求改进或扩充软件使它更完善。
- 预防性维护。即修改软件为将来的维护活动预先做准备。

虽然没有把维护阶段进一步划分成更小的阶段，但是实际上每一项维护活动都应该经过提出维护要求(或报告问题)，分析维护要求，提出维护要求，提出维护方案，审批维护方案，确定维护计划，修改软件设计，修改程序，测试程序，复查验收等一系列步骤，因此实质上是经历了一次压缩和简化了的软件定义和开发的全过程。

软件维护是在软件已交付给用户使用后，为了改正错误，或者满足用户新的需求而修改软件的过程。

软件维护的原因多种多样，归纳起来主要有三种类型。

- 改正型：改正特定使用条件下暴露出的一些潜在的程序错误或设计缺陷。
- 适应型：因为在软件使用过程中数据环境发生变化(例如一个事务处理代码发生改变)或处理环境发生变化(例如安装了新的硬件或操作系统)，需要修改软件以适应这种变化。
- 扩充型：用户和数据处理人员在使用时常提出改进现有功能，增加新的功能，以及改善总体性能要求，就需要修改软件，把这些要求归纳到软件中。

5.7.2　影响维护工作量的因素

软件维护是既破财又费神的工作。看得见的代价是那些为了维护而投入的人力和财力。而看不见的维护代价则更加高昂，称为"机会成本"，即为了得到某种东西所必须放弃的东西。

把很多程序员和其他资源用于维护工作，必然会耽误新产品的开发甚至会丧失机遇，这种代价是无法估量的。

1. 影响维护代价的非技术因素

(1) 应用领域的复杂性。如果应用领域问题已被很好地理解，需求分析工作比较完善，那么维护代价就较低。反之维护代价就较高。

(2) 开发人员的稳定性。如果某些程序的开发者还在，让他们对自己的程序进行维护，那么代价就较低。如果原来的开发者已经不在公司，只好让新手来维护陌生的程序，那么代价就较高。

(3) 软件的生命期。越是早期的程序越难维护，很难想象十年前的程序是多么落后(设计思想与开发工具都落后)。一般地，软件的生命期越长，维护代价就越高。生命期越短，维护代价就越低。

(4) 商业操作模式变化对软件的影响。比如财务软件，对财务制度的变化很敏感。财务制度一变动，财务软件就必须修改。一般地，商业操作模式变化越频繁，相应软件的维护代价就越高。

2．影响维护代价的技术因素

(1)　软件对运行环境的依赖性。由于硬件以及操作系统更新很快，使得对运行环境依赖性很强的应用软件也要不停地更新，维护代价就高。

(2)　编程语言。虽然低级语言比高级语言具有更好的运行速度，但是低级语言比高级语言难以理解。用高级语言编写的程序比用低级语言编写的程序的维护代价要低得多(并且生产率高得多)。一般地，商业应用软件大多采用高级语言。比如，开发一套 Windows 环境下的信息管理系统，用户大多采用 Visual Basic、Delphi 或 Power Builder 来编程，用 Visual C++的就少些，没有人会采用汇编语言。

(3)　编程风格。良好的编程风格意味着良好的可理解性，可以降低维护的代价。

(4)　测试与改错工作。如果测试与改错工作做得好，后期的维护代价就能降低。反之维护代价就升高。

(5)　文档的质量。清晰、正确和完备的文档能降低维护的代价。低质量的文档将增加维护的代价(错误百出的文档还不如没有文档)。

5.7.3　软件可维护性

软件的可维护性是软件开发阶段的关键目标。影响软件可维护性的因素较多，设计、编码及测试中的疏忽和低劣的软件配置，缺少文档等都对软件的可维护性产生不良影响。软件可维护性可用如下几个质量特性来衡量，即可理解性、可测试性、可修改性、可靠性、可移植性、可使用性和效率。对于不同类型的维护，这几种特性的侧重点也是不同的。

目前有若干对软件可维护性进行综合度量的方法，但要对可维护性做出定量度量，还是困难的。还没有一种方法能够使用计算机对软件的可维护性进行综合性的定量评价。

下面是度量一个可维护的软件的几种特性时常用的方法，即质量检查表、质量测试、质量标准。

质量检查表是用于测试程序中某些质量特性是否存在的一个问题清单。

质量测试与质量标准则用于定量分析和评价程序的质量。由于许多质量特性是相互抵触的，要考虑几种不同的度量标准去度量不同的质量特性。

维护就是在软件交付使用后进行的修改，修改之前必须理解待修改的对象，修改之后应该进行必要的测试，以保证所做的修改是正确的。如果是改正性维护，还必须预先进行调试以确定错误的具体位置。因此，决定软件可维护性的因素主要有下述 5 个。

1．可理解性

软件可理解性表现为外来读者理解软件的结构、功能、接口和内部处理过程的难易程度。模块化(模块结构良好/高内聚/松耦合)、详细的设计文档、结构化设计、程序内部的文档和良好的高级程序设计语言等，都对提高软件的可理解性有重要贡献。

2．可测试性

诊断和测试的容易程度取决于软件容易理解的程度。良好的文档对诊断和测试是至关重要的，此外，软件结构、可用的测试工具和调试工具，以及以前设计的测试过程也都是非常重要的。维护人员应该能够得到在开发阶段用过的测试方案,以便进行回归测试。在设计阶段应该尽力把软件设计成容易测试和容易诊断的。

对于程序模块来说,可以用程序复杂度来度量它的可测试性。模块的环形复杂度越大,可执行的路径就越多,因此,全面测试它的难度就越高。

3. 可修改性

软件容易修改的程度与设计原理和启发规则直接有关。耦合、内聚、信息隐藏、局部化、控制域和作用域的关系等,都影响软件的可修改性。

4. 可移植性

软件可移植性指的是把程序从一种计算环境(硬件配置和操作系统)转移到另一种计算环境的难易程度。把与硬件、操作系统以及其他外部设备有关的程序代码集中放到特定的程序模块中,可以把因环境变化而必须修改的程序局限在少数程序模块中,从而降低修改的难度。

5. 可重用性

所谓重用,是指同一事物不做修改或稍加改动就在不同环境中多次重复使用。大量使用可重用的软件构件来开发软件,可以从下述两个方面提高软件的可维护性:

- 通常,可重用的软件构件在开发时经过很严格的测试,可靠性比较高,且在每次重用过程中都会发现并清除一些错误,随着时间推移,这样的构件将变成实质上无错误的。因此,软件中使用的可重用构件越多,软件的可靠性就越高,改正性维护需求就越少。
- 很容易修改可重用的软件构件使之再次应用在新环境中。因此,软件中使用的可重用构件越多,适应性和完善性维护也就越容易。

5.8 实 践 训 练

本章的实践训练部分内容将分步进行学习,包括比较运算符、逻辑运算符的使用。要注意的是前面章节已经介绍了如何创建控制台应用程序,在这里就不做过多的讲解。下面开始对这些内容进行学习。

5.8.1 比较运算符的使用

在控制台应用程序中添加如下代码:

```
Module Module1

    Sub Main()
        Dim int_a As Short
        Dim Dbl_b As Double
        Dim str_c As String
        Dim str_d As String
        int_a = 13
```

```
        Dbl_b = 3.134
        str_c = "11"
        str_d = "A"
        Console.WriteLine(int_a < Dbl_b)
        Console.WriteLine(int_a > str_c)
        Console.WriteLine(str_c > str_d)
        Console.ReadLine()
    End Sub

End Module
```

编译后的运行结果如图 5.3 所示。

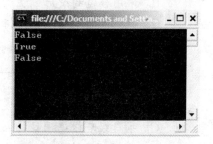

图 5.3　使用比较运算符

5.8.2　逻辑运算符的使用

在控制台应用程序中添加如下代码：

```
Module Module1

    Sub Main()
        Dim int_a, int_b, int_c As Short
        int_a = 5
        int_b = 4
        int_c = 3
        Console.WriteLine(
          int_a > int_b And int_a > int_b)
        Console.WriteLine(
          int_a > int_b And int_a < int_b)
        Console.WriteLine(int_a And int_b)
        Console.WriteLine(int_a And int_c)
        Console.ReadLine()
    End Sub

End Module
```

编译后的运行结果如图 5.4 所示。

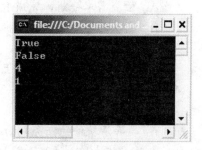

图 5.4　使用逻辑运算符

5.9　习　　题

1. 填空题

(1)　软件工程活动是"生产一个最终满足需求且达到工程目标的软件产品所需要的步骤"。主要包括＿＿＿＿、＿＿＿＿、＿＿＿＿、＿＿＿＿以及＿＿＿＿等活动。

(2)　瀑布模型规定了各项软件工程活动，包括＿＿＿＿，＿＿＿＿，＿＿＿＿，＿＿＿＿，＿＿＿＿及＿＿＿＿。

(3)　原型是指＿＿＿＿＿＿＿＿＿＿＿＿＿＿＿＿＿＿＿＿＿＿＿＿＿＿。软件开发中的原型是软件的一个早期可运行的版本，它反映了最终系统的重要特性。

(4)　＿＿＿＿＿＿是一个创造性的过程，对一些设计者来说需要一定的资质，而最终设计通常都是由一些初步设计演变而来的。

(5)　软件设计是一个把＿＿＿＿变换成＿＿＿＿的过程。最初这种表示只是描绘出软件总的框架，然后进一步细化，在此框架中填入细节，把它加工成在程序细节上非常接近于源程序的软件表示。

2. 选择题

(1) 软件工程围绕工程设计、工程支持以及工程管理，提出了以下_____基本原则。

    A. 选取适宜的开发范型

    B. 采用合适的设计方法

    C. 提供高质量的工程支持

    D. 重视开发过程的管理

(2) 设计阶段要达到如下_____目标。

    A. 提高可维护性

    B. 提高可理解性

    C. 项目经理根据项目特点，指定对过程表格的具体要求

    D. 提高可靠性

(3) 评审小组要对需求进行下列_____确认。

    A. 检查需求分析，完成 RAC(需求分析检查)

    B. 需求的总体质量达到标准

    C. 如果有新的需求引入，需要重新进行需求分析阶段

    D. 确认每一个需求及相互关系

(4) 已有许多著名的论著总结了设计测试用例的各种规则和策略。从工程实践的角度出发，应遵循以下_____。

    A. 要弄清软件的任务剖面，使测试用例具代表性；能够代表各种合理和不合理的、合法和非法的、边界和越界的，以及极限的输入数据、操作和环境设置等

    B. 测试结果的可判定性：即测试执行结果的正确性是预先可判定的

    C. 测试结果的可再现性：即对同样的测试用例，系统的执行结果应当是相同的

3. 判断题

(1) 软件工程的主要目标是：生产具有正确性、可用性以及开销合宜的产品。   (   )

(2) 原型模型为软件开发和软件维护提供了一种有效的管理模式。   (   )

(3) 螺旋模型采用一种周期性的方法来进行系统开发。   (   )

(4) 设计目标的可维护性体现于可读性、可扩展性、可修改性。   (   )

(5) 软件设计是一个把软件表示变换成软件需求的过程。   (   )

4. 简答题

(1) 简单描述什么是"瀑布模型"。

(2) 简单描述需求分析过程。

(3) 简单描述软件设计目标。

(4) 简单描述为什么需要软件测试。

5. 操作题

输入一个年份，判断它是否为闰年，并显示有关信息。判断闰年的条件是：条件能被 4 整除但不能被 100 整除，或者能被 400 整除。

第 6 章　调试和错误处理

教学提示：通过运用本章的知识，可以使开发人员编写的程序更加健壮，可以对程序出现异常情况做出最及时的补救和实施相应措施。

教学目标：要求熟练掌握本章知识点，并在编写程序时可以熟练应用。

6.1　主要错误类型

程序员在编程的时候都会出现这样那样的错误，有一些意想不到的情况会发生。对于错误的调试和在编程过程中对可能出现错误的地方给出提示或进行错误处理是编程中的重要部分。当然，良好的编程习惯和丰富的学术知识也是编程的前提条件。

Visual Studio 有一个构建到开发环境中的复杂的调试器，这个调试器适用于 Visual Studio 支持的所有语言。这样，只要掌握了一种语言的调试技巧，对于 Visual Studio 支持的任何语言，都可以进行调试。

如果没有遇见某些错误并处理这些错误，使用者可能会看到原始的错误信息，即 CLR 给出的一种未进行处理的异常信息。对这个消息用户并不容易理解，用户也不知道接下来应该干什么或者说如何处理错误。利用 Visual Studio 提供的可用于所有语言的通用错误处理功能，可以检测代码并捕捉可能发生的任何错误。如果确实发生了一个错误，可以把原始的错误信息变成用户容易理解的信息，并告诉用户应该如何处理。

错误类型主要分为三种：语法错误、执行错误和逻辑错误。

6.1.1　语法错误

当计算机不能"理解"用户编写的代码时就会发生语法错误。这可能是因为指令不完全、提供指令的顺序有问题，或者参数传递错误等。例如，声明一个变量，但在后面用到这个变量时不小心把名称写错了，这时发生的就是语法错误。语法错误是最易于发现和确定的错误，Visual Studio 开发环境中有一个相当复杂的语法校验机制，它能对变量和对象提供及时的语法校验，可以在出现语法错误时立刻知道。当我们想使用未经声明过的变量或对象时，Visual Studio 开发环境会在该变量或对象名称下面加下划线。如果将光标放在这个语法错误上，开发环境就会显示出工具提示，表明这个错误，如图 6.1 所示。

上面提到的下划线和提示是以没有改变项目的"项目属性"对话框中的 Option Explicit 选项为前提的，在默认情况下它是开启的。同样也没有指定代码中的 Option Explicit Off 语句，它会覆盖"项目属性"对话框中的 Option Explicit 选项，如果将 Option Explicit 选项或语句设置为 On(如图 6.2 所示)，就会强迫在使用变量之前先对它们进行声明，否则就会出现错误。在编译时也会收到错误报告。

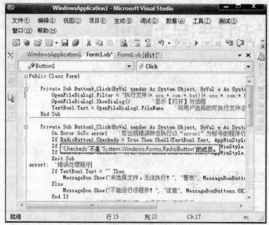
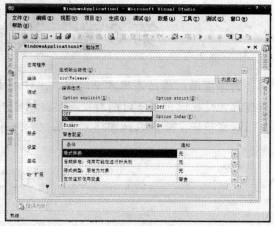

图 6.1　出现语法错误示例　　　　　　　　图 6.2　设置错误提示选项

6.1.2　执行错误

执行程序时所发生的错误就是执行错误。大部分执行错误的发生是因为开发人员不能预料并实现合适的错误处理逻辑。下面是一些比较典型的执行错误：

- 用零作为除数。
- 访问不存在的文件。
- 访问没有设置维数的数组。
- 访问超过上限的数组。
- 调用一段程序，给它传递错误的变量数目或错误类型的变量。

防止执行错误的最好方法是在错误发生之前预先进行考虑，并用错误处理技术捕捉和处理错误。还应该在部署代码之前彻底检测一番。

6.1.3　逻辑错误

逻辑错误是指产生意料之外或多余结果的错误，这类错误是最难找到，也最难发现故障的错误。假定在数据库字段或在文件的文本中用代码设置一个字符串变量，将这个字符串变量与用户输入的文本做一下比较。如果包含文本的变量是大写字母和小写字母混杂的，而用户输入文本全部是大写或全部是小写的，那么这个比较就会失败。要防止这样的逻辑错误，可以将进行比较的双方都转换为大写或者小写字母。可以用 UCase 和 LCase 函数。

逻辑错误的另一个普遍类型是在处理应用程序特殊的文件时产生的。假定有一段应用程序用来以某种格式创建文件，并且允许用户打开并编辑这些文件。当用户用不同的格式打开文件时，文件不会包含程序所期望格式的数据，这样，当用户试图处理该文件时，就会发生逻辑错误或执行错误。处理的方法是检验一下文件的第一行以确保文件包含了所期望的数据格式。

6.2　错　误　处　理

错误处理是任何应用程序的重要组成部分。仔细考虑错误处理策略以帮助在开发期间调试应用程序、在部署后排除问题，以及随时通知站点的用户。

6.2.1　Try...Catch 的使用

Try...Catch 用于处理给定代码段中可能出现的错误，而同时代码仍保持运行。

语法如下：

```
Try
    [tryStatements]
    [Exit Try]
[Catch [exception [As type]] [When expression]
    [catchStatements]
    [Exit Try]]
[Catch ...]
[Finally
    [finallyStatements]]
End Try
```

参数说明：

- tryStatements：可选。可能发生错误的语句。可以是复合语句。
- Catch：可选。允许使用多个 Catch 块。如果在处理 Try 块时发生异常，则会按文本顺序检查每个 Catch 语句，以确定是否处理异常。
- exception：可选。任何变量名称。exception 的初始值是引发的错误的值。它将与 Catch 一起使用，以指定所捕获的错误。如果省略，则 Catch 语句将捕获所有异常。
- type：可选。指定类筛选器的类型。如果 exception 的值采用的是 type 所指定的类型或者派生类型，则该标识符将绑定到异常对象。
- When：可选。带有 When 子句的 Catch 语句只会在 expression 的计算结果为 True 时捕获异常。When 子句仅在检查异常类型之后应用，expression 可以引用表示异常的标识符。
- expression：可选。必须可隐式转换为 Boolean。说明一般筛选器的任何表达式。通常用来根据错误号进行筛选。它与 When 关键字一同使用，以指定捕获错误时的环境。
- catchStatements：可选。用于处理在关联的 Try 中所发生错误的语句。可以是复合语句。
- Exit Try：可选。是用于退出 Try...Catch...Finally 结构的关键字。将继续执行紧跟在 End Try 语句后面的代码。Finally 语句仍将被执行。不允许在 Finally 块中使用。
- Finally：可选。当执行过程离开 Try 语句的任何部分时，总是会执行 Finally 块。
- finallyStatements：可选。在所有其他错误处理结束后执行的语句。
- End Try：终止 Try...Catch...Finally 结构。

Try 块中的局部变量将无法在 Catch 块中使用，因为它们是独立的块。如果要在多个块中使用某个变量，在 Try...Catch...Finally 结构之外声明该变量。

Try 块包含可能发生错误的代码，而 Catch 块则包含可处理任何发生的错误的代码。如果 Try 块中发生错误，程序控制权将传递给相应的 Catch 语句以进行部署。exception 参数是 Exception 类或派生自 Exception 类的类的实例。Exception 类实例与 Try 块中发生的错误相对应。该实例包含有关错误的信息，其中包括其错误号和错误信息等。

如果 Catch 语句不指定 exception 参数，则将捕获任何类型的系统或应用程序异常。在捕获所有预期的特定异常之后，通常应将此变体用作 Try...Catch...Finally 结构中的最后一个 Catch 块。如果不使用 exception 参数，则控制流永远不能到达 Catch 后的 Catch 块。

在部分信任的情况下(如网络共享上承载的应用程序)，Try...Catch...Finally 将不会捕获在调用包含该调用的方法之前发生的安全性异常。当下面的示例放置在服务器共享上并从此处运行时，将生成错误"System.Security.SecurityException: 请求失败"：

```
Private Sub Button1_Click(ByVal sender As System.Object,
  ByVal e As System.EventArgs) Handles Button1.Click
    Try
        Process.Start("http://www.xxx.com")
    Catch ex As Exception
        MsgBox("Can't load Web page" & vbCrLf & ex.Message)
    End Try
End Sub
```

在这种部分信任的情况下，需要将 Process.Start 语句放在单独的 Sub 中。对 Sub 的初次调用将失败，从而允许 Try...Catch 在包含 Process.Start 的 Sub 启动并且产生安全性异常之前捕获它。

6.2.2   On Error 的使用

该语句启用错误处理例程，并指定该例程在过程中的位置；也可以用来禁用错误处理例程。

如果不使用 On Error 语句，所发生的任何运行时错误都会是致命的——显示错误信息，并且停止执行。

建议尽可能地在代码中使用结构化异常处理(而不是采用非结构化异常处理)和 On Error 语句。

语法如下：

```
On Error { GoTo [ line | 0 | -1 ] | Resume Next }
```

参数说明：

- GoTo line：该语句启用从必选参数 line 指定的行开始的错误处理例程。参数 line 可以是任意的行标签或行号。如果发生了运行时错误，控制将跳转至指定行，以激活错误处理程序。指定的行必须与 On Error 语句处在同一个过程中，否则会产生编译时错误。
- GoTo 0：该语句禁用当前过程中已启用的错误处理程序，并将其重置为 Nothing。
- GoTo -1：该语句禁用当前过程中已启用的异常，并将其重置为 Nothing。
- Resume Next：该语句指定当发生运行时错误时，控制由错误语句跳转到紧随发生错误语句之后的语句，并从该位置继续执行。在访问对象时，使用此形式而不是 On Error GoTo。

enabled 错误处理程序是由 On Error 语句打开的一个错误处理程序。active 错误处理程序是处理错误过程中的已启用处理程序。

如果在错误处理程序处于活动状态期间发生错误(介于错误发生位置和 Resume、Exit Sub、Exit Function 或 Exit Property 语句之间)，则当前过程的错误处理程序将无法处理该错误。控制返回到调用过程。

如果调用过程有一个已启用的错误处理程序，该程序将被激活以处理错误。如果调用过程的错误处理程序也处于活动状态，控制将继续返回到前一个调用过程，直到发现一个已启用的并且非活动的错误处理程序。如果没有发现任何这样的错误处理程序，该错误就成为在其实际发生的位置处的致命错误。

每次错误处理程序将控制返回给调用过程时，那个过程就成为当前过程。一旦错误由某一过程的错误处理程序进行了处理，程序的执行将在当前过程中由 Resume 语句指定的位置继续。

On Error Resume Next 会使程序从紧随产生错误的语句之后的语句继续执行，或是由紧随最近一次过程调用(该过程含有 On Error Resume Next 语句)之后的语句继续运行。该语句允许即使发生了运行时错误时，仍继续执行。可以在可能发生错误的位置放置错误处理例程，而不必将控制移交给过程中的另一位置。在调用另一个过程时，On Error Resume Next 语句变为非活动状态。因此，如果希望在每一个调用的例程中进行内联错误处理，则应在例程中执行 On Error Resume Next 语句。

On Error GoTo 0 禁止在当前过程中进行错误处理。它不指定行号为 0 的行作为错误处理代码的开始位置(即使过程中包含行号为 0 的行)。在没有 On Error GoTo 0 语句的情况下，过程退出时，就自动禁用错误处理程序。

On Error GoTo -1 禁用当前过程中的异常。它不指定行号为-1 的行作为错误处理代码的开始位置(即使过程中含有行号为-1 的行)。在没有 On Error GoTo -1 语句的情况下，当过程退出时，就自动禁用异常。

若要防止错误处理代码在没有错误的情况下运行，将 Exit Sub、Exit Function 或 Exit Property 语句放在紧靠错误处理例程之前，如以下示例所示：

```
Public Sub InitializeMatrix(ByVal Var1 As Object, ByVal Var2 As Object)
   On Error GoTo ErrorHandler

   '这里是可能会出异常错误的程序部分
   Exit Sub

ErrorHandler:
   '这里是用来对异常错误进行处理的程序
   Resume Next

End Sub
```

此处，错误处理代码紧跟在 Exit Sub 语句之后，位于 End Sub 语句之前，这样就使其与过程流分离开。当然，错误处理代码可以放在过程的任何位置。

6.2.3 Throw 的使用

Throw 语句用来在过程中引发异常。

语法如下：

```
Throw [expression]
```

参数说明：

expression：提供有关将引发的异常的信息。当位于 Catch 语句中时为可选项，否则为必选项。

Throw 语句引发一个异常，可以利用结构化的异常处理代码(Try...Catch...Finally)或非结构化的异常处理代码(On Error GoTo)来处理此异常。可以在代码中使用 Throw 语句来捕获错误，因为 Visual Basic 将在调用堆栈中上移，直到找到对应的异常处理代码。

无表达式的 Throw 语句只能用在 Catch 语句中。在此情况下，该语句会再次引发当前正由 Catch 语句处理的异常。

Throw 语句重置 expression 异常的调用堆栈。如果不提供 expression，则不更改调用堆栈。可以通过 StackTrace 属性来访问该异常的调用堆栈。

以下代码使用 Throw 语句来引发异常：

```
'抛出异常
Throw New System.Exception("这是一个异常")
```

6.3 实践训练

下面介绍的实例程序用于打开一个文本文件，接收用户输入的文件名，如果找不到该文件，就提示用户。设计界面如图 6.3 所示。

图 6.3 界面设计

现在开始编写这个程序，实现该实例功能的具体步骤如下。

(1) 创建应用程序的界面。

在 Windows 桌面选择"开始"→"所有程序"→"Microsoft Visual Studio 2008"→"Microsoft Visual Studio 2008"菜单命令，然后依次单击"文件"→"新建"→"项目"→"Visual Basic"→"Windows 应用程序"，单击"确定"按钮，创建新应用程序成功。

在窗体上添加一个文本框控件和两个命令按钮，调整它们的位置和大小。

(2) 设置对象的属性值。

按照表 6.1 所示来设置各控件的属性。

表 6.1 各控件的属性设置

控 件 名	属 性 名	设置属性值
Form1	Text	"错误处理实例"
TextBox1	Text	空
	MultiLine	True
	ScrollBars	Both
Button1	Text	"打开"
Button2	Text	"退出"

(3) 编写程序代码、建立事件过程：

```vb
Imports System.IO

Public Class Form1
    '读取指定文本文件
    Public Function readtext(ByVal path As String)
        If path = "" Then
            readtext = "操作失败！"
            Exit Function
        End If
        Try
            If File.Exists(path) = True Then
                Dim fs As New FileStream(path, FileMode.Open)
                Dim sr As New StreamReader(fs)
                Dim str As String
                str = sr.ReadToEnd.ToString
                sr.Close()
                fs.Close()
                readtext = str
            Else
                readtext = "操作失败！"
            End If
        Catch ex As Exception
            readtext = "操作失败！"
        End Try
    End Function

    Private Sub Button1_Click(ByVal sender As System.Object, _
      ByVal e As System.EventArgs) Handles Button1.Click
        Dim FileName As String

        FileName = InputBox("请输入打开的路径及文件名：")

        TextBox1.Text = readtext(FileName)
    End Sub
End Class
```

(4) 保存并运行项目。

保存了项目后，按 F5 功能键运行程序，可得到如图 6.4 所示的初始界面。

单击"打开"按钮，弹出一个输入对话框，输入用户要打开的完整文件路径及文件名。如果打开该文件有错误，则在文本框中会提示"操作失败"；如果打开成功，则文本文件的内容将显示在文本框中，如图 6.5 所示。

图 6.4　初始界面

图 6.5　打开文本文件成功

6.4　习　　题

1．填空题

(1)　错误类型主要分为 3 种：_____、_____和_____。

(2)　执行程序时所发生的错误就是_____。

(3)　逻辑错误是指_____。

(4)　_____的另一个普遍类型是在处理应用程序特殊的文件时产生的。

(5)　_____会使程序从紧随产生错误的语句之后的语句继续执行，或是由紧随最近一次过程调用之后的语句继续运行。

2．选择题

(1)　下面_____是比较典型的执行错误。

  A．用零作为除数

  B．访问不存在的文件

  C．访问没有设置维数的数组

  D．访问超过上限的数组

  E．调用一段程序，给它传递错误的变量数目或错误类型的变量

(2)　如果包含文本的变量是大写字母和小写字母混杂的，而用户输入文本全部是大写或全部是小写的，那么这个比较就会失败。要防止这样的逻辑错误，可以将进行比较的双方都转换为大写或者小写字母。可以用_____函数。

  A．UpperCase

  B．UCase

　　C.　LowerCase

　　D.　LCase

(3)　可以使用＿＿＿＿错误处理方式。

　　A.　Try...Catch

　　B.　On Error

　　C.　Throw

　　D.　On Error Resume Next

(4)　使用＿＿＿＿语句可以自定义抛出异常。

　　A.　On Error 语句

　　B.　Throw 语句

　　C.　Catch 语句

　　D.　Try 语句

3．判断题

(1)　错误类型主要分为 3 种：语法错误、执行错误和逻辑错误。　　　　　（　　）

(2)　大部分的执行错误源自开发人员不能预料并实现合适的错误处理逻辑。（　　）

(3)　Try 块中的局部变量将无法在 Catch 块中使用，因为它们是独立的块。（　　）

(4)　如果不使用 On Error 语句，所发生的任何运行时错误都会是致命的：显示错误信息，并且停止执行。　　　　　　　　　　　　　　　　　　　　　　　　　　（　　）

(5)　无表达式的 Throw 语句只能用在 Catch 语句中。　　　　　　　　　（　　）

4．简答题

(1)　简单描述什么是"语法错误"。

(2)　简单描述什么是"执行错误"。

(3)　简单描述什么是"逻辑错误"。

(4)　以上三种错误类型有哪些不同？

5．操作题

对一些难以解决的被零除、下标越界、数据溢出、公共对话框中找不到文件等的错误，试用本章所学的知识去处理出现错误的操作。

第7章　面向对象程序设计基础

教学提示： 在学习本章之前，读者要先改变一下观念，可以将本章中介绍的类和对象理解为一类物品和一类物品中的一件物品，这类物品拥有可以辅助完成人们想要达到的目的的功能，而对象的概念可以理解为该类物品其中的一件。通过对这两个概念的通俗理解方法，在学习本章内容时，就不容易出现概念混淆的情况了。

教学目标： 要求熟练掌握本章知识点，并在编写程序时可以熟练应用。

7.1　基　础　知　识

面向对象编程(OOP，面向对象程序设计)是一种计算机编程架构。OOP 的一条基本原则是：计算机程序是由单个能够起到子程序作用的单元或对象组合而成的。OOP 实现了软件工程的三个主要目标：重用性、灵活性和扩展性。为了实现整体运算，每个对象都能够接收信息、处理数据和向其他对象发送信息。OOP 主要有以下的概念和组件。

- 组件：数据和功能一起在运行着的计算机程序中形成单元，组件在 OOP 计算机程序中是模块和结构化的基础。
- 抽象性：程序有能力忽略正在处理中信息的某些方面，即对信息主要方面关注的能力。
- 封装：也称为信息封装，确保组件不会以不可预期的方式改变其他组件的内部状态；只有在那些提供了内部状态改变方法的组件中，才可以访问其内部状态。每类组件都提供了一个与其他组件联系的接口，并规定了其他组件进行调用的方法。
- 多态性：组件的引用和类集会涉及其他许多不同类型的组件，而且引用组件所产生的结果需要依据实际调用的类型。
- 继承性：允许在现存的组件基础上创建子类组件，这统一并增强了多态性和封装性。典型地说，就是用类来对组件进行分组，而且还可以定义新类为现存类的扩展，这样就可以将类组织成树形或网状结构，这体现了动作的通用性。

由于抽象性、封装性、重用性以及便于使用等方面的原因，以组件为基础的编程在脚本语言中已经变得特别流行。Python 和 Ruby 是较晚出现的语言，在开发时完全采用了 OOP 的思想，而流行的 Perl 脚本语言从版本 5 开始也慢慢地加入了新的面向对象的功能组件。用组件代替"现实"中的实体成为 JavaScript(ECMAScript)得以流行的原因，有论证表明对组件进行适当的组合就可以在因特网上代替 HTML 和 XML 的文档对象模型(DOM)。

7.1.1　面向对象的三个基本特征

面向对象的三个基本特征是：封装、继承、多态。

封装是面向对象的特征之一，是对象和类概念的主要特性。封装，也就是把客观事物封装成抽象的类，并且类可以把自己的数据和方法只让可信的类或者对象操作，对不可信的进行信息隐藏。

面向对象编程(OOP)语言的一个主要功能就是"继承"。继承是指这样一种能力：它可以使用现有类的所有功能，并在无需重新编写原来的类的情况下对这些功能进行扩展。通过继承创建的新类称为"子类"或"派生类"。被继承的类称为"基类"、"父类"或"超类"。继承的过程，就是从一般到特殊的过程。要实现继承，可以通过"继承"和"组合"来实现。

在某些 OOP 语言中，一个子类可以继承多个基类。但是一般情况下，一个子类只能有一个基类，要实现多重继承，可以通过多级继承来实现。

继承概念的实现方式有三类：实现继承、接口继承和可视继承。

- 实现继承：是指使用基类的属性和方法而无需额外编码的能力。
- 接口继承：是指仅使用属性和方法的名称、但是子类必须提供实现的能力。
- 可视继承：是指子窗体(类)使用基窗体(类)的外观和实现代码的能力。

在考虑使用继承时，有一点需要注意，那就是两个类之间的关系应该是"属于"关系。例如，Employee 是一个人，Manager 也是一个人，因此这两个类都可以继承 Person 类。但是 Leg 类却不能继承 Person 类，因为腿并不是一个人。

抽象类仅定义将由子类创建的一般属性和方法，创建抽象类时，使用关键字 Interface 而不是 Class。

面向对象开发范式大致为：划分对象→抽象类→将类组织成为层次化结构(继承和组合)→用类与实例进行设计和实现几个阶段。

多态性是允许将父对象设置成为与一个或更多的它的子对象相当的技术，赋值之后，父对象就可以根据当前赋值给它的子对象的特性以不同的方式运作。即允许将子类类型的指针赋值给父类类型的指针。

实现多态，有两种方式，即覆盖和重载。

- 覆盖：是指子类重新定义父类的虚函数的做法。
- 重载：是指允许存在多个同名函数，而这些函数的参数表不同(或许参数个数不同，或许参数类型不同，或许两者都不同)。

其实，重载的概念并不属于"面向对象编程"，重载的实现是：编译器根据函数不同的参数表，对同名函数的名称做修饰，然后这些同名函数就成了不同的函数。如，有两个同名函数 function func(p:integer):integer;和 function func(p:string):integer;。那么编译器做过修饰后的函数名称可能是这样的：int_func、str_func。对于这两个函数的调用，在编译期间就已经确定了，是静态的。它们的地址在编译期就绑定了(早绑定)，因此，重载与多态无关。真正与多态相关的是"覆盖"。当子类重新定义了父类的虚函数后，父类指针根据赋给它的不同的子类指针，动态地调用属于子类的该函数，这样的函数调用在编译期间是无法确定的(调用的子类的虚函数的地址无法给出)。因此，这样的函数地址是在运行期绑定的(晚绑定)。重载只是一种语言特性，与多态无关，与面向对象也无关。

多态的作用是什么呢？封装可以隐藏实现细节，使得代码模块化；继承可以扩展已存在的代码模块(类)；它们的目的都是为了代码重用。而多态则是为了实现另一个目的，是接口重用。多态的作用，就是为了类在继承和派生的时候，保证使用"家谱"中任一类的实例的某一属性时的正确调用。

7.1.2 类成员

类包含各种成员：字段、属性、方法和事件。

1. 字段

字段和属性表示对象包含的信息。字段类似于变量，因为可以直接读取或设置它们。例如，如果有一个名为 Car 的对象，则可以在名为 Color 的字段中存储其颜色。

在类定义中声明一个公共变量(字段)，如下面的代码所示：

```
Class ThisClass
    Public ThisField As String
End Class
```

2. 属性

属性的检索和设置方法与字段类似，但属性是使用 property Get 和 property Set 过程来实现的，这些过程对如何设置或返回值提供更多的控制。在存储值和使用此值的过程之间的间接层帮助隔离数据，并得以在分配或检索值之前验证这些值。

在类中声明一个局部变量来存储属性值。因为属性不会自行分配任何存储区，所以该步骤是必需的。若要保护它们的值不被直接修改，应当将用于存储属性值的变量声明为 Private。

根据需要以修饰符(如 Public 和 Shared)作为属性声明的开头。使用 Property 关键字声明属性名称，并声明属性存储和返回的数据类型。

在属性定义内定义 Get 和 Set 属性过程。Get 属性过程用于返回属性值，其在语法上与函数大致等效。它们不接受参数，并可用于返回私有局部变量的值，这些变量在类中声明并用于存储属性值。Set 属性过程用于设置属性值；它们有一个参数(通常称为 Value)，其数据类型与属性本身相同。每当属性值更改时，Value 均会被传递给 Set 属性过程，在该过程中可以验证它并将其存储在一个局部变量中。使用相应的 End Get 和 End Set 语句终止 Get 和 Set 属性过程。使用 End Property 语句终止属性块。

下面的示例在类中声明一个属性：

```
Class ThisClass
    Private m_PropVal As String
    Public Property One() As String
        Get
            Return m_PropVal
        End Get
        Set(ByVal Value As String)
            m_PropVal = Value
        End Set
    End Property
End Class
```

当创建 ThisClass 的一个实例并设置 One 属性的值时，将调用 Set 属性过程且该值在 Value 参数中传递，该参数存储在名为 m_PropVal 的局部变量中。当检索到此属性值时，将像函数那样调用 Get 属性过程并返回存储在局部变量 m_PropVal 中的值。

3．方法

方法表示对象可执行的操作。例如，Car 对象可以有 StartEngine、Drive 和 Stop 方法。通过向类中添加过程(Sub 例程或函数)来定义方法。

类的方法就是在该类中声明的 Sub 或 Function 过程。例如，若要为名为 Account 的类创建 Withdrawal 方法，可以向该类模块中添加此 Public 函数：

```
Public Function WithDrawal(ByVal Amount As Decimal, _
  ByVal TransactionCode As Byte) As Double
      '方法功能代码部分
End Function
```

可以直接从类调用共享方法，而不必首先创建该类的实例。当不希望方法与类的特定实例关联时，共享方法很有用。共享方法不能用 Overridable、NotOverridable 或 MustOverride 修饰符声明。模块中声明的方法是隐式共享的，不能显式使用 Shared 修饰符。例如：

```
Class ShareClass
    Shared Sub SharedSub()
        MsgBox("Shared method.")
    End Sub
End Class

Sub Test()
    ShareClass.SharedSub()
End Sub
```

某个类在内部使用的实用工具过程应被声明为 Private、Protected 或 Friend。允许我们在将来进行更改，而不会影响使用对象的代码，从而限制这类方法的可访问性，以保护使用这些对象的开发人员。

保护对象实现的详细信息是"封装"的另一方面。封装得以提高方法的性能，或完全改变实现方法的方式，而不必更改使用该方法的代码。

4．事件

事件是对象从其他对象或应用程序接收的通知，或者是对象传输到其他对象或应用程序的通知。事件使对象得以在每当特定情况发生时执行操作。Car 类的一个事件示例是 Check_Engine 事件。因为 Microsoft Windows 是事件驱动的操作系统，所以事件可来自其他对象、应用程序或用户输入(如鼠标单击或按键)。

虽然可以将 Visual Studio 项目可视化为一系列按序执行的过程，但实际上，大多数程序是事件驱动的，即执行流程是由外部发生的事情(称为"事件")决定的。

事件是一个信号，它告知应用程序有重要情况发生。例如，用户单击窗体上的某个控件时，窗体可能会引发一个 Click 事件并调用一个处理该事件的过程。事件还允许在不同任务之间进行通信。比方说，应用程序脱离主程序执行一个排序任务。若用户取消这一排序，应用程序可以发送一个取消事件让排序过程停止。

使用 Event 关键字在类、结构、模块和接口内部声明事件，如下面的示例所示：

```
Event AnEvent(ByVal EventNumber As Integer)
```

事件就像是通告已发生重要情况的消息。广播该消息的行为称为"引发"事件。在 Visual Basic 中，使用 RaiseEvent 语句引发事件，如下面的示例所示：

```
RaiseEvent AnEvent(EventNumber)
```

必须在声明事件的类、模块或结构的范围内引发事件。例如，派生类不能引发从基类继承的事件。

WithEvents 语句和 Handles 子句为指定事件处理程序提供了声明方法。用 WithEvents 关键字所声明对象引发的事件可以由任何过程用该事件的 Handles 子句来处理，如下面的示例所示：

```
'声明 WithEvents 类型变量
Dim WithEvents EClass As New EventClass

Sub TestEvents()
    EClass.RaiseEvents()
End Sub

Sub EClass_EventHandler() Handles EClass.XEvent, EClass.YEvent
    MsgBox("Received Event.")
End Sub

Class EventClass
    Public Event XEvent()
    Public Event YEvent()
    Sub RaiseEvents()
        RaiseEvent XEvent()
        RaiseEvent YEvent()
    End Sub
End Class
```

WithEvents 语句和 Handles 子句常常是事件处理程序的最佳选择，因为它们所用的声明语法使得对事件处理的编码和调试更加容易，并使人可以更加轻松地阅读它。可是，要注意使用 WithEvents 变量时有以下限制：

- 不能把 WithEvents 变量用作对象变量。即，不能将它声明为 Object，在声明变量时必须指定类名称。
- 由于共享事件未绑定到类实例，所以不能使用 WithEvents 以声明方式处理共享事件。同样，不能使用 WithEvents 或 Handles 处理来自 Structure 的事件。在这两种情况下，可以使用 AddHandler 语句处理这些事件。
- 不能创建 WithEvents 变量数组。
- WithEvents 变量允许单个事件处理程序来处理一类或多类事件，或一个或多个事件处理程序来处理同类事件。

下面的示例对调用 CauseEvent 方法时引发事件的类进行定义。此事件由一个名为 EventHandler 的事件处理程序过程进行处理。

若要运行此示例，将以下代码添加到 Visual Basic 的 Windows 应用程序项目的窗体类中，并使用整数参数调用 TestEvents 过程：

```
Public Class Class1
    '定义一个事件
    Public Event Event1(ByVal EventNumber As Integer)
    '定义一个方法用来触发事件
    Sub CauseEvent(ByVal EventNumber As Integer)
        RaiseEvent Event1(EventNumber)
    End Sub
End Class

Protected Sub TestEvents(ByVal EventNumber As Integer)
    Dim Obj As New Class1
    AddHandler Obj.Event1, AddressOf Me.EventHandler
    Obj.CauseEvent(EventNumber)
End Sub

Sub EventHandler(ByVal EventNumber As Integer)
```

高职高专计算机实用规划教材——案例驱动与项目实践

```
MsgBox("Received event number " & EventNumber.ToString)
End Sub
```

7.1.3　对象的生命周期

类的实例(即对象)是使用 New 关键字创建的。在使用新对象之前，通常必须对其执行初始化任务。常见的初始化任务包括打开文件、连接到数据库以及读取注册表项的值。Microsoft Visual Basic 2008 使用名为"构造函数"的过程(可控制初始化的特殊方法)来控制新对象的初始化。

当对象离开范围之后，将由公共语言运行库(CLR)释放。Visual Basic 2008 使用名为"析构函数"的过程来控制系统资源的释放。构造函数和析构函数共同支持创建可靠的和可预测的类库。

Visual Basic 2008 中的 Sub New 和 Sub Finalize 过程初始化和销毁对象；它们替换 Visual Basic 6.0 及更早版本中使用的 Class_Initialize 和 Class_Terminate 方法。与 Class_Initialize 不同，Sub New 构造函数只能在创建类时运行一次。不能从同一个类或某个派生类中另一构造函数的首行代码以外的任何位置对该构造函数进行显式调用。此外，Sub New 方法中的代码始终在类中任何其他代码之前运行。如果没有为类显式定义 Sub New 过程，Visual Basic 2008 在运行时将隐式创建一个 Sub New 构造函数。

在释放对象之前，CLR 会为定义 Sub Finalize 过程的对象自动调用 Finalize 方法。Finalize 方法可以包含刚好在对象销毁前需要执行的代码(如用于关闭文件和保存状态信息的代码)。执行 Sub Finalize 会有轻微的性能降低，所以应当只在需要显式释放对象时才定义 Sub Finalize 方法。

Finalize 析构函数是只能从其所属类或派生类调用的受保护方法。当销毁对象时，系统自动调用 Finalize，因此不应该从派生类的 Finalize 实现外部显式调用 Finalize。

与 Class_Terminate 不同(当对象设置为 Nothing 后它立即执行)，在对象失去范围和 Visual Basic 2008 调用 Finalize 析构函数这两个时间之间通常会有延迟。Visual Basic 2008 允许使用另一种类型的析构函数 Dispose，可以在任何时候显式调用该函数来立即释放资源。

7.2　面向对象技术的应用

采用基于面向对象框架的方法开发应用软件，其意义在于可以以框架为重用部件的基本构造单元来实现软件工业化生产，有效地降低软件开发的成本，提高生产效率和软件可靠性，尤其对特定领域复杂系统的高可靠性专用软件更具有实用价值，为这些特定领域的软件开发提供了一种强有力的技术。

7.2.1　构造函数

若要为类创建构造函数，在类定义的任何位置创建名为 Sub New 的过程。若要创建参数化构造函数，像为其他任何过程指定参数那样为 Sub New 指定参数的名称和数据类型，如下面的代码所示：

```
Sub New(ByVal s As String)
```

构造函数频繁地重载，如下面的代码所示：

```
Sub New(ByVal s As String, i As Integer)
```

当定义从另一个类派生的类时，构造函数的第一行必须是对基类构造函数的调用，除非基类有一个可访问的无参数构造函数。例如，对包含以上构造函数的基类的调用将为 MyBase.New(s)。另外，MyBase.New 是可选的，Visual Basic 运行库会隐式调用它。

编写了用于调用父对象构造函数的代码后，可以将任何附加初始化代码添加到 Sub New 过程。在作为参数化构造函数调用时，Sub New 可接受参数。这些参数是从调用构造函数的过程(例如 Dim AnObject As New ThisClass(X))中传递的。

7.2.2　类的继承

Inherits 语句用来声明基于现有类(也称为基类)的新类，称为"派生类"。派生类继承并可扩展基类中定义的属性、方法、事件、字段和常数。下面描述一些继承规则，以及一些可用来更改类继承或被继承方式的修饰符：

- 默认情况下，所有类都是可继承的，除非用 NotInheritable 关键字标记。类可以从项目中的其他类继承，也可以从项目引用的其他程序集中的类继承。
- 与允许多重继承的语言不同，Visual Basic 只允许类中有单一继承，即派生类只能有一个基类。虽然类中不允许有多重继承，但类可以实现多个接口，这样可以有效地实现同样的目的。
- 若要防止公开基类中的受限项，派生类的访问类型必须与其基类一样或比其基类所受限制更多。例如，Public 类不能继承 Friend 或 Private 类，而 Friend 又不能继承 Private 类。

Visual Basic 引入了以下类级别语句和修饰符以支持继承。

- Inherits 语句：指定基类。
- NotInheritable 修饰符：防止程序员将该类用作基类。
- MustInherit 修饰符：指定该类仅适于用作基类。无法直接创建 MustInherit 类的实例，只能将它们创建为派生类的基类实例(其他编程语言，如 C++和 C#，则用术语抽象类来描述这样的类)。

默认情况下，派生类从其基类继承属性和方法。如果继承的属性或方法需要在派生类中有不同的行为，该方法或属性可以"重写"，即可以在派生类中定义它的新实现。

下列修饰符用于控制如何重写属性和方法。

- Overridable：允许某个类中的属性或方法在派生类中被重写。
- Overrides：重写基类中定义的 Overridable 属性或方法。
- NotOverridable：防止在继承类中重写属性或方法。默认情况下，Public 方法为 NotOverridable。

- MustOverride：要求派生类重写属性或方法。当使用 MustOverride 关键字时，方法定义仅由 Sub、Function 或 Property 语句组成。不允许有任何其他语句，特别是没有 End Sub 或 End Function 语句。MustOverride 方法必须在 MustInherit 类中声明。

(1) MyBase 关键字

当重写派生类中的方法时，可以使用 MyBase 关键字调用基类中的方法。例如，假设正在设计一个重写从基类继承的方法的派生类。重写的方法可以调用基类中的该方法，并修改返回值，如下面的代码片段中所示：

```
Class DerivedClass
    Inherits BaseClass
    Public Overrides Function CalculateShipping( _
      ByVal Dist As Double, _
      ByVal Rate As Double) _
      As Double
        '调用基类方法并返回计算结果
        Return MyBase.CalculateShipping(Dist, Rate) * 2
    End Function
End Class
```

下面描述了对使用 MyBase 的限制：

- MyBase 引用直接基类及其继承成员。它不能用于访问类中的 Private 成员。
- MyBase 是关键字，而不是实对象。MyBase 不能指派给变量，不能传递给过程，也不能在 Is 比较中使用。
- MyBase 限定的方法不需要在直接基类中定义，它可以在间接继承的基类中定义。为了正确编译 MyBase 限定的引用，一些基类必须包含与调用中出现的参数名称和类型匹配的方法。
- 不能使用 MyBase 来调用 MustOverride 基类方法。
- MyBase 无法用于限定自身。因此，MyBase.MyBase.BtnOK_Click()无效。
- MyBase 无法用在模块中。
- 若基类在不同的程序集中，则不能用 MyBase 来访问标记为 Friend 的基类成员。

(2) MyClass 关键字

MyClass 关键字能调用在类中实现的 Overridable 方法，并确保调用此类中该方法的实现，而不是调用派生类中重写的方法。对该关键字的说明如下：

- MyClass 是关键字，而不是实对象。MyClass 不能指派给变量，不能传递给过程，也不能在 Is 比较中使用。
- MyClass 引用包含类及其继承成员。
- MyClass 可用作 Shared 成员的修饰符。
- MyClass 无法用在标准模块中。
- MyClass 可用于限定这样的方法，该方法在基类中定义但没有在该类中提供该方法的实现。这种引用的意义与 MyBase.Method 相同。

7.2.3　类的接口

与类一样，接口也定义了一系列属性、方法和事件。但与类不同的是，接口并不提供实现。它们由类来实现，并从类中被定义为单独的实体。

接口表示一种约定，实现接口的类必须严格按其定义来实现接口的每个方面。

有了接口，就可以将功能定义为一些紧密相关成员的小组。可以在不危害现有代码的情况下，开发接口的增强型实现，从而使兼容性问题最小化。也可以在任何时候通过开发附加接口和实现来添加新的功能。

虽然接口实现可以进化，但接口本身一旦被发布就不能再更改。对已发布的接口进行更改会破坏现有的代码。

若把接口视为约定，很明显约定双方都各有其承担的义务。接口的发布者同意不再更改该接口，接口的实现者则同意严格按设计来实现接口。

在 Visual Basic 的早期版本中，可以使用接口，但不能直接创建接口。而现在，可以使用 Interface 语句定义真正的接口，并且可以用 Implements 关键字的改进版本实现接口。

接口定义包含在 Interface 和 End Interface 语句内。在 Interface 语句后面，可以选择添加列出一个或多个被继承接口的 Inherits 语句。在声明中，Inherits 语句必须出现在除注释外的所有其他语句之前。

接口定义中其余的语句应该包括 Event、Sub、Function、Property、Interface、Class、Structure 和 Enum 语句。接口不能包含任何实现代码或与实现代码关联的语句，如 End Sub 或 End Property。

在命名空间中，默认情况下，接口语句为 Friend，但也可以显式声明为 Public 或 Friend。在类、模块、接口和结构中定义的接口默认为 Public，但也可以显式声明为 Public、Friend、Protected 或 Private。

通过为接口添加代码对其进行定义，这些代码以 Interface 关键字及接口名称开始，以 End Interface 语句结束。

例如，下面的代码定义了一个名为 IAsset 的接口：

```
Interface IAsset
End Interface
```

添加定义接口所支持的属性、方法和事件的语句。例如，下面的代码定义了一个函数、一个属性和一个事件：

```
Interface IAsset
    Event ComittedChange(ByVal Success As Boolean)
    Property Division() As String
    Function GetID() As Integer
End Interface
```

接口允许将对象的定义与实现分开，因而是一种功能强大的编程工具。接口继承和类继承各有优缺点，最终可能会在项目中将二者结合使用。

以下是为何使用接口继承而不用类继承的一些其他原因：

- 在应用程序要求很多可能不相关的对象类型以提供某种功能的情况下，接口的适用性更强。
- 接口比基类更灵活，因为可以定义单个实现来实现多个接口。
- 在无需从基类继承实现的情况下，接口更好。
- 在无法使用类继承的情况下接口是很有用的。例如，结构无法从类继承，但它们可以实现接口。

7.2.4　基于继承的多态性

大部分面向对象的编程系统都通过继承提供多态性。基于继承的多态性涉及在基类中定义方法并在派生类中使用新实现重写它们。

例如，可以定义一个类 BaseTax，该类提供计算某个州/省的销售税的基准功能。从 BaseTax 派生的类(如 CountyTax 或 CityTax)可以根据相应的情况实现方法，如 CalculateTax。

多态性来自这样一个事实：可以调用属于从 BaseTax 派生的任何类的某个对象的 CalculateTax 方法，而不必知道该对象属于哪个类。

下面示例中的 TestPoly 过程演示基于继承的多态性：

```
Const StateRate As Double = 0.053
Const CityRate As Double = 0.028
Public Class BaseTax
    Overridable Function CalculateTax(ByVal Amount As Double) As Double
        Return Amount * StateRate
    End Function
End Class

Public Class CityTax
    '该类将调用基类方法并返回值
    Inherits BaseTax
    Private BaseAmount As Double
    Overrides Function CalculateTax(ByVal Amount As Double) As Double
        BaseAmount = MyBase.CalculateTax(Amount)
        Return CityRate * (BaseAmount + Amount) + BaseAmount
    End Function
End Class

Sub TestPoly()
    Dim Item1 As New BaseTax
    Dim Item2 As New CityTax
    ShowTax(Item1, 22.74)
    ShowTax(Item2, 22.74)
End Sub

Sub ShowTax(ByVal Item As BaseTax, ByVal SaleAmount As Double)
    Dim TaxAmount As Double
    TaxAmount = Item.CalculateTax(SaleAmount)
    MsgBox("The tax is: " & Format(TaxAmount, "C"))
End Sub
```

在此示例中，ShowTax 过程接受 BaseTax 类型的名为 Item 的参数，但还可以传递从该 BaseTax 类派生的任何类，如 CityTax。这种设计的优点在于可添加从 BaseTax 类派生的新类，而不用更改 ShowTax 过程中的客户端代码。

7.2.5　基于接口的多态性

接口提供了在 Visual Basic 中实现多态性的另一种方法。接口描述属性和方法的方式与类相似，但与类不同，接口不能提供任何实现。多个接口具有允许软件组件的系统不断发展而又不破坏现有代码的优点。

若要使用接口实现多态性，应在几个类中以不同的方式来实现接口。客户端应用程序可以以完全相同的方式使用旧实现或新实现。基于接口的多态性的优点是，不需要重新编译现有的客户端应用程序就可以使用新的接口实现。

下面的示例定义了名为 Shape2 的接口，该接口在名为 RightTriangleClass2 和

RectangleClass2 的类中实现。名为 ProcessShape2 的过程调用 RightTriangleClass2 或 RectangleClass2 实例的 CalculateArea 方法：

```
Sub TestInterface()
    Dim RectangleObject2 As New RectangleClass2
    Dim RightTriangleObject2 As New RightTriangleClass2
    ProcessShape2(RightTriangleObject2, 3, 14)
    ProcessShape2(RectangleObject2, 3, 5)
End Sub

Sub ProcessShape2(ByVal Shape2 As Shape2, ByVal X As Double, _
 ByVal Y As Double)
    MsgBox("The area of the object is " _
        & Shape2.CalculateArea(X, Y))
End Sub

Public Interface Shape2
    Function CalculateArea(ByVal X As Double, ByVal Y As Double) As Double
End Interface

Public Class RightTriangleClass2
  Implements Shape2
    Function CalculateArea(ByVal X As Double, _
      ByVal Y As Double) As Double Implements Shape2.CalculateArea
        Return 0.5 * (X * Y)
    End Function
End Class

Public Class RectangleClass2
  Implements Shape2
    Function CalculateArea(ByVal X As Double, _
      ByVal Y As Double) As Double Implements Shape2.CalculateArea
        Return X * Y
    End Function
End Class
```

7.2.6　早期绑定和后期绑定

将对象分配给对象变量时，Visual Basic 编译器会执行一个名为 binding 的进程。如果将对象分配给声明为特定对象类型的变量，则该对象为"早期绑定"。早期绑定对象允许编译器在应用程序执行前分配内存以及执行其他优化。例如，下面的代码片段将一个变量声明为 FileStream 类型：

```
Dim FS As System.IO.FileStream
FS = New System.IO.FileStream("C:\tmp.txt", System.IO.FileMode.Open)
```

因为 FileStream 是一种特定的对象类型，所以分配给 FS 的实例是早期绑定。

相反，如果将对象分配给声明为 Object 类型的变量，则该对象为"后期绑定"。这种类型的对象可以存储对任何对象的引用，但没有早期绑定对象的很多优越性。例如，下面的代码段声明一个对象变量来存储由 CreateObject 函数返回的对象：

```
Sub TestLateBinding()
    Dim xlApp As Object
    Dim xlBook As Object
    Dim xlSheet As Object
    xlApp = CreateObject("Excel.Application")
    xlBook = xlApp.Workbooks.Add
    xlSheet = xlBook.Worksheets(1)
    xlSheet.Activate()
    xlSheet.Application.Visible = True
    xlSheet.Cells(2, 2) = "This is column B row 2"
```

```
End Sub
```

下面介绍一下早期绑定的优点。应当尽可能使用早期绑定对象，因为它们允许编译器进行重要优化，从而生成更高效的应用程序。早期绑定对象比后期绑定对象快得多，并且能通过确切声明所用的对象种类使代码更易于阅读和维护。早期绑定的另一个优点是它启用了诸如自动代码完成和动态帮助等有用的功能，这是因为 Visual Studio 集成开发环境可以在编辑代码时准确确定用户所使用的对象类型。由于早期绑定使编译器可以在编译程序时报告错误，所以它减小了运行时错误的数量和严重度。

7.2.7　TypeName 函数、TypeOf...Is 运算符

一般对象变量(即声明为 Object 的变量)可以包含来自任何类的对象。当使用 Object 类型的变量时，可能需要基于对象的类采取不同的操作；例如，有些对象可能不支持特定的属性或方法。Visual Basic 提供了两种方式来确定对象变量中存储的对象类型：TypeName 函数和 TypeOf...Is 运算符。

TypeName 函数返回一个字符串，当需要存储或显示对象的类名时，它是最佳选择，如以下代码片段中所示：

```
Dim Ctrl As Control = New TextBox
MsgBox(TypeName(Ctrl))
```

TypeOf...Is 运算符是测试对象类型的最佳选择，因为它比使用 TypeName 的等效字符串快得多。以下代码片段在 If...Then...Else 语句中使用 TypeOf...Is：

```
If TypeOf Ctrl Is Button Then
    MsgBox("The control is a button.")
End If
```

如果对象属于某一特定类型或是从特定类型派生的，则 TypeOf...Is 运算符会返回 True。用 Visual Basic 所做的几乎每项操作都涉及对象(包括通常不被视为对象的某些元素，例如字符串和整数)。这些对象均从 Object 派生并从其中继承方法。当向 TypeOf...Is 运算符传递一个 Integer 并用 Object 计算它时，它返回 True。

下面的示例报告参数 InParam 既是 Object 也是 Integer：

```
Sub CheckType(ByVal InParam As Object)
    If TypeOf InParam Is Object Then
        MsgBox("InParam is an Object")
    End If
    If TypeOf InParam Is Integer Then
        MsgBox("InParam is an Integer")
    End If
End Sub
```

下面的示例同时使用 TypeOf...Is 和 TypeName 来确定在 Ctrl 参数中传递给它的对象类型，TestObject 过程使用三种不同的控件来调用 ShowType：

```
Sub ShowType(ByVal Ctrl As Object)
    MsgBox(TypeName(Ctrl))
    If TypeOf Ctrl Is Button Then
        MsgBox("The control is a button.")
    ElseIf TypeOf Ctrl Is CheckBox Then
        MsgBox("The control is a check box.")
    Else
        MsgBox("The object is some other type of control.")
    End If
```

```
End Sub

Protected Sub TestObject()
    ShowType(Me.Button1)
    ShowType(Me.CheckBox1)
    ShowType(Me.RadioButton1)
End Sub
```

7.3 实 践 训 练

本章的实践训练部分将分几节来让读者学习，可以把自己的学习时间分配好，按知识点进行上机学习，这样可以有效地巩固已学的知识。

7.3.1 一个简单的控制台应用程序

现在开始编写这个程序，实现该实例功能的具体步骤如下。

(1) 创建应用程序。

在 Windows 桌面选择"开始"→"所有程序"→"Microsoft Visual Studio 2008"→"Microsoft Visual Studio 2008"菜单命令，然后依次单击"文件"→"新建"→"项目"→"Visual Basic"→"控制台应用程序"，单击"确定"按钮，创建新应用程序成功。

在控制台应用程序中可以编写代码，界面如图 7.1 所示。

图 7.1 编写代码的界面

(2) 编写程序代码、建立事件过程：

```
Module Module1

    Sub Main()
        Console.WriteLine("hello world!")
        Console.ReadLine()
    End Sub

End Module
```

(3) 保存并运行项目。

保存了项目后，按下 F5 功能键运行程序，可得到如图 7.2 所示的运行结果。

7.3.2　类的封装

现在开始编写一个类封装的程序，实现该实例功能的具体步骤如下。

(1) 创建应用程序。

选择"开始"→"所有程序"→"Microsoft Visual Studio 2008"→"Microsoft Visual Studio 2008"，然后依次单击"文件"→"新建"→"项目"→"Visual Basic"→"控制台应用程序"，单击"确定"按钮，创建新应用程序成功。

图 7.2　运行结果(简单程序)

在控制台应用程序中编写代码的界面如图 7.3 所示。

图 7.3　编写代码的界面

(2) 编写程序代码、建立事件过程：

```vb
Module Module1
    Class dog
        Public hair, name As String
        Public year As Short
        Public Sub bark()
            Console.WriteLine("我是" + name + "! 我今年" + year + "岁! ")
        End Sub
    End Class
    Sub Main()
        Dim dog1 As New dog
        Dim dog2 As New dog
        dog1.year = 3
        dog1.hair = "白色"
        dog1.name = "小白"
        dog1.bark()
        dog2.year = 5
        dog2.hair = "棕色"
        dog2.name = "淘气"
        dog2.bark()
        Console.ReadLine()
    End Sub
End Module
```

(3) 保存并运行项目。

保存了项目后，按下 F5 功能键运行程序，可得到如图 7.4 所示的运行结果。

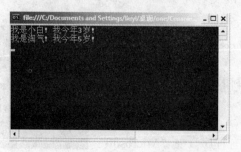

图 7.4　运行结果(使用类封装)

在该例中，用 dog 类创建新的对象，新创建的对象将具有 dog 所封装的数据元素和程序元素。

7.3.3　类的继承

现在开始编写这个使用类继承的程序，实现该实例功能的具体步骤如下。

(1) 创建应用程序。

在 Windows 桌面选择"开始"→"所有程序"→"Microsoft Visual Studio 2008"→"Microsoft Visual Studio 2008"菜单命令，然后选择"文件"→"新建"→"项目"→"Visual Basic"→"控制台应用程序"，单击"确定"按钮，创建新应用程序成功。

在控制台应用程序中编写代码的界面如图 7.5 所示。

图 7.5　编写代码的界面

(2) 编写程序代码、建立事件过程：

```
Class A
    Public Overridable Sub F()
        Console.WriteLine("A.F")
    End Sub
End Class
```

```
Class B Inherits A
    Public Overrides Sub F()
        Console.WriteLine("B.F")
    End Sub
End Class

Class C Inherits B
    Public Overridable Shadows Sub F()
        Console.WriteLine("C.F")
    End Sub
End Class

Class D Inherits C
    Public Overrides Sub F()
        Console.WriteLine("D.F")
    End Sub
End Class

Module Module1

    Sub Main()
        Dim d As New D()
        Dim a As A = d
        Dim b As B = d
        Dim c As C = d
        a.F()
        b.F()
        c.F()
        d.F()
        Console.WriteLine("Press Enter to exit!")
        Console.ReadLine()
    End Sub

End Module
```

(3) 保存并运行项目。

保存了项目后，按下 F5 功能键运行程序，可得到如图 7.6 所示的运行结果。

图 7.6 运行结果(使用类的继承)

本例中，B 继承自 A 类，而 C 又继承自 B 类，D 继承自 C 类，因此 A 是其他所有类的父类。A 类中的 F 方法可以被覆盖。

7.3.4 命名空间的使用

现在开始编写这个使用命名空间的程序，实现该实例功能的具体步骤如下。

(1) 创建应用程序。

在 Windows 桌面选择"开始"→"所有程序"→"Microsoft Visual Studio 2008"→"Microsoft Visual Studio 2008"菜单命令，然后依次单击"文件"→"新建"→"项目"→

"Visual Basic" → "控制台应用程序"，单击"确定"按钮，创建新应用程序成功。
在控制台应用程序中编写代码的界面如图 7.7 所示。

图 7.7　编写代码界面

(2)　编写程序代码、建立事件过程：

```
Namespace nsp1

    Class dog
        Public name As String
        Public Sub bark()
            Console.WriteLine("我是" + name)
        End Sub
    End Class

End Namespace

Namespace nsp2

    Class dog
        Public name As String
        Public Sub bark()
            Console.WriteLine("我是" + name)
        End Sub
    End Class

End Namespace
Module Module1

    Sub Main()
        Dim dog1 As New nsp1.dog()
        Dim dog2 As New nsp2.dog()
        dog1.name = "MM"
        dog2.name = "GG"
        dog1.bark()
        dog2.bark()
        Console.ReadLine()
    End Sub

End Module
```

(3)　保存并运行项目。

保存了项目后，按下 F5 功能键运行程序，可
得到如图 7.8 所示的运行结果。

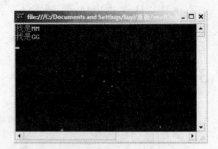

图 7.8　运行结果(使用命名空间)

7.3.5　属性的设置

现在开始编写这个使用属性设置的程序，实现该实例功能的具体步骤如下。

(1) 创建应用程序。

在 Windows 桌面选择"开始"→"所有程序"→"Microsoft Visual Studio 2008"→"Microsoft Visual Studio 2008"菜单命令，然后依次单击"文件"→"新建"→"项目"→"Visual Basic"→"控制台应用程序"，单击"确定"按钮，创建新应用程序成功。

在控制台应用程序中编写代码的界面如图 7.9 所示。

图 7.9　编写代码的界面

(2) 编写程序代码、建立事件过程：

```
Class User
    Private owner As String
    Property name() As String
        Get
            name = owner
        End Get
        Set(ByVal value As String)
            owner = value
        End Set
    End Property
End Class
Module Module1

    Sub Main()
        Dim user As New User
        user.name = "马良"
        Console.WriteLine("Hello!" + user.name + "!")
        Console.ReadLine()
    End Sub

End Module
```

(3) 保存并运行项目。

保存了项目后，按下 F5 功能键运行程序，可得到如图 7.10 所示的运行结果。

本例中 name 为属性的名字，可以自由命名，但要声明属性返回值的数据类型。在设置属性时使用 Set 方法，而读取属性时，则会用到 Get 方法调用数据元素的值并返回给用户。

图 7.10　运行界面(使用属性)

7.3.6 构造函数的使用

现在开始编写这个使用构造函数的程序，实现该实例功能的具体步骤如下。

(1) 创建应用程序。

在 Windows 桌面选择"开始"→"所有程序"→"Microsoft Visual Studio 2008"→"Microsoft Visual Studio 2008"菜单命令，然后依次单击"文件"→"新建"→"项目"→"Visual Basic"→"控制台应用程序"，单击"确定"按钮，创建新应用程序成功。

在控制台应用程序中编写代码的界面如图 7.11 所示。

图 7.11　编写代码的界面

(2) 编写程序代码、建立事件过程：

```vb
Class employee
    Private str_name As String
    Private str_job As String
    Sub New(ByVal name As String, ByVal job As String)
        str_name = name
        str_job = job
    End Sub
    ReadOnly Property name() As String
        Get
            name = str_name
        End Get
    End Property
    ReadOnly Property job() As String
        Get
            job = str_job
        End Get
    End Property
End Class

Module Module1

    Sub Main()
        Dim employee(1) As employee
        employee(0) = New employee("王五", "管理")
        employee(1) = New employee("张三", "财务")
        Console.WriteLine("(0)员工: " + employee(0).name + employee(0).job)
        Console.WriteLine("(1)员工: " + employee(1).name + employee(1).job)
        Console.ReadLine()
    End Sub

End Module
```

(3) 保存并运行项目。

保存了项目后，按下 F5 功能键运行程序，可得到如图 7.12 所示的运行结果。

图 7.12　运行结果(使用构造函数)

本例中，使用 Sub New()构造函数，可以在对象创建的同时完成初始化设置。

7.3.7　Overloads 的使用

现在开始编写这个使用 Overloads 的程序，实现该实例功能的具体步骤如下。

(1) 创建应用程序。

在 Windows 桌面选择"开始"→"所有程序"→"Microsoft Visual Studio 2008"→"Microsoft Visual Studio 2008"菜单命令，然后依次单击"文件"→"新建"→"项目"→"Visual Basic"→"控制台应用程序"，单击"确定"按钮，创建新应用程序成功。

在控制台应用程序中编写代码的界面如图 7.13 所示。

图 7.13　编写代码的界面

(2) 编写程序代码、建立事件过程：

```vb
Imports System

Class Base
    Sub F()
        Console.WriteLine("F")
    End Sub

    Sub F(ByVal i As Integer)
        Console.WriteLine("F(i as integer)")
    End Sub

    Sub G()
        Console.WriteLine("G")
    End Sub

    Sub G(ByVal i As Integer)
        Console.WriteLine("G(i as integer)")
```

```
        End Sub
    End Class

    Class Derived
        Inherits Base
        Overloads Sub F(ByVal i As Integer)
            Console.WriteLine("Derived.F(i as integer)")
        End Sub

        Shadows Sub G(ByVal i As Integer, ByVal j As Integer)
            Console.WriteLine("Derived.G(i as integer)")
        End Sub
    End Class

    Module Module1

        Sub Main()
            Dim x As Derived = New Derived()

            x.F()
            x.F(1)
            x.G(1, 2)
            Console.ReadLine()
        End Sub

    End Module
```

（3）保存并运行项目。

保存了项目后，按下 F5 功能键运行程序，可得到
如图 7.14 所示的运行结果。

图 7.14　运行结果(使用 Overloads)

在本例中 Base 类为基类，Derived 类继承自 Base 类并以 Overloads 的方式改写 F 方法。

7.3.8　Finalize 方法的使用

现在开始编写这个程序，实现该实例功能的具体步骤如下。

（1）创建应用程序。

在 Windows 桌面选择"开始"→"所有程序"→"Microsoft Visual Studio 2008"→
"Microsoft Visual Studio 2008"菜单命令，然后依次单击"文件"→"新建"→"项目"→
"Visual Basic"→"控制台应用程序"，单击"确定"按钮，创建新应用程序成功。

在控制台应用程序中编写代码的界面如图 7.15 所示。

图 7.15　编写代码的界面

(2) 编写程序代码、建立事件过程：

```
Class employee
    Private str_name As String
    Sub New(ByVal name As String)
        str_name = name
        Console.WriteLine("员工" + str_name + "已被建立!")
    End Sub
    Protected Overrides Sub Finalize()
        Console.WriteLine("员工" + str_name + "已被建立!")
        MyBase.Finalize()
    End Sub
End Class

Module Module1

    Sub Main()
        Dim employee1 As New employee("张三")
        employee1 = Nothing
        Dim employee2 As New employee("李四")
        Console.WriteLine("请按 Enter 键......")
        Console.ReadLine()
        GC.Collect()
        Console.WriteLine("请按 Enter 键......")
        Console.ReadLine()
    End Sub

End Module
```

(3) 保存并运行项目。

保存了项目后，按下 F5 功能键运行程序，可得到如图 7.16 所示的运行结果。

图 7.16　运行结果(使用 Finalize 方法)

由于 Visual Basic .NET 中并不允许直接编写构造函数，在对象被取消时，如果有必须要执行的动作，这时可以使用 Finalize()方法。

7.3.9　Overrides 方法的使用

现在开始编写这个使用 Overrides 方法的程序，实现该实例功能的具体步骤如下。

(1) 创建应用程序。

在 Windows 桌面选择"开始"→"所有程序"→"Microsoft Visual Studio 2008"→"Microsoft Visual Studio 2008"菜单命令，然后依次单击"文件"→"新建"→"项目"→"Visual Basic"→"控制台应用程序"，单击"确定"按钮，创建新应用程序成功。

在控制台应用程序中编写代码的界面如图 7.17 所示。

图 7.17　编写代码的界面

(2)　编写程序代码、建立事件过程：

```vb
Class employee1
    Overridable Sub pay(ByVal hours As Integer)
        Console.WriteLine("试用期员工薪金：" + (hours * 100).ToString())
    End Sub
End Class

Class employee2
  Inherits employee1
    Public Overrides Sub pay(ByVal hours As Integer)
        Console.WriteLine("正式员工薪金：" + (hours * 140).ToString())
    End Sub
End Class

Module Module1

    Sub Main()
    Dim employee1 As New employee1
    Dim employee2 As New employee2
    employee1.pay(10)
    employee2.pay(10)
    Console.ReadLine()
    End Sub

End Module
```

(3)　保存并运行项目。

保存了项目后，按下 F5 功能键运行程序，可得到如图 7.18 所示的运行结果。

本例中使用Overrides重载从employee1类继承来的方法。

图 7.18　运行结果(使用 Overrides)

7.3.10　抽象类的使用

现在开始编写这个使用抽象类的程序，实现该实例功能的具体步骤如下。

(1)　创建应用程序。

在 Windows 桌面选择"开始"→"所有程序"→"Microsoft Visual Studio 2008"→"Microsoft Visual Studio 2008"菜单命令，然后依次单击"文件"→"新建"→"项目"→

"Visual Basic"→"控制台应用程序"，单击"确定"按钮，创建新应用程序成功。

在控制台应用程序中编写代码的界面如图 7.19 所示。

图 7.19　编写代码的界面

(2)　编写程序代码、建立事件过程：

```
MustInherit Class car
    MustOverride Sub speed()
    MustOverride Sub turbo()
End Class

Class car1
    Inherits car
    Public Overrides Sub speed()
        Console.WriteLine("最高时速 100 公里!")
    End Sub

    Public Overrides Sub turbo()
        Console.WriteLine("爆发时速 120 公里!")
    End Sub
End Class

Module Module1

    Sub Main()
        Dim car As New car1()
        car.speed()
        car.turbo()
        Console.ReadLine()
    End Sub
End Module
```

(3)　保存并运行项目。

保存了项目后，按下 F5 功能键运行程序，可得到如图 7.20 所示的运行结果。

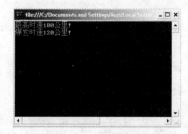

图 7.20　运行结果(使用抽象类)

本例中由于 car 为抽象类，不能直接用它来生成对象实例，而只能以继承的方式使用这个类，然后用 Overrides 重载从 car 类中继承来的方法。

7.3.11　接口的使用

现在开始编写这个程序，实现该实例功能的具体步骤如下。

（1）创建应用程序。

在 Windows 桌面选择"开始"→"所有程序"→"Microsoft Visual Studio 2008"→"Microsoft Visual Studio 2008"菜单命令，然后依次单击"文件"→"新建"→"项目"→"Visual Basic"→"控制台应用程序"，单击"确定"按钮，创建新应用程序成功。

在控制台应用程序中编写代码的界面如图 7.21 所示。

图 7.21　编写代码的界面

（2）编写程序代码、建立事件过程：

```vb
Interface iface1
    Sub IntroMe(ByVal name As String)
    Sub SaySomething()
End Interface

Interface iface2
  Inherits iface1
    Overloads Sub IntroMe(ByVal name As String, ByVal age As Integer)
End Interface

Class cls1
  Implements iface1
    Private Myname As String
    Public Sub IntroMe(ByVal name As String) Implements iface1.IntroMe
        Myname = name
    End Sub

    Public Sub SaySomething() Implements iface1.SaySomething
        Console.WriteLine("Hello! " + Myname + "!")
    End Sub
End Class

Class cls2
  Implements iface1, iface2
    Private Nickname As String
    Private Myname As String
    Private Myage As Integer
    Public Sub introMe(ByVal name As String) Implements iface1.IntroMe
        Nickname = name
    End Sub
```

```
Public Sub SaySomething() Implements iface1.SaySomething
    Console.WriteLine("绰号:  " + Nickname)
    Console.WriteLine("Hello! " + Myname + "! "
                    + "您今年" + Myage.ToString() + "岁!")
End Sub

Public Sub IntroMe(ByVal name As String, ByVal age As Integer)
  Implements iface2.IntroMe
    Myname = name
    Myage = age
End Sub
End Class

Module Module1

    Sub Main()
        Dim obj1 As New cls1
        Dim obj2 As New cls2
        obj1.IntroMe("姜坤")
        obj1.SaySomething()
        obj2.introMe("王力行")
        obj2.introMe("姜坤", 34)
        obj2.SaySomething()
        Console.ReadLine()
    End Sub

End Module
```

(3) 保存并运行项目。

保存了项目后，按下 F5 功能键运行程序，可得到如图 7.22 所示的运行结果。

图 7.22　运行结果(使用接口)

接口与抽象类的区别在于：接口中只能有程序，而抽象类中可以同时拥有数据和程序。

7.4　习　　题

1. 填空题

(1) OOP 实现了软件工程的三个主要目标: ＿＿＿＿、＿＿＿＿和＿＿＿＿。

(2) 面向对象的三个基本特征是＿＿＿＿、＿＿＿＿、＿＿＿＿。

(3) 多态性是允许＿＿＿＿＿＿＿＿＿＿＿＿＿＿＿＿＿＿＿＿＿＿＿＿＿＿

＿＿＿＿＿＿＿＿＿＿＿＿＿＿＿＿＿＿。

(4) ＿＿＿＿＿，是指子类重新定义父类的虚函数的做法。

(5) 重载，是指允许＿＿＿＿＿＿＿＿＿＿＿＿＿＿＿＿＿＿＿＿＿＿＿。

2. 选择题

(1) 类包含以下＿＿＿＿＿成员。

　　A. 字段

B. 属性

    C. 方法

    D. 事件

(2) 用于控制如何重写属性和方法的修饰符有_____。

    A. Overridable

    B. Overrides

    C. NotOverridable

    D. MustOverride

(3) OOP 主要有以下_____概念。

    A. 抽象性

    B. 封装

    C. 多态性

    D. 继承性

(4) 继承概念的实现方式有_____。

    A. 实现继承

    B. 接口继承

    C. 可视继承

    D. 唯一继承

    E. 多重继承

3．判断题

(1) 继承可以使用现有类的所有功能，并在无需重新编写原来的类的情况下对这些功能进行扩展。　　　　　　　　　　　　　　　　　　　　　　　　（　　）

(2) 接口继承是指使用基类的属性和方法而无需额外编码的能力。　　　　（　　）

(3) 实现多态有两种方式：覆盖和重载。　　　　　　　　　　　　　　　（　　）

(4) Get 属性过程用于返回属性值。　　　　　　　　　　　　　　　　　（　　）

(5) 事件是对象从其他对象或应用程序接收的通知，或者是对象传输到其他对象或应用程序的通知。　　　　　　　　　　　　　　　　　　　　　　　　（　　）

4．简答题

(1) 面向对象的特征是什么？

(2) 简单描述类成员的作用。

(3) 什么是"构造函数"？。

(4) MyBase 关键字的作用是什么？

5．操作题

(1) 编写一个程序实现类的继承。

(2) 编写一个程序熟悉接口的使用。

第 8 章　Windows 应用程序

教学提示：本章开始向读者介绍 Windows 应用程序的开发。即常见的 Windows 窗体程序。主要介绍窗体程序中常用的控件，并且结合本章后面的实例让读者对 Windows 应用程序开发有更加深入的了解。

教学目标：要求熟练掌握本章知识点，并在编写程序时可以熟练应用。

8.1　Windows 应用程序的结构

Visual Studio .NET 集成开发环境是围绕.NET 框架构建的，该框架提供了一个有条理的、面向对象的、可扩展的类集，它使用户得以开发丰富的 Windows 应用程序。通过使用 Windows 窗体设计器来设计窗体，用户就可以着手创建传统的 Windows 应用程序和客户/服务器应用程序。用户可对窗体指定某些特性并在其上放置控件，然后编写代码，以增加控件和窗体的功能，还可以从其他窗体中继承。

对于 Windows 程序开发，就像普通的终端程序一样，用户可以在普通的文本编辑器(如记事本程序)中手动创建、调用.NET 方法和类，然后在命令行编译应用程序，并分发产生的可执行程序。而最普遍的 Windows 应用程序开发方法是使用 Visual Studio .NET。使用 Visual Studio .NET 创建 Windows 应用程序实质上创建的是与手动创建的应用程序相同的应用程序。但是 Visual Studio .NET 提供的工具使应用程序的开发更快、更容易和更可靠。

这些工具包括：

- 带有可拖放控件的 Windows 窗体可视化设计器。
- 包含语句结束、语法检查和其他智能感知功能的识别代码编辑器。
- 集成的编译和调试。
- 用于创建和管理应用程序文件的项目管理工具。

这些功能类似于以前版本的 Visual Basic 和 Visual C++中的功能，但 Visual Studio .NET 进一步扩展了这些功能，以便为开发 Windows 应用程序提供良好的环境。典型的 Windows 窗体程序通常包括窗体(Forms)、控件(Controls)和相应的事件(Events)。后面将会编写一些简单的 Windows 应用程序，并通过这个过程来了解 Windows 应用程序的一般开发过程。

8.2　窗 体 控 件

窗体控件是 Windows 应用程序中必不可少的一种控件，可以将它理解为一个容器，是其他功能控件的载体，可以将它理解为是所有 Windows 控件活动的场所，而且这些控件只能在这个场所中运行。

8.2.1 窗体概述

Windows 窗体是用于 Microsoft Windows 应用程序开发的、基于 .NET Framework 的新平台。此框架提供一个有条理的、面向对象的、可扩展的类集，它使用户得以开发丰富的 Windows 应用程序。另外，Windows 窗体可作为多层分布式解决方案中的本地用户界面。窗体是一小块屏幕区域，通常为矩形，可用来向用户显示信息并接受用户的输入。窗体可以是标准窗口、多文档界面(MDI)窗口、对话框或图形化例程的显示表面。定义窗体的用户界面的最简单方法是将控件放在其表面上。窗体是对象，这些对象公开定义其外观的属性、定义其行为的方法以及定义其与用户的交互的事件。通过设置窗体的属性以及编写响应其事件的代码，可自定义该对象以满足应用程序的要求。

与 .NET 框架中的所有对象一样，窗体是类的实例。用 Windows 窗体设计器创建的窗体是类，当在运行时显示窗体的实例时，此类是用来创建窗体的模板。框架还使用户得以从现有窗体继承，以便添加功能或修改现有的行为。当向项目添加窗体时，可选择是从框架提供的 Form 类继承还是从以前创建的窗体继承。另外，窗体也是控件，因为它们从 Control 类继承。在 Windows 窗体项目内，窗体是用户交互的主要载体。通过组合不同控件集和编写代码，可从用户得到信息并响应该信息，可使用现有数据存储，还可以查询数据并将结果写回到用户本地计算机上的文件系统和注册表中。虽然完全可以在代码编辑器中创建窗体，但使用 Windows 窗体设计器创建和修改窗体更为简单。

8.2.2 多文档界面设计

在多文档界面应用程序中，界面的特征是主窗口里通常包含着若干个子窗口，子窗口使用相同的菜单和工具栏。多文档界面应用程序可以同时显示多个文档，每个文档显示在各自的窗口中。多文档界面应用程序中常包含"窗口"菜单项，用于在窗口或文档之间进行切换。因此，如果应用程序中包含"窗口"菜单且该菜单中有用于在窗口或文档之间进行切换的命令，就可以认为该应用程序是一个多文档界面应用程序。

创建多文档界面应用程序包括创建 MDI 父窗体和 MDI 子窗体两个过程。下面通过创建一个简单的多文档界面应用程序来介绍多文档界面设计。

1. 创建 MDI 父窗体

多文档界面应用程序的基础是 MDI 父窗体。父窗体是包含 MDI 子窗口的窗体，而子窗口是用户与 MDI 应用程序进行交互的副窗口。创建一个 MDI 父窗口可以按照如下步骤进行。

(1) 创建一个 Windows 应用程序。可以在"起始页"中或者在"文件"菜单中选择相应命令来创建。

(2) 在"属性"窗口中，将 Form1 窗体控件的 Text 属性设置为"多文档界面程序"，将 IsMdiContainer 属性设置为 True，从而将该窗体指定为子窗口的 MDI 容器，即父窗体。

因为当父窗体最大化时操作 MDI 子窗口最为容易，所以也可以将 WindowState 属性设置为 Maxmized。本例中仍保留默认值 Normal。另外 MDI 父窗体的边缘将采用在 Windows 系统控制面板中设置的系统颜色，而不采用 Control.BackColor 属性设置的背景色。

(3) 将菜单(MainMenu)控件从"工具箱"拖到窗体上，如图 8.1 所示。

在图 8.1 中，在显示"请在此处键入"占位符的位置输入"文件(&F)"，以创建一个名为"文件"的顶级菜单项。其中，在字母前加上符号"&"可以使该字母成为所在菜单项的热键，这样用户就可以通过按下 Alt 键再按热键的方式来选定菜单项了。然后按 Enter 键或者用鼠标移动到下一个"请在此处键入"占位符，继续输入"文件"菜单所包含的子菜单项。本例要求分别输入"新建(&N)"和"关闭(&C)"以建立"新建"和"关闭"两个子菜单项。

单击"文件"菜单项右侧的"请在此处键入"占位符，输入"窗口(&W)"以建立一个名为"窗口"的顶级菜单项。"文件"菜单将在运行时创建并隐藏菜单项，而"窗口"菜单将跟踪打开的 MDI 子窗口。至此，一个 MDI 父窗口已经成功创建。按 F5 键运行该应用程序，运行界面如图 8.2 所示。

图 8.1　拖入菜单组件

图 8.2　带有菜单的主窗口

2. 创建 MDI 子窗体

多文档界面应用程序的基本元素是 MDI 子窗体，因为它们是用户交互的中心。下面创建富文本编辑控件(RichTextBox)的 MDI 子窗体，该子窗体类似于大多数字处理应用程序。如果将编辑控件替换为其他控件，就可以创建各种可能的 MDI 子窗口并进一步扩展为 MDI 应用程序。创建 MDI 子窗体的具体步骤如下。

(1) 在前面创建的父窗体中选择"窗口(&W)"菜单项中的各项，然后将 CheckOnClick 属性设置为 True，以使"窗口"菜单能够维护打开的 MDI 子窗口的列表，即在活动子窗口旁添加一个复选标记。

(2) 在"解决方案资源管理器"中，右击本项目，指向"添加"，然后单击"Windows 窗体"以打开"添加新项"对话框。在"模板"窗格选择"Windows 窗体"，在"名称"框中，命名窗体为 Form2，如图 8.3 所示。

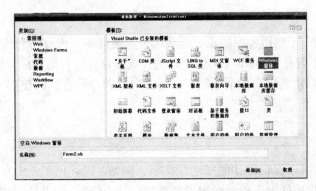
图 8.3　"添加新项"对话框

(3) 单击"添加"按钮将 Form2 窗体添加到项目中,它将作为 MDI 子窗体的模板。

(4) 将 Form2 的 Text 属性设置为"未命名文档"。

(5) 在 Form2 窗体中将富文本控件(RichTextBox)从"工具箱"拖到窗体上,并将其 Text 属性设置为空,Anchor 属性设置为"Top, Left",Dock 属性设置为"Fill",并将 Multiline 属性设置为 True。这样即使调整 MDI 子窗体的大小,编辑控件也会完全填充该窗体的区域。MDI 子窗体如图 8.4 所示。

(6) 为"新建"菜单项创建 Click 事件处理程序。在父窗体中双击"新建"菜单项切换到代码编辑器,插入下列代码:

```
Public Class Form1
    Private Sub 新建NToolStripMenuItem_Click(ByVal sender As System.Object,
    ByVal e As System.EventArgs) Handles 新建NToolStripMenuItem.Click
        Dim newMdiChild As New Form2
        newMdiChild.MdiParent = Me
        newMdiChild.Show()
    End Sub
End Class
```

上述代码在用户单击"新建"菜单项时创建新的 MDI 子窗体。

现在,整个 MDI 应用程序已创建完成。按 F5 键运行该应用程序,并在"文件"菜单中选择"新建"命令以创建新的 MDI 子窗体,如图 8.5 所示。

图 8.4   MDI 子窗体

图 8.5   多文档界面程序

8.3   常用控件介绍

控件作为 Windows 应用程序的重要组成部分,通过本节内容将向读者详细介绍窗体中常用控件的使用。不管是 Windows 窗体控件的外观还是其拥有的功能,都可说与 Web 应用程序中使用的控件非常类似,甚至相同,下面就向读者介绍它们的使用。

8.3.1   标签

Label 控件通常用于提供控件的描述性文字。例如,可使用 Label 为 TextBox 控件添加描述性文字,以便将控件中所需的数据类型通知用户。Label 控件还可用于为 Form 添加描述性文字，以便为用户提供有帮助作用的信息。例如，可将 Label 添加到 Form 的顶部，为用户提供关于如何将数据输入窗体上的控件中的说明。Label 控件还可用于显示有关应用程序状态的运行时信息。例如，可将 Label 控件添加到窗体，以便在处理一列文件时显示每个文件的状态。

Label 参与窗体的 Tab 键排序，但不接收焦点(Tab 键顺序中的下一个控件接收焦点)。例如，如果 UseMnemonic 属性设置为 true，并且在控件的 Text 属性中指定助记键字符(and符(&)之后的第一个字符)，则当用户按下"Alt+助记键"时，焦点移动到 Tab 键顺序中的下一个控件。该功能为窗体提供键盘导航。除了显示文本外，Label 控件还可使用 Image 属性显示图像，或使用 ImageIndex 和 ImageList 属性组合显示图像，如图 8.6 所示。

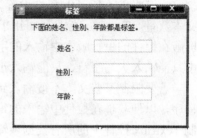

图 8.6　使用 Label 控件

8.3.2　按钮

Windows 窗体 Button 控件允许用户通过单击来执行操作。Button 控件既可以显示文本，又可以显示图像。当该按钮被单击时，它看起来像是被按下，然后被释放。每当用户单击按钮时，即调用 Click 事件处理程序。可将代码放入 Click 事件处理程序来执行所选择的任意操作。

按钮上显示的文本包含在 Text 属性中。如果文本超出按钮宽度，则换到下一行。但是，如果控件无法容纳文本的总体高度，则将剪裁文本。Text 属性可以包含访问键，允许用户通过同时按 Alt 键和访问键来"单击"控件。文本的外观受 Font 属性和 TextAlign 属性控制。Button 控件还可以使用 Image 和 ImageList 属性来显示图像。

如果某个 Button 具有焦点，则可以使用鼠标、Enter 键或空格键单击该按钮。设置 Form 的 AcceptButton 或 CancelButton 属性，使用户能够通过按 Enter 或 Esc 键来单击按钮(即使该按钮没有焦点)。这使该窗体具有对话框的行为。当使用 ShowDialog 方法显示一个窗体时，可以使用按钮的 DialogResult 属性指定 ShowDialog 的返回值。可以更改按钮的外观。例如，要使它显示为 Web 风格的平面外观，将 FlatStyle 属性设置为 FlatStyle.Flat。FlatStyle 属性还可设置为 FlatStyle.Popup；当鼠标指针经过该按钮时，它不再是平面外观，而是将呈现标准的 Windows 按钮外观。

8.3.3　文本框

Windows 窗体文本框用于获取用户输入或显示文本。TextBox 控件通常用于可编辑文本，不过也可使其成为只读控件。文本框可以显示多个行，对文本换行使其符合控件的大小以及添加基本的格式设置。TextBox 控件为在该控件中显示的或输入的文本提供一种格式化样式。若要显示多种类型的带格式文本，使用 RichTextBox 控件。控件显示的文本包含在 Text 属性中。默认情况下，最多可在一个文本框中输入 2048 个字符。如果将 Multiline 属性设置为 True，则最多可输入 32KB 的文本。Text 属性可以在设计时使用"属性"窗口设置，在运行时用代码设置，或者在运行时通过用户输入来设置。可以在运行时通过读取 Text 属性来检索文本框的当前内容。

使用 TextBox 控件，用户可以在应用程序中输入文本。此控件具有标准 Windows 文本框控件所没有的附加功能，包括多行编辑和密码字符屏蔽。

通常，TextBox 控件用于显示单行文本或将单行文本作为输入来接受。但是可以使用 Multiline 和 ScrollBars 属性，从而能够显示或输入多行文本。通过将 AcceptsTab 和 AcceptsReturn 属性设置为 True，可在多行 TextBox 控件中更加灵活地操作文本。

通过将 MaxLength 属性设置为一个特定的字符数，可以限制输入到 TextBox 控件中的文本数量。TextBox 控件还可用于接受密码和其他敏感信息。可以使用 PasswordChar 属性屏蔽在控件的单行版本中输入的字符。使用 CharacterCasing 属性可使用户在 TextBox 控件中只能输入大写字符、只能输入小写字符，或者输入大小写字符的组合。

若要限制某些文本不被输入到 TextBox 控件，可以为 KeyDown 事件创建一个事件处理程序，以便验证在控件中输入的每个字符。也可以通过将 ReadOnly 属性设置为 True 来限制 TextBox 控件中的所有数据项输入。

8.3.4　单选按钮

Windows 窗体的 RadioButton 控件为用户提供由两个或多个互斥选项组成的选项集。虽然单选按钮(又称单选框)与复选框看似功能类似，却存在重要差异——当用户选择某单选按钮时，同一组中的其他单选按钮不能同时选定。相反，却可以选择任意数目的复选框。定义单选按钮组将告诉用户：“这里有一组选项，用户可以从中选择一个且只能选择一个”。

当单击 RadioButton 控件时，其 Checked 属性设置为 True，并且调用 Click 事件处理程序。当 Checked 属性的值更改时，将引发 CheckedChanged 事件。如果 AutoCheck 属性设置为 True(默认值)，则当选择单选按钮时，将自动清除该组中的所有其他单选按钮的选中状态。

通常仅当使用验证代码确保选定的单选按钮是允许的选项时，才将该属性设置为 False。控件内显示的文本使用 Text 属性进行设置，该属性可以包含访问键快捷方式。访问键允许用户通过按 Alt 键和访问键来“单击”控件。

如果 Appearance 属性设置为 Button，则 RadioButton 控件的显示与命令按钮相似，选中时会显示为按下状态。通过使用 Image 和 ImageList 属性，单选按钮还可以显示图像。

RadioButton 控件可以显示文本、Image 或同时显示两者。当用户选择一个组内的一个单选按钮时，其他选项按钮将自动清除。给定容器(如 Form)中的所有 RadioButton 控件构成一个组。若要在一个窗体上创建多个组，应将每个组放在它自己的容器(例如 GroupBox 或 Panel 控件)中。

RadioButton 和 CheckBox 控件的功能相似：它们提供用户可以选择或清除的选项。不同之处在于，可以同时选定多个 CheckBox 控件，而选项按钮却是互相排斥的。

使用 Checked 属性可以获取或设置 RadioButton 的状态。通过设置 Appearance 属性，可以将选项按钮的外观显示为切换式按钮或标准选项按钮。如图 8.7 所示。

图 8.7　单选按钮(选项按钮)

8.3.5　复选框

Windows 窗体的 CheckBox 控件指示某特定条件是打开的还是关闭的。它常用于为用户提供"是/否"或"真/假"选项。可以成组使用复选框(CheckBox)控件以显示多重选项,用户可以从中选择一项或多项。

复选框(CheckBox)控件与单选按钮(RadioButton)控件的相似之处在于,它们都用于指示用户所选的选项。不同之处在于,在单选按钮组中,一次只能选择一个单选按钮。但是对于复选框(CheckBox)控件,则可以选择任意数量的复选框。

复选框可以使用简单数据绑定连接到数据库中的元素。多个复选框可以使用 GroupBox 控件进行分组。这对于可视外观以及用户界面设计很有用,因为成组的控件可以在窗体设计器上一起移动。

CheckBox 控件有两个重要属性:Checked 和 CheckState。Checked 属性返回 True 或 False。CheckState 属性返回 Checked 或 Unchecked;如果 ThreeState 属性被设置为 True,则 CheckState 还可能返回 Indeterminate。处于不确定状态时,该框会显示为灰色外观,指示该选项不可用。

使用 CheckBox 可为用户提供一项选择,如"真/假"或"是/否"。该 CheckBox 控件可以显示一个图像或文本,或两者都显示。

CheckBox 与 RadioButton 控件拥有一个相似的功能:允许用户从选项列表中进行选择。CheckBox 控件允许用户选择一组选项。与之相反,RadioButton 控件允许用户从互相排斥的选项中进行选择。

Appearance 属性确定 CheckBox 显示为常见的 CheckBox 还是显示为按钮。

ThreeState 属性确定该控件是支持两种状态还是三种状态。使用 Checked 属性可以获取或设置具有两种状态的 CheckBox 控件的值,而使用 CheckState 属性可以获取或设置具有三种状态的 CheckBox 控件的值。

> **注意**:如果将 ThreeState 属性设置为 True,则 Checked 属性将为已选中或不确定状态返回 True。

FlatStyle 属性确定控件的样式和外观。如果 FlatStyle 属性设置为 FlatStyle.System,则控件的外观由用户的操作系统确定。

> **注意**:当 FlatStyle 属性设置为 FlatStyle.System 时,将忽略 CheckAlign 属性,并将使用 ContentAlignment.MiddleLeft 或 ContentAlignment.MiddleRight 对齐方式显示控件。如果 CheckAlign 属性设置为右对齐方式之一,则会使用 ContentAlignment.MiddleRight 对齐方式显示控件;否则使用 ContentAlignment.MiddleLeft 对齐方式显示控件。

下面描述一种不确定状态:有一个用于确定 RichTextBox 中选定的文本是否为粗体的 CheckBox。选择文本时,用户可以单击 CheckBox 以将选定文本变成粗体。同样,选择一些文本时,CheckBox 将显示选定的文本是否为粗体。如果选定的文本包含粗体和常规文本,则 CheckBox 将处于不确定状态,如图 8.8 所示。

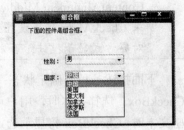

图 8.8　复选框

8.3.6　组合框

Windows 窗体 ComboBox 控件用于在下拉组合框中显示数据。默认情况下，ComboBox 控件分两个部分显示：顶部是一个允许用户键入列表项的文本框。第二部分是一个列表框，它显示一个项列表，用户可以从中选择一项。

SelectedIndex 属性返回一个整数值，该值与选择的列表项相对应。通过在代码中更改 SelectedIndex 值，可以编程方式更改选择项；列表中的相应项将出现在组合框的文本框部分。如果未选择任何项，则 SelectedIndex 的值为-1。如果选择列表中的第一项，则 SelectedIndex 值为 0。SelectedItem 属性与 SelectedIndex 类似，但它返回项本身，通常是一个字符串值。Count 属性反映列表的项数，由于 SelectedIndex 是从零开始的，所以 Count 属性的值通常比 SelectedIndex 的最大可能值大 1。

若要在 ComboBox 控件中添加或删除项，使用 Add、Insert、Clear 或 Remove 方法。或者，可以在设计器中使用 Items 属性向列表添加项。

ComboBox 显示与一个 ListBox 组合的文本框编辑字段，使用户可以从列表中选择项，也可以输入新文本。ComboBox 的默认行为是显示一个编辑字段，该字段具有一个隐藏的下拉列表。DropDownStyle 属性确定要显示的组合框的样式。可以输入一个值，该值提供以下功能：简单的下拉列表(始终显示列表)、下拉列表框(文本部分不可编辑，并且必须选择一个箭头才能查看下拉列表框)或默认下拉列表框(文本部分可编辑，并且用户必须按箭头键才能查看列表)。若要显示用户不能编辑的列表，应使用 ListBox 控件。

若要在运行时向列表添加对象，可用 AddRange 方法分配一个对象引用数组。然后，列表显示每个对象的默认字符串值。可以用 Add 方法添加单个对象。

除了显示和选择功能外，ComboBox 还提供一些功能，使用户得以有效地将项添加到 ComboBox 中以及在列表的项内查找文本。使用 BeginUpdate 和 EndUpdate 方法，可以将大量项添加到 ComboBox 中，而无需在每次将一个项添加到列表中时都重新绘制该控件。FindString 和 FindStringExact 方法使用户得以在列表中搜索包含特定搜索字符串的项。

可以使用这些属性管理列表中当前选定的项，使用 Text 属性指定编辑字段中显示的字符串，使用 SelectedIndex 属性获取或设置当前项，以及使用 SelectedItem 属性获取或设置对对象的引用。

如图 8.9 所示为组合框。

图 8.9　组合框

> **注意**：如果在基窗体中有一个 ListBox、ComboBox 或 CheckedListBox，并且要在派生窗体中修改这些控件的字符串集合，则基窗体中的这些控件的字符串集合必须是空的。如果字符串集合不为空，则当派生其他窗体时，它们将成为只读字符串集合。

8.3.7 列表框

Windows 窗体的 CheckedListBox 控件扩展了 ListBox 控件，如图 8.10 所示。它几乎能完成列表框可以完成的所有任务，并且还可以在列表中的项旁边显示复选标记。

两种控件间的其他差异在于，复选列表框只支持 System.Windows.Forms.DrawMode.Normal。注意选定的项在窗体上突出显示，与已选中的项不同。

可以使用"字符串集合编辑器"在运行时为复选列表框添加项，也可以使用 Items 属性在运行时从集合动态地添加项。

图 8.10 列表框

该控件提供一个项列表，用户可以使用键盘或控件右侧的滚动条定位该列表。用户可以在一项或多项旁边放置选中的标记，并且可以通过 CheckedListBox.CheckedItemCollection 和 CheckedListBox.CheckedIndexCollection 浏览选中的项。

若要在运行时向列表添加对象，用 AddRange 方法分配一个对象引用数组。然后，列表显示每个对象的默认字符串值。可以用 Add 方法向列表添加单个项。

CheckedListBox 对象通过 CheckState 枚举支持三种状态：Checked、Indeterminate 和 Unchecked。必须在代码中设置 Indeterminate 状态，因为 CheckedListBox 的用户界面未提供这样操作的机制。

如果 UseTabStops 为 True，CheckedListBox 将在某项的文本中识别并扩展制表符，从而创建列。但是，制表位已预设，无法进行更改。

8.3.8 进度条

Windows 窗体的 ProgressBar 控件通过在水平条中显示适当数目的矩形来指示进程的进度，如图 8.11 所示。进程完成时，进度栏被填满。进度栏通常用于帮助用户了解等待一项进程(如加载大文件)完成所需的时间。

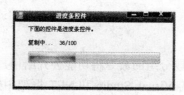

图 8.11 进度条

ProgressBar 控件的主要属性有 Value、Minimum 和 Maximum。Minimum 和 Maximum 属性设置进度栏可以显示的最大值和最小值。Value 属性表示操作过程中已完成的进度。因为控件中显示的进度栏由块构成，所以 ProgressBar 控件显示的值只是约等于 Value 属性的当前值。根据 ProgressBar 控件的大小，Value 属性确定何时显示下一个块。

更新当前进度值的最常用方法是编写代码来设置 Value 属性。在加载大文件的例子中，可将最大值设置为以 KB 为单位的文件大小。例如，如果 Maximum 属性设置为 100、Minimum 属性设置为 10 并且 Value 属性设置为 50，则将显示 5 个矩形。这是可以显示的数目的一半。

但是，除直接设置 Value 属性外，还有其他方法可以修改 ProgressBar 控件显示的值。Step 属性可以用于指定 Value 属性递增的值。然后，调用 PerformStep 方法来递增该值。若要更改增量值，用户可以使用 Increment 方法并指定 Value 属性递增的值。

另一个以图形方式使用户了解当前操作情况的控件是 StatusBar 控件。

StatusStrip 和 ToolStripStatusLabel 控件替换了 StatusBar 和 StatusBarPanel 控件并添加了功能；但是也可选择保留 StatusBar 和 StatusBarPanel 控件以备向后兼容和将来使用。

ProgressBar 控件以如下三种样式中的一种指示较长操作的进度：

- 从左向右分步递增的分段块。
- 从左向右填充的连续栏。
- 以字幕方式在 ProgressBar 中滚动的块。

Style 属性确定显示的 ProgressBar 的样式。ProgressBar 控件通常在应用程序执行诸如复制文件或打印文档等任务时使用。如果没有视觉提示，应用程序的用户可能会认为应用程序不响应。通过在应用程序中使用 ProgressBar，可以警告用户应用程序正在执行冗长的任务且应用程序仍在响应。

Maximum 和 Minimum 属性定义了两个值的范围，用以表现任务的进度。Minimum 属性通常设置为 0，Maximum 属性通常设置为指示任务完成的值。例如，若要正确显示复制一组文件时的进度，Maximum 属性应设置成要复制的文件的总数。

Value 属性表示应用程序在完成操作的过程中的进度。ProgressBar 显示的值仅仅是近似于 Value 属性的当前值。根据 ProgressBar 的大小，Value 属性确定何时显示下一个块或增加栏大小。

除了直接更改 Value 属性之外，还有许多方式可以修改由 ProgressBar 显示的值。可以使用 Step 属性指定一个特定值，用以逐次递增 Value 属性的值，然后调用 PerformStep 方法来使该值递增。若要更改增量值，可以使用 Increment 方法并指定一个用来递增 Value 属性的值。

8.3.9　菜单

菜单通过存放按照一般主题分组的命令将功能公开给用户。

MenuStrip 控件是此版本的 Visual Studio 和.NET 框架中的新功能。使用该控件，可以轻松地创建 Microsoft Office 中那样的菜单。

MenuStrip 控件支持多文档界面(MDI)和菜单合并、工具提示和溢出。用户可以通过添加访问键、快捷键、选中标记、图像和分隔条,来增强菜单的可用性和可读性。

MenuStrip 控件取代了 MainMenu 控件并向其中添加了功能;但是也可选择保留 MainMenu 控件以备向后兼容和将来使用。

使用 MenuStrip 控件可以:

- 创建支持高级用户界面和布局功能的易自定义的常用菜单,例如文本/图像排序和对齐、拖放操作、MDI、溢出和访问菜单命令的其他模式。
- 支持操作系统的典型外观和行为。
- 对所有容器和包含的项进行事件的一致性处理,处理方式与其他控件的事件相同。

表 8.1 显示了 MenuStrip 和关联类的一些特别重要的属性。

表 8.1　MenuStrip 和关联类的重要属性

属　　性	说　　明
MdiWindowListItem	获取或设置用于显示 MDI 子窗体列表的 ToolStripMenuItem
System.Windows.Forms.ToolStripItem.MergeAction	获取或设置 MDI 应用程序中子菜单与父菜单合并的方式
System.Windows.Forms.ToolStripItem.MergeIndex	获取或设置 MDI 应用程序的菜单中合并项的位置
System.Windows.Forms.Form.IsMdiContainer	获取或设置一个值,该值指示窗体是否为 MDI 子窗体的容器
ShowItemToolTips	获取或设置一个值,该值指示是否为 MenuStrip 显示工具提示
CanOverflow	获取或设置一个值,该值指示 MenuStrip 是否支持溢出功能
ShortcutKeys	获取或设置与 ToolStripMenuItem 关联的快捷键
ShowShortcutKeys	获取或设置一个值,该值指示与 ToolStripMenuItem 关联的快捷键是否显示在 ToolStripMenuItem 旁边

表 8.2 显示了重要的 MenuStrip 同伴类。

表 8.2　MenuStrip 同伴类

类	说　　明
ToolStripMenuItem	表示在 MenuStrip 或 ContextMenuStrip 上显示的可选择选项
ContextMenuStrip	表示快捷菜单
ToolStripDropDown	表示当用户单击 ToolStripDropDownButton 或较高级菜单项时,使用户可以从列表中选择单个项的控件
ToolStripDropDownItem	为派生自 ToolStripItem 的控件提供基本功能,当单击控件时显示下拉项

8.3.10 工具栏

使用 ToolStrip 及其关联的类，可以创建具有 Microsoft Windows XP、Microsoft Office、Microsoft Internet Explorer 或自定义的外观和行为的工具栏及其他用户界面元素。这些元素支持溢出及运行时的项重新排序。ToolStrip 控件提供丰富的设计时体验，包括就地激活和编辑、自定义布局、漂浮(即工具栏共享水平或垂直空间的能力)。

尽管 ToolStrip 替换了早期版本的控件并添加了功能，但是仍可以在需要时选择保留 ToolBar 以备向后兼容和将来使用。使用 ToolStrip 控件可以：

- 创建易于自定义的常用工具栏，让这些工具栏支持高级用户界面和布局功能，如停靠、漂浮、带文本和图像的按钮、下拉按钮和控件、"溢出"按钮和 ToolStrip 项的运行时重新排序。
- 支持操作系统的典型外观和行为。
- 对所有容器和包含的项进行事件的一致性处理，处理方式与其他控件的事件相同。
- 将项从一个 ToolStrip 拖到另一个 ToolStrip 内。
- 使用 ToolStripDropDown 中的高级布局创建下拉控件及用户界面类型编辑器。
- 通过使用 ToolStripControlHost 类来使用 ToolStrip 中的其他控件，并为它们获取 ToolStrip 功能。
- 通过使用 ToolStripRenderer、ToolStripProfessionalRenderer 和 ToolStripManager 以及 ToolStripRenderMode 枚举和 ToolStripManagerRenderMode 枚举，可以扩展功能并修改外观和行为。

ToolStrip 控件为高度可配置的、可扩展的控件，它提供了许多属性、方法和事件，可用来自定义外观和行为。表 8.3 为一些值得注意的成员。

表 8.3 重要的 ToolStrip 成员

名　称	说　明
Dock	获取或设置 ToolStrip 停靠在父容器的哪一边缘
AllowItemReorder	获取或设置一个值，指示拖放和项重新排序是否专门由 ToolStrip 类进行处理
LayoutStyle	获取或设置一个值，指示 ToolStrip 如何对其项进行布局
Overflow	获取或设置是将 ToolStripItem 附加到 ToolStrip，附加到 ToolStripOverflowButton，还是让它在这两者之间浮动
IsDropDown	获取一个值，该值指示单击 ToolStripItem 时 ToolStripItem 是否显示下拉列表中的其他项
OverflowButton	获取 ToolStripItem，它是启用了溢出的 ToolStrip 的"溢出"按钮
Renderer	获取或设置一个 ToolStripRenderer，用于自定义 ToolStrip 的外观和行为
RenderMode	获取或设置要应用于 ToolStrip 的绘制样式
RendererChanged	当 Renderer 属性更改时引发

通过使用多个伴随类可以实现 ToolStrip 控件的灵活性。

表 8.4 为一些最值得注意的伴随类。

表 8.4　重要的 ToolStrip 伴随类

名　　称	说　　明
MenuStrip	替换 MainMenu 类并添加功能
StatusStrip	替换 StatusBar 类并添加功能
ContextMenuStrip	替换 ContextMenu 类并添加功能
ToolStripItem	抽象基类,它管理 ToolStrip、ToolStripControlHost 或 ToolStripDropDown 可以包含的所有元素的事件和布局
ToolStripContainer	提供一个容器,在该容器中,窗体的每一侧均带有一个面板,面板中的控件可以按多种方式排列
ToolStripRenderer	处理 ToolStrip 对象的绘制功能
ToolStripProfessionalRenderer	提供 Microsoft Office 样式的外观
ToolStripManager	控制 ToolStrip 呈现和漂浮,并控制 MenuStrip 对象、ToolStripDropDownMenu 对象和 ToolStripMenuItem 对象的合并
ToolStripManagerRenderMode	指定应用于窗体中的多个 ToolStrip 对象的绘制样式(自定义、Windows XP 或 Microsoft Office Professional)
ToolStripRenderMode	指定应用于窗体中的一个 ToolStrip 对象的绘制样式 (自定义、Windows XP 或 Microsoft Office Professional)
ToolStripControlHost	承载不是明确的 ToolStrip 控件、但用户需要为其提供 ToolStrip 功能的其他控件
ToolStripItemPlacement	指定是在主 ToolStrip 中对 ToolStripItem 进行布局,在溢出 ToolStrip 中对它进行布局,还是都不进行布局

8.4　实　践　训　练

本章的实践训练将分两个部分,建议把时间分配好,按知识点进行上机学习,这样可以有效地巩固已学的知识。

8.4.1　教师信息录入程序

设计一个用于输入教师信息的应用程序。该例的目的是要熟练地运用各种控件设计友好的数据输入界面,并熟练掌握窗体和控件的事件处理过程代码的编写。

现在开始编写这个程序,实现该实例功能的具体步骤如下。

(1) 创建应用程序。

选择"开始"→"所有程序"→"Microsoft Visual Studio 2008"→"Microsoft Visual Studio 2008",然后选择"文件"→"新建"→"项目"→"Visual Basic"→"Windows 应用程序",单击"确定"按钮,创建新应用程序成功。

创建用户界面,在窗体上添加 9 个标签控件、6 个文本框控件、2 个命令按钮、2 个框架控件、2 个单选按钮控件、1 个水平滚动条和 2 个组合框控件。

(2) 设置对象的属性值。

按照表 8.5 所示来设置各控件的属性。

表 8.5　部分控件的属性设置

控 件 名	属 性 名	设置属性值
Form1	Text	"教师信息"
Label1	Text	"姓名:"
Label2	Text	"出生年月:"
Label3	Text	"年"
Label4	Text	"月"
Label5	Text	"民族:"
Label6	Text	"籍贯:"
Label7	Text	"工资:"
Label8	Text	"职称:"
Label9	Text	"教师信息:"
Text1~Text5	Text	空
Text6	Text	空
	MultiLine	True
	ScrollBars	Vertical
Button1	Text	"确定"
Button2	Text	"退出"
GroupBox1	Text	"性别"
GroupBox2	Text	"外语熟悉程度"
RadioButton1	Text	"男"
RadioButton2	Text	"女"
HScrollBar1	Maximum	100
	Minimum	0
ComboBox1	DropDownStyle	DropDown
ComboBox2	DropDownStyle	Simple

设计界面如图 8.12 所示。

(3) 编写程序代码、建立事件过程。

这里只对运行到的控件的常用属性、基本方法做一些简单介绍,其他的方法和属性的用法这里不做介绍,读者可以自己来了解。

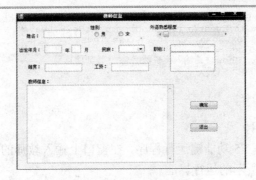

图 8.12　设计界面

代码如下：

```
Public Class Form1

    Private Sub Button1_Click(ByVal sender As System.Object,
    ByVal e As System.EventArgs) Handles Button1.Click
        TextBox6.Text = TextBox1.Text + ", "
        If RadioButton1.Checked = True Then
            TextBox6.Text = TextBox6.Text + RadioButton1.Text + ", "
        Else
            TextBox6.Text = TextBox6.Text + RadioButton2.Text + ", "
        End If
        TextBox6.Text =
          TextBox6.Text + TextBox2.Text + "年" + TextBox3.Text + "月出生, "
        TextBox6.Text = TextBox6.Text + "籍贯: " + TextBox4.Text + ", "
        TextBox6.Text = TextBox6.Text + "民族: " + ComboBox1.Text + ", "
        TextBox6.Text = TextBox6.Text + "职称: " + ComboBox2.Text + ", "
        TextBox6.Text =
          TextBox6.Text + "外语熟悉程度: " + HScrollBar1.Value.ToString() + ", "
        TextBox6.Text = TextBox6.Text + "工资: " + TextBox5.Text + "元"
    End Sub

    Private Sub Form1_Load(ByVal sender As System.Object, ByVal e As System.EventArgs)
    Handles MyBase.Load
        RadioButton1.Checked = True
        ComboBox1.Items.Add("汉族")
        ComboBox1.Items.Add("少数民族")
        ComboBox1.Text = "汉族"
        ComboBox2.Items.Add("教授")
        ComboBox2.Items.Add("副教授")
        ComboBox2.Items.Add("讲师")
        ComboBox2.Items.Add("助教")
        ComboBox2.Text = "教授"
    End Sub

    Private Sub Button2_Click(ByVal sender As System.Object,
    ByVal e As System.EventArgs) Handles Button2.Click
        End
    End Sub

    Private Sub TextBox2_Leave(ByVal sender As System.Object,
    ByVal e As System.EventArgs) Handles TextBox2.Leave
        If IsNumeric(TextBox2.Text) = False Then
            TextBox2.Text = ""
            MessageBox.Show("请输入年份数字", "教师信息")
            TextBox2.Focus()
        End If
    End Sub

    Private Sub TextBox3_Leave(ByVal sender As System.Object,
    ByVal e As System.EventArgs) Handles TextBox3.Leave
        If IsNumeric(TextBox3.Text) = False Then
            TextBox3.Text = ""
            MessageBox.Show("请输入月份数字", "教师信息")
            TextBox3.Focus()
        End If
    End Sub
```

```
Private Sub TextBox5_Leave(ByVal sender As System.Object,
 ByVal e As System.EventArgs) Handles TextBox5.Leave
    If IsNumeric(TextBox5.Text) = False Then
        TextBox5.Text = ""
        MessageBox.Show("请输入工资数字", "教师信息")
        TextBox5.Focus()
    End If
 End Sub
End Class
```

(4) 保存并运行项目。

保存了项目后,按下 F5 功能键运行程序,在窗口上输入教师的基本信息,单击"确定"按钮,可得到如图 8.13 所示的运行界面。

图 8.13 运行界面

8.4.2 定时器应用程序实例

编写一个倒计时程序,程序可以设置倒计的时间,并按需要开始计时,也能随时停止时间。通过本例可以使读者掌握定时器控件的使用,以及复选框控件的操作和使用。

现在开始编写这个程序,实现该实例功能的具体步骤如下。

(1) 创建应用程序。

选择"开始"→"所有程序"→"Microsoft Visual Studio 2008"→"Microsoft Visual Studio 2008",然后选择"文件"→"新建"→"项目"→"Visual Basic"→"Windows 应用程序",单击"确定"按钮,创建新应用程序成功。

创建用户界面,在窗体上添加 2 个定时器控件、1 个复选框控件、2 个标签控件、2 个文本框控件和 2 个命令按钮,如图 8.14 所示。

图 8.14 设计界面

(2) 设置对象的属性值。

按照表 8.6 来设置各控件的属性。

表 8.6　部分控件的属性设置

控 件 名	属 性 名	设置属性值
Form1	Text	"倒计时"
Label1	Text	"现在时刻："
Label2	Text	"倒计时刻："
CheckBox1	Text	"启动倒计时"
Timer1	Interval	1000
Timer2	Interval	1000
Button1	Text	"设置时间"
Button2	Text	"退出"

(3) 编写程序代码、建立事件过程：

```
Public Class Form1
    Dim Hour, Minute, Second, Input_Time As Integer

    Private Sub CheckBox1_Click(ByVal sender As System.Object,
      ByVal e As System.EventArgs) Handles CheckBox1.Click
        If CheckBox1.Checked = False Then
            Timer2.Enabled = False
        Else
            Timer2.Enabled = True
        End If
    End Sub

    Private Sub Button1_Click(ByVal sender As System.Object,
      ByVal e As System.EventArgs) Handles Button1.Click
        Timer2.Enabled = False
        Input_Time = Val(InputBox$("输入倒计时"))
        Input_Time = Input_Time * 60
        Hour = Input_Time \ 3600
        Minute = (Input_Time Mod 3600) \ 60
        Second = 0
        TextBox2.Text = Str(Hour) + ":" + Str(Minute) + ":" + Str(Second)
    End Sub

    Private Sub Button2_Click(ByVal sender As System.Object,
      ByVal e As System.EventArgs) Handles Button2.Click
        End
    End Sub

    Private Sub Form1_Load(ByVal sender As System.Object, ByVal e As System.EventArgs)
      Handles MyBase.Load
        Timer1.Enabled = True
        Timer2.Enabled = False
    End Sub

    Private Sub Timer1_Tick(ByVal sender As System.Object, ByVal e As System.EventArgs)
      Handles Timer1.Tick
        TextBox1.Text = Now.Hour.ToString() + ":"
                      + Now.Minute.ToString + ":" + Now.Second.ToString()
    End Sub

    Private Sub Timer2_Tick(ByVal sender As System.Object, ByVal e As System.EventArgs)
      Handles Timer2.Tick
        If Input_Time = 0 Then
            Beep()
        Else
            Input_Time = Input_Time - 1
            Hour = Input_Time \ 3600
```

```
                Minute = (Input_Time Mod 3600) \ 60
                Second = (Input_Time Mod 60)
                TextBox2.Text = Str(Hour) + ":" + Str(Minute) + ":" + Str(Second)
            End If
        End Sub
End Class
```

(4) 保存并运行项目。

保存了项目后，按下 F5 功能键运行程序，单击"设置时间"按钮，输入倒计时时间，然后选择"启动倒计时"复选框，可得到如图 8.15 所示的运行界面。

图 8.15　运行界面

8.5　习　　题

1．填空题

(1) Windows 窗体应用必须继承_____类。

(2) 典型的 Windows 窗体程序通常包括_____、_____和_____。

(3) 多文档界面应用程序的基本元素是_____。

(4) 在使用 ComboBox 控件时，使用_____属性获取或设置当前项，以及使用_____属性获取或设置对对象的引用。

2．选择题

(1) _____控件可以用来代替密码输入框。

    A. Password　　　　B. Label　　　　　C. TextBox　　　　D. Button

(2) 下列_____控件可以用来收集用户多选的信息。

    A. RadioButton

    B. CheckBox

    C. ComboBox

    D. CheckedListBox

(3) 可以设置控件是否可用的属性是_____。

    A. Checked　　　　B. WordWrap　　　C. Enabled　　　　D. Visible

(4) 下列_____是最适合提供文字描述性的控件。

A. TextBox   B. RadioButton   C. Label   D. CheckBox

3．判断题

(1) Windows 窗体是用于 Microsoft Windows 应用程序开发的、基于.NET 框架的新的平台。   （   ）

(2) 当向项目添加窗体时，只能选择从框架提供的 Form 类继承。   （   ）

(3) 父窗体是包含 MDI 子窗口的窗体，而子窗口是用户与 MDI 应用程序进行交互的副窗口。   （   ）

(4) 如果将 TextBox 控件的 Multiline 属性设置为 True，可以无限输入文本。 （   ）

4．简答题

(1) 多文档窗体的特征是什么？

(2) 详细说明 RadioButton 控件与 CheckBox 控件的区别，并举例。

(3) 通过本章的知识可以完成哪些任务？

(4) 何时使用多文档窗体比较好？

5．操作题

使用 MDI 和 ComboBox 等控件开发一个图片浏览器。

第9章 数据库基础

教学提示： 本章将开始介绍新的内容，即有关数据库方面的知识，包括常用数据库的介绍，还将介绍一些在.NET中操作数据库的组件等知识。

教学目标： 要求必须熟练掌握本章知识点，并在开发过程中灵活运用。

9.1 数据库的概念

数据库是依照某种数据模型组织起来并存放在存储器中的数据集合。这种数据集合具有如下特点：

- 尽可能不重复。
- 以最优方式为某个特定组织的多种应用服务。
- 其数据结构独立于使用它的应用程序。
- 对数据的增、删、改和检索由统一软件进行管理和控制。

从发展的历史看，数据库是数据管理的高级阶段，它是由文件管理系统发展起来的。

数据库系统是一个实际可运行的存储、维护和为应用系统提供数据的软件系统，是存储介质、处理对象和管理系统的集合体。它通常由软件、数据库和数据管理员组成。其软件主要包括操作系统、各种宿主语言、实用程序以及数据库管理系统。

数据库由数据库管理系统统一管理，数据的插入、修改和检索均要通过数据库管理系统进行。

数据管理员负责创建、监控和维护整个数据库，使数据能被任何有权使用的人有效地使用。数据库管理员一般是由业务水平较高、资历较深的人员担任。

数据库有如下4种大类型。

1. 模糊数据库

模糊数据库是指能够处理模糊数据的数据库。一般的数据库都是以二值逻辑和精确的数据工具为基础的，不能表示许多模糊不清的事情。随着模糊数学理论体系的建立，人们可以用数量来描述模糊事件并能进行模糊运算。这样就可以把不完全性、不确定性、模糊性引入数据库系统中，从而形成模糊数据库。

模糊数据库研究主要有两个方面，首先是如何在数据库中存放模糊数据；其次是定义各种运算、建立模糊数据上的函数。模糊数的表示主要有模糊区间数、模糊中心数、模糊集合数和隶属函数等。

2. 统计数据库

统计数据库是管理统计数据的数据库系统。这类数据库包含有大量的数据记录，但其目的是向用户提供各种统计汇总信息，而不是提供单个记录的信息。

3．网状数据库

网状数据库是处理以记录类型为节点的网状数据模型的数据库。处理方法是将网状结构分解成若干棵二级树结构，称为系。

系类型是两个或两个以上的记录类型之间联系的一种描述。在一个系类型中，有一个记录类型处于主导地位，称为系主记录类型，其他称为成员记录类型。系主和成员之间的联系是一对多的联系。

网状数据库的代表是 DBTG 系统。1969 年美国的 CODASYL 组织提出了一份 DBTG 报告，以后，根据 DBTG 报告实现的系统一般称为 DBTG 系统。

现有的网状数据库系统大都是采用 DBTG 方案的。DBTG 系统是典型的三级结构体系：子模式、模式、存储模式。相应的数据定义语言分别称为子模式定义语言 SSDDL、模式定义语言 SDDL、设备介质控制语言 DMCL。另外还有数据操纵语言 DML。

4．演绎数据库

演绎数据库是指具有演绎推理能力的数据库。一般地说，它用一个数据库管理系统和一个规则管理系统来实现。将推理用的事实数据存放在数据库中，称为外延数据库；用逻辑规则定义要导出的事实，称为内涵数据库。主要研究内容为如何有效地计算逻辑规则推理。具体为递归查询的优化、规则的一致性维护等。

9.1.1 Microsoft Access 对象

Access 是 Office 2000 中的一个组件，用来制作简单的数据库。Access 在英文中还有访问、接入的意思。在办公软件 Office 套件中，最为广大用户熟悉的是 Word 和 Excel，因为它们功能强大且方便易用，更因为它们不仅可用于办公，还可用于个人写作和家庭记账理财等。同为 Office 套件中一部分的 Access，虽然有着同样强大的功能，但使用的人却相对少些，不像 Word 和 Excel 那样广泛。

事实上，真正用过 Access 的用户，对其强大功能和灵活性均称赞有加。Access 数据库管理系统适用于小型商务活动，可以存贮和管理商务活动所需要的数据。Access 不仅是一个数据库，而且它具有强大的数据管理功能，可以方便地利用各种数据源，生成窗体(表单)、查询、报表和应用程序等。

数据库是有结构的数据集合，它与一般的数据文件不同(其中的数据是无结构的)，是一串文字或数字流。数据库中的数据可以是文字、图像和声音等。

Microsoft Access 是一种关系式数据库，关系式数据库由一系列表组成，表又由一系列行和列组成，每一行是一个记录，每一列是一个字段，每个字段有一个字段名，字段名在一个表中不能重复。

表与表之间可以建立关系(或称关联，连接)，以便查询相关联的信息。Access 数据库以文件形式保存，文件的扩展名是 MDB。Access 数据库由 6 种对象组成，它们是表、查询、窗体、报表、宏、模块。

● 表(Table)：表是数据库的基本对象，是创建其他 5 种对象的基础。表由记录组成，记录由字段组成，表用来存贮数据库的数据，故又称数据表。

- 查询(Query)：查询可以按索引快速查找到需要的记录，按要求筛选记录并能连接若干个表的字段组成新表。
- 窗体(Form)：窗体提供了一种方便的浏览、输入及更改数据的窗口。还可以创建子窗体，显示相关联的表的内容。窗体也称表单。
- 报表(Report)：报表的功能是将数据库中的数据分类汇总，然后打印出来，以便于分析。
- 宏(Macro)：宏相当于 DOS 中的批处理，用来自动执行一系列操作。Access 列出了一些常用的操作供用户选择，使用起来十分方便。
- 模块(Module)：模块的功能与宏类似，但它定义的操作比宏更精细和复杂，用户可以根据自己的需要编写程序。模块使用 Visual Basic 来编程。

9.1.2　表

在将资料放入自己的文件柜时，并不是随便将它们放进某个抽屉中就好了，而是在文件柜中创建文件，然后将相关的资料放入特定的文件中。

在数据库领域中，这种文件称为表。表是一种结构化的文件，可用来存储某种特定类型的数据。表可以保存顾客清单、产品目录，或者其他信息清单。它是某种特定类型数据的结构化清单。

这里关键的一点在于，存储在表中的数据是一种类型的数据或一个清单。决不应该将顾客的清单与订单的清单存储在同一个数据库表中。否则将使以后的检索和访问很困难。应该创建两个表，每个清单一个表。

数据库中的每个表都有一个用来标识自己的名字。此名字是唯一的，这表示数据库中没有其他表具有相同的名字。

使表名成为唯一的，实际上是数据库名和表名等因素的组合。有的数据库还使用数据库拥有者的名字作为唯一名的组成部分。这表示虽然在相同数据库中不能两次使用相同的表名，但在不同的数据库中却可以使用相同的表名。

表具有一些特性，这些特性定义了数据在表中如何存储，如可以存储什么样的数据，数据如何分解，各部分信息如何命名等信息。描述表的这组信息就是所谓的模式，模式可以用来描述数据库中特定的表以及整个数据库(与其中表的关系)。

9.2　SQL 中的 SELECT 语句

SELECT 语句从数据库中检索行，并允许从一个或多个表中选择一个或多个行或列。虽然 SELECT 语句的完整语法较复杂，但是其主要的子句可归纳如下。

(1) 语法：

```
SELECT [predicate] { * | table.* | [table.]field1 [AS alias1] [, [table.]field2 [AS
alias2] [, ...]]}
    FROM tableexpression [, ...][IN 外部数据库]
```

```
        [WHERE...]
        ]
[GROUP BY...]
        ]
[HAVING...]
        ]
[ORDER BY...]
        ]
[WITH OWNERACCESS OPTION]
```

(2) 参数说明：

- predicate：谓词，取值 ALL、DISTINCT、DISTINCTROW 或 TOP，可用谓词来限制返回的记录数量。如果没有指定谓词，则默认值为 ALL。
- *：从特定的表中指定全部字段。
- table：表的名称，此表中包含已被选择的记录的字段。
- field1, field2：字段的名称，该字段包含了要获取的数据。如果数据包含多个字段，则按列举顺序依次获取它们。
- alias1, alias2：名称，用来作列标头，以代替 table 中原有的列名。
- tableexpression：表的名称，这些表包含要获取的数据。
- Externaldatabase：数据库的名称，该数据库包含 tableexpression 中的表(如果这些表不在当前数据库中的话)。

为完成此运算，Microsoft Jet 数据库引擎会搜索指定的表，抽出所选择的列，并选择满足条件的行，按指定的顺序对选出的行排序，或将它们分组。

SELECT 语句不会更改数据库的中的数据。

SELECT 语句的最短的语法是：

```
SELECT fields FROM table
```

可以用一个星号(*)选取表中所有字段。下面的例子选择了雇员表中的全部字段：

```
SELECT * FROM Employees
```

如果 FROM 子句中有多个表包含字段名，则字段之前为表名称和点(.)操作符。在以下示例中，"部门"字段将出现在雇员表及超级用户表中。SQL 语句将从雇员表和超级用户表来选择部门：

```
SELECT Employees.Department, Supervisors.SupvName
FROM Employees INNER JOIN Supervisors
WHERE Employees.Department = Supervisors.Department
```

当 Recordset 对象被创建时，Microsoft Jet 数据库引擎把表的字段名作为 Recordset 对象中的 Field 对象命名。如果想要一个不同的字段名，或想要一个不是由生成字段的表达式导出的名，则使用 AS 保留字。

例如，在下例所得到的 Recordset 对象中用 Birth 标题将返回的 Field 对象命名：

```
SELECT BirthDate
AS Birth FROM Employees
```

无论何时使用合计函数或查询，而且该查询返回含糊的或重复的 Field 对象名称时，都必须用 AS 子句来提供 Field 对象的替代名称。在以下示例所得到的 Recordset 对象中用 HeadCount 标题将返回的 Field 对象命名：

```
SELECT COUNT(EmployeeID)
AS HeadCount FROM Employees
```

可以使用 SELECT 语句中的其他子句进一步限制和组织已返回的数据。

9.3 ADO.NET

ADO.NET 对 Microsoft SQL Server 和 XML 等数据源以及通过 OLE DB 和 XML 公开的数据源提供一致的访问。数据共享使用者应用程序可以使用 ADO.NET 来连接到这些数据源，并检索、处理和更新所包含的数据。

ADO.NET 通过数据处理将数据访问分解为多个可以单独使用或一前一后使用的不连续组件。

ADO.NET 包含用于连接到数据库、执行命令和检索结果的.NET 框架数据提供程序。可以直接处理检索到的结果，或将其放入 ADO.NET 的 DataSet 对象，以便与来自多个源的数据或在层之间进行远程处理的数据组合在一起，以特殊方式向用户公开。ADO.NET 的 DataSet 对象也可以独立于.NET 框架数据提供程序使用，以管理应用程序本地的数据或源自 XML 的数据。

ADO.NET 类在 System.Data.dll 中，并且与 System.Xml.dll 中的 XML 类集成。当编译使用 System.Data 命名空间的代码时，引用 System.Data.dll 和 System.Xml.dll。

随着应用程序开发的发展演变，新的应用程序越来越松散地耦合，通常基于 Web 应用程序模型。

如今，越来越多的应用程序使用 XML 来编码要通过网络连接传递的数据。Web 应用程序将 HTTP 用作在层间进行通信的结构，必须显式处理请求之间的维护状态。这一新模型大大不同于连接、紧耦合的编程风格，此风格曾是客户端/服务器时代的标志。在此编程风格中，连接会在程序的整个生存期中保持打开，而不需要对状态进行特殊处理。

在设计符合当今开发人员需要的工具和技术时，Microsoft 认识到需要为数据访问提供全新的编程模型，此模型是基于.NET 框架生成的。

基于.NET 框架这一点将确保数据访问技术的一致性，因为组件将共享通用的类型系统、设计模式和命名约定。

设计 ADO.NET 的目的是为了满足这一新编程模型的以下要求：具有断开式数据结构；能够与 XML 紧密集成；具有能够组合来自多个不同数据源的数据的通用数据表示形式；以及具有为与数据库交互而优化的功能，这些要求都是.NET 框架固有的内容。

在创建 ADO.NET 时，Microsoft 具有以下设计目标：

- 利用当前的 ActiveX 数据类型(ADO)知识。
- 支持 N 层编程模型。
- 集成 XML 支持。

ADO.NET 的设计满足了当今应用程序开发模型的多种要求。同时，该编程模型尽可能地与 ADO 保持一致，这使现在的 ADO 开发人员不必从头开始学习。ADO.NET 是.NET 框架的固有部分，ADO 程序员仍很熟悉。

ADO.NET 还与 ADO 共存。虽然大多数基于.NET 的新应用程序将使用 ADO.NET 来编写，但.NET 程序员仍然可以通过.NET COM 互操作性服务来使用 ADO。

使用断开式数据集这一概念已成为编程模型中的焦点。ADO.NET 为断开式 N 层编程环境提供了一流的支持，许多新的应用程序都是为该环境编写的。N 层编程的 ADO.NET 解决方案就是 DataSet。

XML 与数据访问紧密联系在一起。XML 与编码数据有关，数据访问也越来越多地与 XML 有关。.NET 框架不仅支持 Web 标准，还是完全基于 Web 标准生成的。

XML 支持内置在 ADO.NET 中非常基本的级别上。.NET 框架和 ADO.NET 中的 XML 类是同一结构的一部分，它们在许多不同的级别集成。

因此，不必在数据访问服务集和它们的 XML 相应服务之间进行选择；它们的设计本来就具有从其中一个跨越到另一个的功能。

9.3.1　OleDbConnection 类

OleDbConnection 对象表示到数据源的一个唯一的连接。在客户端/服务器数据库系统中，它等效于一个到服务器的网络连接。OleDbConnection 对象的某些方法或属性可能不可用，这取决于本机 OLE DB 提供程序所支持的功能。

当创建 OleDbConnection 的实例时，所有属性都设置为它们的初始值。如果 OleDbConnection 超出范围，则不会将其关闭。因此，必须通过调用 Close 或 Dispose，或通过在 Using 语句中使用 OleDbConnection 对象来显式地关闭此连接。

如果执行 OleDbCommand 的方法生成严重的 OleDbException(如 SQL Server 严重级别等于或大于 20)，OleDbConnection 可能会关闭。但是，用户可以重新打开连接并继续操作。

创建 OleDbConnection 对象的实例的应用程序可通过设置声明性或强制性安全要求，要求所有直接和间接的调用方对代码都具有足够的权限。

OleDbConnection 使用 OleDbPermission 对象来设置安全要求。用户可以通过使用 OleDbPermissionAttribute 对象来验证他们的代码是否具有足够的权限。用户和管理员还可以使用代码访问安全策略工具来修改计算机、用户和企业级别的安全策略。

下面的示例创建一个 OleDbCommand 和一个 OleDbConnection。OleDbConnection 打开，并设置为 OleDbCommand 的 Connection。然后，该示例调用 ExecuteNonQuery 并关闭该连接。若要完成此任务，需要为 ExecuteNonQuery 传递一个连接字符串和一个查询字符串，后者是一个 SQL Insert 语句：

```
Public Sub InsertRow(ByVal connectionString As String, _
  ByVal insertSQL As String)
   Using connection As New OleDbConnection(connectionString)
      Dim command As New OleDbCommand(insertSQL)

      command.Connection = connection

      Try
         connection.Open()
         command.ExecuteNonQuery()
      Catch ex As Exception
         Console.WriteLine(ex.Message)
      End Try
   End Using
End Sub
```

表 9.1 列出了 OleDbConnection 类的所有公共属性。

Visual Basic .NET 程序设计与项目实践

表 9.1　OleDbConnection 类的公共属性

名　称	说　明
ConnectionString	获取或设置用于打开数据库的字符串
ConnectionTimeout	获取在尝试建立连接时终止尝试并生成错误之前所等待的时间
Container	获取 IContainer，它包含 Component
Database	获取当前数据库或连接打开后要使用的数据库的名称
DataSource	获取数据源的服务器名或文件名
Provider	获取在连接字符串的"Provider ="子句中指定的 OLE DB 提供程序的名称
ServerVersion	获取一个包含客户端所连接到的服务器的版本的字符串
Site	获取或设置 Component 的 ISite
State	获取连接的当前状态

表 9.2 列出了 OleDbConnection 类的所有公共方法。

表 9.2　OleDbConnection 类的公共方法

名　称	说　明
BeginTransaction	开始数据库事务
ChangeDatabase	为打开的 OleDbConnection 更改当前数据库
Close	关闭到数据源的连接
CreateCommand	创建并返回一个与该 OleDbConnection 关联的 OleDbCommand 对象
CreateObjRef	创建一个对象，该对象包含生成用于与远程对象进行通信的代理所需的全部相关信息
Dispose	释放由 Component 占用的资源
EnlistDistributedTransaction	在指定的事务中登记为分布式事务
EnlistTransaction	在指定的事务中登记为事务
Equals	确定两个 Object 实例是否相等
GetHashCode	用作特定类型的哈希函数。GetHashCode 适合在哈希算法和数据结构(如哈希表)中使用
GetLifetimeService	检索控制此实例的生存期策略的当前生存期服务对象
GetOleDbSchemaTable	应用了指定的限制之后，按照 GUID 的指示从数据源返回架构信息
GetSchema	返回此 OleDbConnection 的数据源的架构信息
GetType	获取当前实例的 Type
InitializeLifetimeService	获取控制此实例的生存期策略的生存期服务对象
Open	使用 ConnectionString 所指定的属性设置打开数据库连接
ReferenceEquals	确定指定的 Object 实例是否是相同的实例
ReleaseObjectPool	指示可在释放最后一个基础连接时释放 OleDbConnection 对象池
ResetState	更新 OleDbConnection 对象的 State 属性
ToString	返回包含 Component 的名称的 String(如果有)。不应重写此方法

高职高专计算机实用规划教材——案例驱动与项目实践

9.3.2　DataSet 类

DataSet 是 ADO.NET 结构的主要组件，它是从数据源中检索到的数据在内存中的缓存。DataSet 由一组 DataTable 对象组成，可使这些对象与 DataRelation 对象互相关联。还可通过使用 UniqueConstraint 和 ForeignKeyConstraint 对象在 DataSet 中实施数据完整性。

尽管 DataTable 对象中包含数据，但是 DataRelationCollection 允许遍览表的层次结构。这些表包含在通过 Tables 属性访问的 DataTableCollection 中。当访问 DataTable 对象时，它们是按条件区分大小写的。

例如，如果一个 DataTable 被命名为"mydatatable"，另一个被命名为"Mydatatable"，则用于搜索其中一个表的字符串被认为是区分大小写的。但是，如果"mydatatable"存在而"Mydatatable"不存在，则认为该搜索字符串不区分大小写。

DataSet 可将数据和架构作为 XML 文档进行读写。数据和架构可通过 HTTP 传输，并在支持 XML 的任何平台上被任何应用程序使用。可使用 WriteXmlSchema 方法将架构保存为 XML 架构，并且可以使用 WriteXml 方法保存架构和数据。若要读取既包含架构也包含数据的 XML 文档，应当使用 ReadXml 方法。

在典型的多层实现中，用于创建和刷新 DataSet 并依次更新原始数据的步骤如下。

(1)　通过 DataAdapter 使用数据源中的数据生成和填充 DataSet 中的每个 DataTable。

(2)　通过添加、更新或删除 DataRow 对象更改单个 DataTable 对象中的数据。

(3)　调用 GetChanges 方法以创建只反映对数据进行的更改的第二个 DataSet。

(4)　调用 DataAdapter 的 Update 方法，并将第二个 DataSet 作为参数传递。

(5)　调用 Merge 方法将第二个 DataSet 中的更改合并到第一个中。

(6)　针对 DataSet 调用 AcceptChanges。或者，调用 RejectChanges 以取消更改。

可以通过调用 DataSet 构造函数来创建 DataSet 的实例。可以选择指定一个名称参数。如果没有为 DataSet 指定名称，则该名称会设置为"NewDataSet"。

也可以基于现有的 DataSet 来创建新的 DataSet。新的 DataSet 可以是：现有 DataSet 的原样副本；DataSet 的复本，它复制关系结构(即架构)，但不包含现有 DataSet 中的任何数据；或 DataSet 的子集，它仅包含现有 DataSet 中已使用 GetChanges 方法修改的行。

以下代码示例演示了如何构造 DataSet 的实例：

```
Dim customerOrders As DataSet = New DataSet("CustomerOrders")
```

下面的示例由几种方法组成，这些方法互相结合，从 Northwind 数据库中创建并填充 DataSet：

```
'导入命名空间
Imports System.Data
Imports system.Data.SqlClient

Public Class NorthwindDataSet

    Public Shared Sub Main()
       Dim connectionString As String = _
          GetConnectionString()
       ConnectToData(connectionString)
    End Sub

    Private Shared Sub ConnectToData(ByVal connectionString As String)
```

```
'创建与 Northwind 数据库的 SqlConnection 连接对象
Using connection As SqlConnection = New SqlConnection(connectionString)

    '创建 SqlDataAdapter 对象用来填充数据集
    Dim suppliersAdapter As SqlDataAdapter = New SqlDataAdapter()

    suppliersAdapter.TableMappings.Add("Table", "Suppliers")

    '打开数据库连接
    connection.Open()
    Console.WriteLine("The SqlConnection is open.")

    '创建 SqlCommand 对象用来重新获取数据
    Dim suppliersCommand As SqlCommand = New SqlCommand( _
        "SELECT SupplierID, CompanyName FROM dbo.Suppliers;", connection)
    suppliersCommand.CommandType = CommandType.Text

    '设置 SqlDataAdapter 对象的 SelectCommand 属性
    suppliersAdapter.SelectCommand = suppliersCommand

    '填充 DataSet 数据集
    Dim dataSet As DataSet = New DataSet("Suppliers")
    suppliersAdapter.Fill(dataSet)

    Dim productsAdapter As SqlDataAdapter = New SqlDataAdapter()
    productsAdapter.TableMappings.Add("Table", "Products")

    Dim productsCommand As SqlCommand = New SqlCommand( _
        "SELECT ProductID, SupplierID FROM dbo.Products;", connection)
    productsAdapter.SelectCommand = productsCommand

    '填充 DataSet 数据集
    productsAdapter.Fill(dataSet)

    '关闭与数据库的连接
    connection.Close()
    Console.WriteLine("The SqlConnection is closed.")

    Dim parentColumn As DataColumn = _
        dataSet.Tables("Suppliers").Columns("SupplierID")
    Dim childColumn As DataColumn = _
        dataSet.Tables("Products").Columns("SupplierID")
    Dim relation As DataRelation = New System.Data.DataRelation(
        "SuppliersProducts", parentColumn, childColumn)
    dataSet.Relations.Add(relation)

    Console.WriteLine("The {0} DataRelation has been created.", _
        relation.RelationName)
End Using

End Sub

Private Shared Function GetConnectionString() As String
    '返回数据库连接配置字符串,该字符串可以重新配置以完成与其他数据库的连接,
    '或者以不同的身份验证方式连接数据库
    Return "Data Source=(local);Initial Catalog=Northwind;" _
        & "Integrated Security=SSPI;"
End Function

End Class
```

表 9.3 列出了 DataSet 类的所有公共属性。

高职高专计算机实用规划教材——案例驱动与项目实践

表 9.3　DataSet 类的公共属性

名　称	说　明
CaseSensitive	获取或设置一个值,该值指示 DataTable 对象中的字符串比较是否区分大小写
Container	获取组件的容器
DataSetName	获取或设置当前 DataSet 的名称

名　称	说　明
DefaultViewManager	获取 DataSet 所包含的数据的自定义视图，以允许使用自定义的 DataViewManager 进行筛选、搜索和导航
DesignMode	获取指示组件当前是否处于设计模式的值
EnforceConstraints	获取或设置一个值，该值指示在尝试执行任何更新操作时是否遵循约束规则
ExtendedProperties	获取与 DataSet 相关的自定义用户信息的集合
HasErrors	获取一个值，指示在此 DataSet 中的任何 DataTable 对象中是否存在错误
IsInitialized	获取一个值，该值表明是否初始化 DataSet
Locale	获取或设置用于比较表中字符串的区域设置信息
Namespace	获取或设置 DataSet 的命名空间
Prefix	获取或设置一个 XML 前缀，该前缀是 DataSet 的命名空间的别名
Relations	获取用于将表链接起来并允许从父表浏览到子表的关系的集合
RemotingFormat	为远程处理期间使用的 DataSet 获取或设置 SerializationFormat
SchemaSerializationMode	获取或设置 DataSet 的 SchemaSerializationMode
Site	获取或设置 DataSet 的 System.ComponentModel.ISite
Tables	获取包含在 DataSet 中的表的集合

表 9.4 列出了 DataSet 类的所有公共方法。

表 9.4　DataSet 类的公共方法

名　称	说　明
AcceptChanges	提交自加载此 DataSet 或上次调用 AcceptChanges 以来对其进行的所有更改
BeginInit	开始初始化在窗体上使用或由另一个组件使用的 DataSet。初始化发生在运行时
Clear	通过移除所有表中的所有行来清除任何数据的 DataSet
Clone	复制 DataSet 的结构，包括所有 DataTable 架构、关系和约束。不要复制任何数据
Copy	复制该 DataSet 的结构和数据
CreateDataReader	为每个 DataTable 返回带有一个结果集的 DataTableReader，顺序与 Tables 集合中表的显示顺序相同
Dispose	释放由 MarshalByValueComponent 占用的资源
EndInit	结束在窗体上使用或由另一个组件使用的 DataSet 的初始化。初始化发生在运行时
Equals	确定两个 Object 实例是否相等
GetChanges	获取 DataSet 的副本，该副本包含自上次加载以来或自调用 AcceptChanges 以来对该数据集进行的所有更改
GetDataSetSchema	获取数据集模式
GetHashCode	用作特定类型的哈希函数。适合在哈希算法和数据结构(如哈希表)中使用
GetObjectData	用序列化 DataSet 所需的数据填充序列化信息对象
GetService	获取 IServiceProvider 的实施者

续表

名 称	说 明
GetType	获取当前实例的 Type
GetXml	返回存储在 DataSet 中的数据的 XML 表示形式
GetXmlSchema	返回存储在 DataSet 中的数据的 XML 表示形式的 XML 架构
HasChanges	获取一个值，该值指示 DataSet 是否有更改，包括新增行、已删除的行或已修改的行
InferXmlSchema	将 XML 架构应用于 DataSet
Load	通过所提供的 IDataReader，用某个数据源的值填充 DataSet
Merge	将指定的 DataSet、DataTable 或 DataRow 对象的数组合并到当前的 DataSet 或 DataTable 中
ReadXml	将 XML 架构和数据读入 DataSet
ReadXmlSchema	将 XML 架构读入 DataSet
ReferenceEquals	确定指定的 Object 实例是否是相同的实例
RejectChanges	回滚自创建 DataSet 以来或上次调用 DataSet.AcceptChanges 以来进行的所有更改
Reset	将 DataSet 重置为其初始状态。子类应重写 Reset，以便将 DataSet 还原到其原始状态
ToString	返回包含 Component 名称的 String(如果有)。不应重写此方法
WriteXml	从 DataSet 写 XML 数据，还可以选择写架构
WriteXmlSchema	写 XML 架构形式的 DataSet 结构

9.3.3　OleDbDataAdapter 类

　　OleDbDataAdapter 充当 DataSet 和数据源之间的桥梁，用于检索和保存数据。

　　OleDbDataAdapter 通过以下方法提供这个桥接器：使用 Fill 将数据从数据源加载到 DataSet 中，并使用 Update 将 DataSet 中所做的更改发回数据源。

　　当 OleDbDataAdapter 填充 DataSet 时，它将为返回的数据创建适当的表和列(如果它们尚不存在)。但是，除非 MissingSchemaAction 属性设置为 AddWithKey，否则这个隐式创建的架构中不包括主键信息。也可以使用 FillSchema，让 OleDbDataAdapter 创建 DataSet 的架构，并在用数据填充它之前就将主键信息包括进去。

　　包括 MSDataShape 提供程序在内的某些 OLE DB 提供程序并不返回基表或主键信息。因此，OleDbDataAdapter 无法对任何已创建的 DataTable 正确地设置 PrimaryKey 属性。在这些情况下，应该为 DataSet 中的表显式地指定主键。

　　此外，OleDbDataAdapter 还包括 SelectCommand、InsertCommand、DeleteCommand、UpdateCommand 和 TableMappings 属性，以便于数据的加载和更新。

　　当创建 OleDbDataAdapter 的实例时，属性都设置为其初始值。

　　下面的示例使用 OleDbCommand、OleDbDataAdapter 和 OleDbConnection 从 Access 数据源选择记录，并用选定行填充 DataSet，然后返回已填充的 DataSet。为完成此任务，向该方法传递一个已初始化的 DataSet、一个连接字符串和一个查询字符串，后者是一个 SQL 的 SELECT 语句。

具体代码如下：

```
Public Function CreateDataAdapter(ByVal selectCommand As String, _
  ByVal connection As OleDbConnection) As OleDbDataAdapter

    Dim adapter As OleDbDataAdapter = _
        New OleDbDataAdapter(selectCommand, connection)

    adapter.MissingSchemaAction = MissingSchemaAction.AddWithKey

    '创建命令
    adapter.InsertCommand = New OleDbCommand( _
        "INSERT INTO Customers (CustomerID, CompanyName) " & _
        "VALUES (?, ?)")

    adapter.UpdateCommand = New OleDbCommand( _
        "UPDATE Customers SET CustomerID = ?, CompanyName = ? " & _
        "WHERE CustomerID = ?")

    adapter.DeleteCommand = New OleDbCommand( _
        "DELETE FROM Customers WHERE CustomerID = ?")

    '创建参数
    adapter.InsertCommand.Parameters.Add( _
        "@CustomerID", OleDbType.Char, 5, "CustomerID")
    adapter.InsertCommand.Parameters.Add( _
        "@CompanyName", OleDbType.VarChar, 40, "CompanyName")

    adapter.UpdateCommand.Parameters.Add( _
        "@CustomerID", OleDbType.Char, 5, "CustomerID")
    adapter.UpdateCommand.Parameters.Add( _
        "@CompanyName", OleDbType.VarChar, 40, "CompanyName")
    adapter.UpdateCommand.Parameters.Add( _
        "@oldCustomerID", OleDbType.Char, 5, "CustomerID").SourceVersion = _
        DataRowVersion.Original

    adapter.DeleteCommand.Parameters.Add( _
        "@CustomerID", OleDbType.Char, 5, "CustomerID").SourceVersion = _
        DataRowVersion.Original

    Return adapter
End Function
```

表 9.5 列出了 OleDbDataAdapter 类的所有公共属性。

表 9.5　OleDbDataAdapter 类的公共属性

名　称	说　明
AcceptChangesDuringFill	获取或设置一个值,该值指示在任何 Fill 操作过程中,在将 AcceptChanges 添加到 DataTable 之后是否在 DataRow 上调用它
AcceptChangesDuringUpdate	获取或设置在 Update 期间是否调用 AcceptChanges
Container	获取 IContainer,它包含 Component
ContinueUpdateOnError	获取或设置一个值，该值指定在行更新过程中遇到错误时是否生成异常
DeleteCommand	获取或设置 SQL 语句或存储过程，用于从数据集中删除记录
FillLoadOption	获取或设置 LoadOption，后者确定适配器如何从 DbDataReader 中填充 DataTable
InsertCommand	获取或设置 SQL 语句或存储过程，用于将新记录插入到数据源中
MissingMappingAction	确定传入数据没有匹配的表或列时需要执行的操作
MissingSchemaAction	确定现有 DataSet 架构与传入数据不匹配时需要执行的操作

续表

名　称	说　明
ReturnProviderSpecificTypes	获取或设置 Fill 方法是应当返回提供程序特定的值，还是返回公用的符合 CLS 的值
SelectCommand	获取或设置 SQL 语句或存储过程，用于选择数据源中的记录
Site	获取或设置 Component 的 ISite
TableMappings	获取一个集合，它提供源表和 DataTable 之间的主映射
UpdateBatchSize	获取或设置一个值，该值启用或禁用批处理支持，并指定可以批处理执行的命令的数目
UpdateCommand	获取或设置 SQL 语句或存储过程，用于更新数据源中的记录

表 9.6 列出了 OleDbDataAdapter 类的所有公共方法。

表 9.6　OleDbDataAdapter 类公共方法

名　称	说　明
CreateObjRef	创建一个对象，该对象包含生成用于与远程对象进行通信的代理所需的全部相关信息
Dispose	释放由 Component 占用的资源
Equals	确定两个 Object 实例是否相等
Fill	在 DataSet 中添加或刷新行，以便与 ADO Recordset 或 Record 对象中的行相匹配
FillSchema	将 DataTable 添加到 DataSet 中，并配置架构以匹配数据源中的架构
GetFillParameters	获取当执行 SQL 的 SELECT 语句时由用户设置的参数
GetHashCode	用作特定类型的哈希函数。GetHashCode 适合在哈希算法和数据结构(如哈希表)中使用
GetLifetimeService	检索控制此实例的生存期策略的当前生存期服务对象
GetType	获取当前实例的 Type
InitializeLifetimeService	获取控制此实例的生存期策略的生存期服务对象
ReferenceEquals	确定指定的 Object 实例是否是相同的实例
ResetFillLoadOption	将 FillLoadOption 重置为默认状态，并使 Fill 接受 AcceptChangesDuringFill
ShouldSerializeAcceptChangesDuringFill	确定是否应保持 AcceptChangesDuringFill 属性
ShouldSerializeFillLoadOption	确定是否应保持 FillLoadOption 属性
ToString	返回包含 Component 的名称的 String(如果有)。不应重写此方法
Update	为 DataSet 中每个已插入、已更新或已删除的行调用相应的 INSERT、UPDATE 或 DELETE 语句

9.3.4 OleDbCommand 类

当创建 OleDbCommand 的实例时，读/写属性将被设置为它们的初始值。

OleDbCommand 的特点在于拥有以下对数据源执行命令的方法。

- ExecuteReader：执行返回行的命令。如果用 ExecuteReader 来执行 SQL 的 SET 语句等命令，则可能达不到预期的效果。
- ExecuteNonQuery：执行 SQL 的 INSERT、DELETE、UPDATE 和 SET 语句等命令。
- ExecuteScalar：从数据库中检索单个值(例如一个聚合值)。

可以重置 CommandText 属性并重复使用 OleDbCommand 对象。但是，在执行新的命令或先前的命令之前，必须关闭 OleDbDataReader。

如果执行 OleDbCommand 的方法 OleDbConnection 生成致命的 OleDbException，连接可能会关闭。但是，用户可以重新打开连接并继续操作。

下面的示例将 OleDbCommand 和 OleDbDataAdapter 以及 OleDbConnection 一起使用，从 Access 数据库中选择行，然后返回已填充的 DataSet。向该示例传递一个已初始化的 DataSet、一个连接字符串、一个查询字符串(它是一个 SELECT 语句)和一个表示源数据库表的名称的字符串。具体代码如下：

```
Public Sub ReadMyData(ByVal connectionString As String)
    Dim queryString As String = "SELECT OrderID, CustomerID FROM Orders"
    Using connection As New OleDbConnection(connectionString)
        Dim command As New OleDbCommand(queryString, connection)
        connection.Open()
        Dim reader As OleDbDataReader = command.ExecuteReader()
        While reader.Read()
            Console.WriteLine(reader.GetInt32(0).ToString() + ", " _
                + reader.GetString(1))
        End While
        '读取结束时必须关闭连接
        reader.Close()
    End Using
End Sub
```

表 9.7 列出了 OleDbCommand 类的所有公共属性，具体内容如下。

表 9.7　OleDbCommand 类的公共属性

名　称	说　明
CommandText	获取或设置要对数据源执行的 SQL 语句或存储过程
CommandTimeout	获取或设置在终止对执行命令的尝试并生成错误之前的等待时间
CommandType	获取或设置一个指示如何解释 CommandText 属性的值
Connection	获取或设置 OleDbCommand 的此实例使用的 OleDbConnection
Container	获取 IContainer，它包含 Component
DesignTimeVisible	获取或设置一个值，指示命令对象在自定义的窗体设计器控件中是否应可见
Parameters	获取 OleDbParameterCollection
Site	获取或设置 Component 的 ISite
Transaction	获取或设置将在其中执行 OleDbCommand 的 OleDbTransaction
UpdatedRowSource	获取或设置命令结果在由 OleDbDataAdapter 的 Update 方法使用时如何应用于 DataRow

表 9.8 列出了 OleDbCommand 类的所有公共方法。

表 9.8　OleDbCommand 类的公共方法

名　称	说　明
Cancel	试图取消执行 OleDbCommand
Clone	创建作为当前实例副本的新 OleDbCommand 对象
CreateObjRef	创建一个对象，该对象包含生成用于与远程对象进行通信的代理所需的全部相关信息
CreateParameter	创建 OleDbParameter 对象的新实例
Dispose	释放由 Component 占用的资源
Equals	确定两个 Object 实例是否相等
ExecuteNonQuery	针对 Connection 执行 SQL 语句并返回受影响的行数
ExecuteReader	将 CommandText 发送到 Connection 并生成一个 OleDbDataReader
ExecuteScalar	执行查询，并返回查询所返回的结果集中第一行的第一列。忽略其他列或行
GetHashCode	用作特定类型的哈希函数
GetLifetimeService	检索控制此实例的生存期策略的当前生存期服务对象
GetType	获取当前实例的 Type
InitializeLifetimeService	获取控制此实例的生存期策略的生存期服务对象
Prepare	在数据源上创建该命令的准备好的(或已编译的)版本
ReferenceEquals	确定指定的 Object 实例是否是相同的实例
ResetCommandTimeout	将 CommandTimeout 属性重置为默认值
ToString	返回包含 Component 的名称的 String(如果有)。不应重写此方法

9.3.5　DataView 类

DataView 的一个主要功能是允许在 Windows 窗体和 Web 窗体上进行数据绑定。另外，可自定义 DataView 来表示 DataTable 中数据的子集。此功能拥有绑定到同一 DataTable、但显示不同数据版本的两个控件。

例如，一个控件可能绑定到显示表中所有行的 DataView，而另一个控件可能配置为只显示已从 DataTable 删除的行。

DataTable 也具有 DefaultView 属性。它返回表的默认 DataView。例如，如果希望在表上创建自定义视图，在 DefaultView 返回的 DataView 上设置 RowFilter。

若要创建数据的筛选和排序视图，应设置 RowFilter 和 Sort 属性，然后使用 Item 属性返回单个 DataRowView。

还可使用 AddNew 和 Delete 方法从行的集合中进行添加和删除。在使用这些方法时，可设置 RowStateFilter 属性以便指定只有已被删除的行或新行才可由 DataView 显示。

下面的示例创建一个具有 1 个列和 5 个行的 DataTable，创建两个 DataView 对象，并针对每个对象设置 RowStateFilter 以显示表数据的不同视图，然后打印这些值。

具体代码如下：

```
Private Sub DemonstrateDataView()

    '创建一个只有 1 列的 DataTable 表对象
    Dim table As DataTable = New DataTable("table")
    Dim colItem As DataColumn = New DataColumn("item", _
        Type.GetType("System.String"))
    table.Columns.Add(colItem)

    '添加 5 行
    Dim NewRow As DataRow
    Dim i As Integer
    For i = 0 To 4

        NewRow = table.NewRow()
        NewRow("item") = "Item " & i
        table.Rows.Add(NewRow)
    Next
    table.AcceptChanges()

    '为同一个 table 对象创建两个 DataView 视图对象
    Dim firstView As DataView = New DataView(table)
    Dim secondView As DataView = New DataView(table)

    '更改表中的数据
    table.Rows(0)("item") = "cat"
    table.Rows(1)("item") = "dog"

    '打印当前表的数据
    PrintTableOrView(table, "Current Values in Table")

    firstView.RowStateFilter = DataViewRowState.ModifiedOriginal

    PrintTableOrView(firstView, "First DataView: ModifiedOriginal")

    '向第二个 DataView 视图中添加新行
    Dim rowView As DataRowView
    rowView = secondView.AddNew()
    rowView("item") = "fish"
    secondView.RowStateFilter = DataViewRowState.ModifiedCurrent _
        Or DataViewRowState.Added
    PrintTableOrView(secondView, _
        "Second DataView: ModifiedCurrent or Added")

End Sub


Overloads Private Sub PrintTableOrView( _
  ByVal view As DataView, ByVal label As String)
    Console.WriteLine(label)
    Dim i As Integer
    For i = 0 To view.count - 1

        Console.WriteLine(view(i)("item"))
    Next
    Console.WriteLine()
End Sub

Overloads Private Sub PrintTableOrView( _
  ByVal table As DataTable, ByVal label As String)
    Console.WriteLine(label)
    Dim i As Integer
    For i = 0 To table.Rows.Count - 1
        Console.WriteLine(table.Rows(i)("item"))
    Next
    Console.WriteLine()
End Sub
```

表 9.9 列出了 DataView 类的所有公共属性。

表 9.9　DataView 类的公共属性

名　称	说　明
AllowDelete	设置或获取一个值，该值指示是否允许删除
AllowEdit	获取或设置一个值，该值指示是否允许编辑
AllowNew	获取或设置一个值，该值指示是否可以使用 AddNew 方法添加新行
ApplyDefaultSort	获取或设置一个值，该值指示是否使用默认排序
Container	获取组件的容器
Count	在应用 RowFilter 和 RowStateFilter 之后，获取 DataView 中记录的数量
DataViewManager	获取与此视图关联的 DataViewManager
DesignMode	获取指示组件当前是否处于设计模式的值
IsInitialized	获取一个值，该值指示组件是否已初始化
Item	从指定的表获取一行数据
RowFilter	获取或设置用于筛选在 DataView 中查看哪些行的表达式
RowStateFilter	获取或设置用于 DataView 中的行状态筛选器
Site	获取或设置组件的位置
Sort	获取或设置 DataView 的一个或多个排序列以及排序顺序
Table	获取或设置源 DataTable

表 9.10 列出了 DataView 类的所有公共方法。

表 9.10　DataView 类的公共方法

名　称	说　明
AddNew	将新行添加到 DataView 中
BeginInit	开始初始化在窗体上使用的或由另一个组件使用的 DataView。此初始化在运行时发生
CopyTo	将项目复制到数组中。只适用于 Web 窗体的界面
Delete	删除指定索引位置的行
Dispose	释放 DataView 对象所使用的资源(内存除外)
EndInit	结束在窗体上使用或由另一个组件使用的 DataView 的初始化。此初始化在运行时发生
Equals	确定指定的对象是否被视为相等
Find	按指定的排序关键字值在 DataView 中查找行
FindRows	返回 DataRowView 对象的数组，这些对象的列与指定的排序关键字值匹配
GetEnumerator	获取此 DataView 的枚举数
GetHashCode	用作特定类型的哈希函数。GetHashCode 适合在哈希算法和数据结构(如哈希表)中使用
GetService	获取 IServiceProvider 的实施者
GetType	获取当前实例的 Type
ReferenceEquals	确定指定的 Object 实例是否是相同的实例

名　称	说　明
ToString	返回包含 Component 的名称的 String(如果有)。不应重写此方法
ToTable	根据现有 DataView 中的行，创建并返回一个新的 DataTable

9.3.6　SqlConnection 类

SqlConnection 对象表示与 SQL Server 数据源的一个唯一的会话。对于客户端/服务器数据库系统，它等效于到服务器的网络连接。SqlConnection 与 SqlDataAdapter 和 SqlCommand 一起使用，可以在连接 Microsoft SQL Server 数据库时提高性能。对于所有第三方 SQL 服务器产品以及其他支持 OLE DB 的数据源，使用 OleDbConnection。

当创建 SqlConnection 的实例时，所有属性都设置为它们的初始值。

如果 SqlConnection 超出范围，则该连接将保持打开状态。因此，必须通过调用 Close 或 Dispose 显式地关闭该连接。Close 和 Dispose 在功能上等效。如果连接池值 Pooling 设置为 True 或 Yes，则基础连接将返回到连接池。另一方面，如果 Pooling 设置为 False 或 No，则实际上会关闭到服务器的基础连接。

若要确保连接始终关闭，应在 using 块内部打开连接，如下面的代码段所示，这样可确保在退出代码块时自动关闭连接：

```
Using connection As New SqlConnection(connectionString)
    connection.Open()
End Using
using (SqlConnection connection = new SqlConnection(connectionString))
{
    connection.Open();
}
```

表 9.11 列出了 SqlConnection 类的所有公共属性。

表 9.11　SqlConnection 类的公共属性

名　称	说　明
ConnectionString	获取或设置用于打开 SQL Server 数据库的字符串
ConnectionTimeout	获取在尝试建立连接时终止尝试并生成错误之前所等待的时间
Container	获取 IContainer，它包含 Component
Database	获取当前数据库或连接打开后要使用的数据库的名称
DataSource	获取要连接的 SQL Server 实例的名称
FireInfoMessageEventOnUserErrors	获取或设置 FireInfoMessageEventOnUserErrors 属性
PacketSize	获取用来与 SQL Server 的实例通信的网络数据包的大小
ServerVersion	获取包含客户端连接的 SQL Server 实例的版本的字符串
Site	获取或设置 Component 的 ISite

续表

名　称	说　明
State	指示 SqlConnection 的状态
StatisticsEnabled	如果设置为 True，则对当前连接启用统计信息收集
WorkstationId	获取标识数据库客户端的一个字符串

表 9.12 列出了 SqlConnection 类的所有公共方法。

表 9.12　SqlConnection 类的公共方法

名　称	说　明
BeginTransaction	开始数据库事务
ChangeDatabase	为打开的 SqlConnection 更改当前数据库
ChangePassword	将连接字符串中指示的用户的 SQL Server 密码更改为提供的新密码
ClearAllPools	清空连接池
ClearPool	清空与指定连接关联的连接池
Close	关闭与数据库的连接。这是关闭任何打开连接的首选方法
CreateCommand	创建并返回一个与 SqlConnection 关联的 SqlCommand 对象
CreateObjRef	创建一个对象，该对象包含生成用于与远程对象进行通信的代理所需的全部相关信息
Dispose	释放由 Component 占用的资源
EnlistDistributedTransaction	在指定的事务中登记为分布式事务
EnlistTransaction	在指定的事务中登记为事务
Equals	确定两个 Object 实例是否相等
GetHashCode	用作特定类型的哈希函数。GetHashCode 适合在哈希算法和数据结构(如哈希表)中使用
GetLifetimeService	检索控制此实例的生存期策略的当前生存期服务对象
GetSchema	返回此 SqlConnection 的数据源的架构信息
GetType	获取当前实例的 Type
InitializeLifetimeService	获取控制此实例的生存期策略的生存期服务对象
Open	使用 ConnectionString 所指定的属性设置打开数据库连接
ReferenceEquals	确定指定的 Object 实例是否是相同的实例
ResetStatistics	如果启用统计信息收集，则所有的值都将重置为零
RetrieveStatistics	调用该方法时，将返回统计信息的名称值对集合
ToString	返回包含 Component 的名称的 String(如果有)。不应重写此方法

9.3.7　SqlCommand 类

当创建 SqlCommand 的实例时，读/写属性将被设置为它们的初始值。SqlCommand 特

高职高专计算机实用规划教材——案例驱动与项目实践

别提供了以下对 SQL Server 数据库执行命令的方法。

- BeginExecuteNonQuery：启动此 SqlCommand 描述的 Transact-SQL 语句或存储过程的异步执行，一般情况下执行 INSERT、DELETE、UPDATE 和 SET 语句等命令。每调用一次 BeginExecuteNonQuery，都必须调用一次通常在单独的线程上完成操作的 EndExecuteNonQuery。

- BeginExecuteReader：启动此 SqlCommand 描述的 Transact-SQL 语句或存储过程的异步执行，并从服务器中检索一个或多个结果集。每调用一次 BeginExecuteReader，都必须调用一次通常在单独的线程上完成操作的 EndExecuteReader。

- BeginExecuteXmlReader：启动此 SqlCommand 描述的 Transact-SQL 语句或存储过程的异步执行。每调用一次 BeginExecuteXmlReader，都必须调用一次 EndExecuteXmlReader，它通常在单独的线程上完成操作，并且返回一个 XmlReader 对象。

- ExecuteReader：执行返回行的命令。为了提高操作的性能，ExecuteReader 使用 Transact-SQL sp_executesql 系统存储过程调用命令。因此，如果 ExecuteReader 用于执行命令(例如 Transact-SQL SET 语句)，则它可能不会产生预期的效果。

- ExecuteNonQuery：执行 Transact-SQL 的 INSERT、DELETE、UPDATE 及 SET 语句等命令。

- ExecuteScalar：从数据库中检索单个值(例如一个聚合值)。

- ExecuteXmlReader：将 CommandText 发送到 Connection 并且生成一个 XmlReader 对象。

可以重置 CommandText 属性并重复使用 SqlCommand 对象。但是，在执行新的命令或先前的命令之前，必须关闭 SqlDataReader。

如果执行 SqlCommand 的方法生成 SqlException，那么当严重级别小于等于 19 时，SqlConnection 将仍保持打开状态。当严重级别大于等于 20 时，服务器通常会关闭 SqlConnection。但是，用户可以重新打开连接并继续操作。

下面的示例创建一个 SqlConnection、一个 SqlCommand 和一个 SqlDataReader。该示例读取所有数据，并将其写到控制台，最后，该示例先关闭 SqlDataReader，然后再关闭 SqlConnection：

```vb
Public Sub ReadOrderData(ByVal connectionString As String)
    Dim queryString As String = _
        "SELECT OrderID, CustomerID FROM dbo.Orders;"
    Using connection As New SqlConnection(connectionString)
        Dim command As New SqlCommand(queryString, connection)
        connection.Open()
        Dim reader As SqlDataReader = command.ExecuteReader()
        Try
            While reader.Read()
                Console.WriteLine(String.Format("{0}, {1}", _
                    reader(0), reader(1)))
            End While
        Finally
            reader.Close()
        End Try
    End Using
End Sub
```

表 9.13 列出了 SqlCommand 类的所有公共属性。

表 9.13 SqlCommand 类的公共属性

名　称	说　明
CommandText	获取或设置要对数据源执行的 Transact-SQL 语句、表名或存储过程
CommandTimeout	获取或设置在终止执行命令的尝试并生成错误之前的等待时间
CommandType	获取或设置一个值，该值指示如何解释 CommandText 属性
Connection	获取或设置 SqlCommand 的此实例使用的 SqlConnection
Container	获取 IContainer，它包含 Component
DesignTimeVisible	获取或设置一个值，该值指示命令对象是否应在 Windows 窗体设计器控件中可见
Notification	获取或设置一个指定与此命令绑定的 SqlNotificationRequest 对象的值
NotificationAutoEnlist	获取或设置一个值，该值指示应用程序是否应自动接收来自公共 SqlDependency 对象的查询通知
Parameters	获取 SqlParameterCollection
Site	获取或设置 Component 的 ISite
Transaction	获取或设置将在其中执行 SqlCommand 的 SqlTransaction
UpdatedRowSource	获取或设置命令结果在由 DbDataAdapter 的 Update 方法使用时，如何应用于 DataRow

表 9.14 列出了 SqlCommand 类的所有公共方法。

表 9.14 SqlCommand 类的公共方法

名　称	说　明
BeginExecuteNonQuery	启动此 SqlCommand 描述的 Transact-SQL 语句或存储过程的异步执行
BeginExecuteReader	启动此 SqlCommand 描述的 Transact-SQL 语句或存储过程的异步执行，并从服务器中检索一个或多个结果集
BeginExecuteXmlReader	启动此 SqlCommand 描述的 Transact-SQL 语句或存储过程的异步执行，并将结果作为 XmlReader 对象返回
Cancel	尝试取消 SqlCommand 的执行
Clone	创建作为当前实例副本的新 SqlCommand 对象
CreateObjRef	创建一个对象，该对象包含生成用于与远程对象进行通信的代理所需的全部相关信息
CreateParameter	创建 SqlParameter 对象的新实例
Dispose	释放由 Component 占用的资源
EndExecuteNonQuery	完成 Transact-SQL 语句的异步执行
EndExecuteReader	完成 Transact-SQL 语句的异步执行，返回请求的 SqlDataReader
EndExecuteXmlReader	完成 Transact-SQL 语句的异步执行，将请求的数据以 XML 形式返回
Equals	确定两个 Object 实例是否相等
ExecuteNonQuery	对连接执行 Transact-SQL 语句并返回受影响的行数
ExecuteReader	将 CommandText 发送到 Connection 并生成一个 SqlDataReader
ExecuteScalar	执行查询，并返回查询所返回的结果集中第一行的第一列。忽略其他列或行
ExecuteXmlReader	将 CommandText 发送到 Connection 并生成一个 XmlReader 对象

名　称	说　明
GetHashCode	用作特定类型的哈希函数
GetLifetimeService	检索控制此实例的生存期策略的当前生存期服务对象
GetType	获取当前实例的 Type
InitializeLifetimeService	获取控制此实例的生存期策略的生存期服务对象
Prepare	在 SQL Server 的实例上创建命令的一个准备版本
ReferenceEquals	确定指定的 Object 实例是否是相同的实例
ResetCommandTimeout	将 CommandTimeout 属性重置为其默认值
ToString	返回包含 Component 的名称的 String(如果有)。不应重写此方法

9.3.8　SqlDataAdapter 类

SqlDataAdapter 是 DataSet 和 SQL Server 之间的桥接器，用于检索和保存数据。

SqlDataAdapter 通过对数据源使用适当的 Transact-SQL 语句映射 Fill(它可更改 DataSet 中的数据以匹配数据源中的数据)和 Update(它可更改数据源中的数据以匹配 DataSet 中的数据)来提供这一桥接。

当 SqlDataAdapter 填充 DataSet 时，它为返回的数据创建必需的表和列(如果这些表和列尚不存在)。但是，除非 MissingSchemaAction 属性设置为 AddWithKey，否则这个隐式创建的架构中不包括主键信息。也可以使用 FillSchema，让 SqlDataAdapter 创建 DataSet 的架构，并在用数据填充它之前就将主键信息包括进去。

SqlDataAdapter 与 SqlConnection 和 SqlCommand 一起使用，以便在连接到 SQL Server 数据库时提高性能。

SqlDataAdapter 还有 SelectCommand、InsertCommand、DeleteCommand、UpdateCommand 和 TableMappings 属性，以便于数据的加载和更新。

当创建 SqlDataAdapter 的实例时，读/写属性将被设置为初始值。下面的示例使用 SqlCommand、SqlDataAdapter 和 SqlConnection 从数据库中选择记录，并用选定的行填充 DataSet，然后返回已填充的 DataSet。

为完成此任务，向该方法传递一个已初始化的 DataSet、一个连接字符串和一个查询字符串，后者是一个 Transact-SQL 的 SELECT 语句。

具体代码如下：

```
Public Function SelectRows( _
  ByVal dataSet As DataSet, ByVal connectionString As String, _
  ByVal queryString As String) As DataSet

    Using connection As New SqlConnection(connectionString)
        Dim adapter As New SqlDataAdapter()
        adapter.SelectCommand = New SqlCommand(queryString, connection)
        adapter.Fill(dataSet)
        Return dataSet
    End Using

End Function
```

表 9.15 列出了 SqlDataAdapter 类的所有公共属性。

表 9.15　SqlDataAdapter 类公共属性

名　　称	说　　明
AcceptChangesDuringFill	获取或设置一个值，该值指示在任何 Fill 操作过程中，在将 AcceptChanges 添加到 DataTable 之后是否在 DataRow 上调用它
AcceptChangesDuringUpdate	获取或设置在 Update 期间是否调用 AcceptChanges
Container	获取 IContainer，它包含 Component
ContinueUpdateOnError	获取或设置一个值，该值指定在行更新过程中遇到错误时是否生成异常
DeleteCommand	获取或设置一个 Transact-SQL 语句或存储过程，以从数据集删除记录
FillLoadOption	获取或设置 LoadOption，后者确定适配器如何从 DbDataReader 中填充 DataTable
InsertCommand	获取或设置一个 Transact-SQL 语句或存储过程，以在数据源中插入新记录
MissingMappingAction	确定传入数据没有匹配的表或列时需要执行的操作
MissingSchemaAction	确定现有 DataSet 架构与传入数据不匹配时需要执行的操作
ReturnProviderSpecificTypes	获取或设置 Fill 方法是应当返回提供程序特定的值，还是返回公用的符合 CLS 的值
SelectCommand	获取或设置一个 Transact-SQL 语句或存储过程，用于在数据源中选择记录
Site	获取或设置 Component 的 ISite
TableMappings	获取一个集合，它提供源表和 DataTable 之间的主映射
UpdateBatchSize	获取或设置每次到服务器的往返过程中处理的行数
UpdateCommand	获取或设置一个 Transact-SQL 语句或存储过程，用于更新数据源中的记录

表 9.16 列出了 SqlDataAdapter 类的所有公共方法。

表 9.16　SqlDataAdapter 类的公共方法

名　　称	说　　明
CreateObjRef	创建一个对象，该对象包含生成用于与远程对象进行通信的代理所需的全部相关信息
Dispose	释放由 Component 占用的资源
Equals	已重载。确定两个 Object 实例是否相等(从 Object 继承)
Fill	填充 DataSet 或 DataTable
FillSchema	将 DataTable 添加到 DataSet 中，并配置架构以匹配数据源中的架构
GetFillParameters	获取当执行 SQL 的 SELECT 语句时由用户设置的参数
GetHashCode	用作特定类型的哈希函数。GetHashCode 适合在哈希算法和数据结构(如哈希表)中使用
GetLifetimeService	检索控制此实例的生存期策略的当前生存期服务对象
GetType	获取当前实例的 Type
InitializeLifetimeService	获取控制此实例的生存期策略的生存期服务对象

名　称	说　明
ReferenceEquals	确定指定的 Object 实例是否是相同的实例
ResetFillLoadOption	将 FillLoadOption 重置为默认状态，并使 Fill 接受 AcceptChangesDuringFill
ShouldSerializeAcceptChangesDuringFill	确定是否应保持 AcceptChangesDuringFill 属性
ShouldSerializeFillLoadOption	确定是否应保持 FillLoadOption 属性
ToString	返回包含 Component 的名称的 String(如果有)。不应重写此方法
Update	为 DataSet 中每个已插入、已更新或已删除的行调用相应的 INSERT、UPDATE 或 DELETE 语句

9.3.9　DataTable 类

DataTable 是 ADO.NET 库中的核心对象。其他使用 DataTable 的对象包括 DataSet 和 DataView。

一个 DataSet 可以包含两个 DataTable 对象，它们具有相同的 TableName 属性值和不同的 Namespace 属性值。

如果正在以编程方式创建 DataTable，则必须先通过将 DataColumn 对象添加到 DataColumnCollection(通过 Columns 属性访问)中来定义其架构。

若要向 DataTable 中添加行，必须先使用 NewRow 方法返回新的 DataRow 对象。NewRow 方法返回具有 DataTable 的架构的行，就像由该表的 DataColumnCollection 定义的那样。 DataTable 可存储的最大行数是 16777216。

DataTable 也包含可用于确保数据完整性的 Constraint 对象的集合。有许多 DataTable 事件可用于确定更改表的时间，其中包括 RowChanged、RowChanging、RowDeleting 和 RowDeleted。

当创建 DataTable 的实例时，某些读/写属性将被设置为初始值。

下面的示例创建两个 DataTable 对象和一个 DataRelation 对象，并将这些新对象添加到 DataSet 中。这些表随后会显示在 DataGridView 控件中。具体代码如下：

```
private dataSet As DataSet

Private Sub MakeDataTables()
    '调用所有函数
    MakeParentTable()
    MakeChildTable()
    MakeDataRelation()
    BindToDataGrid()
End Sub

Private Sub MakeParentTable()
    '创建一个新的 DataTable 对象，名为 "ParentTable"
    Dim table As DataTable = new DataTable("ParentTable")

    '声明行与列的对象
    Dim column As DataColumn
    Dim row As DataRow
```

```vb
        '创建新列，为其设置类型、列名，并添加到 DataTable 对象中
        column = New DataColumn()
        column.DataType = System.Type.GetType("System.Int32")
        column.ColumnName = "id"
        column.ReadOnly = True
        column.Unique = True

        '将列对象添加到表列集合中
        table.Columns.Add(column)

        '创建第二列
        column = New DataColumn()
        column.DataType = System.Type.GetType("System.String")
        column.ColumnName = "ParentItem"
        column.AutoIncrement = False
        column.Caption = "ParentItem"
        column.ReadOnly = False
        column.Unique = False

        table.Columns.Add(column)

        '设置 ID 列为主键
        Dim PrimaryKeyColumns(0) As DataColumn
        PrimaryKeyColumns(0)= table.Columns("id")
        table.PrimaryKey = PrimaryKeyColumns

        '初始化 DataSet 对象
        dataSet = New DataSet()

        '将 DataTable 对象添加进数据集中
        dataSet.Tables.Add(table)

        '创建三行数据并添加到表中
        Dim i As Integer
        For i = 0 to 2
           row = table.NewRow()
           row("id") = i
           row("ParentItem") = "ParentItem " + i.ToString()
           table.Rows.Add(row)
        Next i
End Sub

Private Sub MakeChildTable()
        '创建一个新 DataTable 对象
        Dim table As DataTable = New DataTable("childTable")
        Dim column As DataColumn
        Dim row As DataRow

        '创建第一列并加入到 DataTable 中
        column = New DataColumn()
        column.DataType= System.Type.GetType("System.Int32")
        column.ColumnName = "ChildID"
        column.AutoIncrement = True
        column.Caption = "ID"
        column.ReadOnly = True
        column.Unique = True

        将该列加入到列集合中
        table.Columns.Add(column)

        '创建第二列
        column = New DataColumn()
        column.DataType= System.Type.GetType("System.String")
        column.ColumnName = "ChildItem"
        column.AutoIncrement = False
        column.Caption = "ChildItem"
        column.ReadOnly = False
        column.Unique = False
        table.Columns.Add(column)

        '创建第三列
        column = New DataColumn()
        column.DataType= System.Type.GetType("System.Int32")
        column.ColumnName = "ParentID"
        column.AutoIncrement = False
        column.Caption = "ParentID"
```

```
    column.ReadOnly = False
    column.Unique = False
    table.Columns.Add(column)

    dataSet.Tables.Add(table)

    Dim i As Integer
    For i = 0 to 4
        row = table.NewRow()
        row("childID") = i
        row("ChildItem") = "Item " + i.ToString()
        row("ParentID") = 0
        table.Rows.Add(row)
    Next i
    For i = 0 to 4
        row = table.NewRow()
        row("childID") = i + 5
        row("ChildItem") = "Item " + i.ToString()
        row("ParentID") = 1
        table.Rows.Add(row)
    Next i
    For i = 0 to 4
        row = table.NewRow()
        row("childID") = i + 10
        row("ChildItem") = "Item " + i.ToString()
        row("ParentID") = 2
        table.Rows.Add(row)
    Next i
End Sub

Private Sub MakeDataRelation()
    Dim parentColumn As DataColumn = _
        dataSet.Tables("ParentTable").Columns("id")
    Dim childColumn As DataColumn = _
        dataSet.Tables("ChildTable").Columns("ParentID")
    Dim relation As DataRelation = new _
        DataRelation("parent2Child", parentColumn, childColumn)
    dataSet.Tables("ChildTable").ParentRelations.Add(relation)
End Sub

Private Sub BindToDataGrid()
    DataGrid1.SetDataBinding(dataSet,"ParentTable")
End Sub
```

表 9.17 列出了 DataTable 类的所有公共属性。

表 9.17　DataTable 类的公共属性

名　称	说　明
CaseSensitive	指示表中的字符串比较是否区分大小写
ChildRelations	获取此 DataTable 的子关系的集合
Columns	获取属于该表的列的集合
Constraints	获取由该表维护的约束的集合
Container	获取组件的容器
DataSet	获取此表所属的 DataSet
DefaultView	获取可能包括筛选视图或游标位置的表的自定义视图
DesignMode	获取指示组件当前是否处于设计模式的值
DisplayExpression	获取或设置一个表达式，该表达式返回的值用于表示用户界面中的此表。DisplayExpression 属性用于在用户界面中显示此表的名称
ExtendedProperties	获取自定义用户信息的集合
HasErrors	获取一个值，该值指示该表所属的 DataSet 的任何表的任何行中是否有错误
IsInitialized	获取一个值，该值指示是否已初始化 DataTable

续表

名　称	说　明
Locale	获取或设置用于比较表中字符串的区域设置信息
MinimumCapacity	获取或设置该表最初的起始大小
Namespace	获取或设置 DataTable 中所存储数据的 XML 表示形式的命名空间
ParentRelations	获取该 DataTable 的父关系的集合
Prefix	获取或设置 DataTable 中所存储数据的 XML 表示形式的命名空间
PrimaryKey	获取或设置充当数据表主键的列的数组
RemotingFormat	获取或设置序列化格式
Rows	获取属于该表的行的集合
Site	获取或设置 DataTable 的 System.ComponentModel.ISite
TableName	获取或设置 DataTable 的名称

表 9.18 列出了 DataTable 类的所有公共方法。

表 9.18　DataTable 类的公共方法

名　称	说　明
AcceptChanges	提交自上次调用 AcceptChanges 以来对该表进行的所有更改
BeginInit	开始初始化在窗体上使用或由另一个组件使用的 DataTable。初始化发生在运行时
BeginLoadData	在加载数据时关闭通知、索引维护和约束
Clear	清除所有数据的 DataTable
Clone	克隆 DataTable 的结构，包括所有 DataTable 架构和约束
Compute	计算用来传递筛选条件的当前行上的给定表达式
Copy	复制该 DataTable 的结构和数据
CreateDataReader	返回与此 DataTable 中的数据相对应的 DataTableReader
Dispose	释放由 MarshalByValueComponent 占用的资源
EndInit	结束在窗体上或由另一个组件使用的 DataTable 的初始化。初始化发生在运行时
EndLoadData	在加载数据后打开通知、索引维护和约束
Equals	确定两个 Object 实例是否相等
GetChanges	获取 DataTable 的副本，该副本包含自上次加载以来或自调用 AcceptChanges 以来对该数据集进行的所有更改
GetDataTableSchema	该方法返回一个包含 Web 服务描述语言(WSDL)的 XmlSchemaSet 实例，该语言描述了用作 Web 服务的 DataTable
GetErrors	获取包含错误的 DataRow 对象的数组
GetHashCode	用作特定类型的哈希函数
GetObjectData	用序列化 DataTable 所需的数据填充序列化信息对象
GetService	获取 IServiceProvider 的实施者
GetType	获取当前实例的 Type
ImportRow	将 DataRow 复制到 DataTable 中，保留任何属性设置以及初始值和当前值
Load	通过所提供的 IDataReader，用某个数据源的值填充 DataTable。如果 DataTable 已经包含行，则从数据源传入的数据将与现有的行合并

名　称	说　明
LoadDataRow	查找和更新特定行。如果找不到任何匹配行，则使用给定值创建新行
Merge	将指定的 DataTable 与当前的 DataTable 合并
NewRow	创建与该表具有相同架构的新 DataRow
ReadXml	将 XML 架构和数据读入 DataTable
ReadXmlSchema	将 XML 架构读入 DataTable
ReferenceEquals	确定指定的 Object 实例是否是相同的实例
RejectChanges	回滚自该表加载以来或上次调用 AcceptChanges 以来对该表进行的所有更改
Reset	将 DataTable 重置为其初始状态
Select	获取 DataRow 对象的数组
ToString	获取 TableName 和 DisplayExpression(如果有一个用作连接字符串)
WriteXml	将 DataTable 的当前内容以 XML 格式写入
WriteXmlSchema	将 DataTable 的当前数据结构以 XML 架构形式写入

9.4　数　据　绑　定

在 Windows 窗体中，不仅可以绑定到传统的数据源，还可以绑定到几乎所有包含数据的结构。可以绑定到值的数组，这些值可以在运行时计算、从文件中读取或者从其他控件的值派生。

另外，还可以将任何控件的任何属性绑定到数据源。在传统的数据绑定中，通常将显示属性(例如 TextBox 控件的 Text 属性)绑定到数据源。使用.NET 框架，还可以选择通过绑定设置其他属性。可以使用绑定来执行下列任务：

- 设置图像(Image)控件的图形。
- 设置一个或多个控件的背景色。
- 设置控件的大小。

实质上，数据绑定是一种设置窗体上任何控件的任何运行时可访问属性的自动方法。

9.4.1　DataGridView 控件

DataGridView 控件提供一种强大而灵活的以表格形式显示数据的方式。可以使用 DataGridView 控件来显示少量数据的只读视图，也可以对其进行缩放以显示特大数据集的可编辑视图。

可以用很多方式扩展 DataGridView 控件，以便将自定义行为内置在应用程序中。例如，可以采用编程方式指定自己的排序算法，以及创建自己的单元格类型。通过选择一些属性，可以轻松地自定义 DataGridView 控件的外观。可以将许多类型的数据存储区用作数据源，也可以在没有绑定数据源的情况下操作 DataGridView 控件。

使用 DataGridView 控件，可以显示和编辑来自多种不同类型的数据源的表格数据。

将数据绑定到 DataGridView 控件非常简单和直观，在大多数情况下，只需设置 DataSource 属性即可。

在绑定到包含多个列表或表的数据源时，只需将 DataMember 属性设置为指定要绑定的列表或表的字符串即可。

DataGridView 控件支持标准 Windows 窗体数据绑定模型，因此该控件将绑定到如下所述的类的实例：

- 任何实现 IList 接口的类，包括一维数组。
- 任何实现 IListSource 接口的类，例如 DataTable 和 DataSet 类。
- 任何实现 IBindingList 接口的类，例如 BindingList 类。
- 任何实现 IBindingListView 接口的类，例如 BindingSource 类。

DataGridView 控件支持对这些接口所返回对象的公共属性的数据绑定，如果在返回的对象上实现 ICustomTypeDescriptor 接口，则还支持对该接口所返回的属性集合的数据绑定。

通常绑定到 BindingSource 组件，并将 BindingSource 组件绑定到其他数据源或使用业务对象填充该组件。

BindingSource 组件为首选数据源，因为该组件可以绑定到各种数据源，并可以自动解决许多数据绑定问题。

DataGridView 控件还可以在"取消绑定"模式下使用，无需任何基础数据存储区。

DataGridView 控件具有极高的可配置性和可扩展性，它提供有大量的属性、方法和事件，可以用来对该控件的外观和行为进行自定义。

当需要在 Windows 窗体应用程序中显示表格数据时，首先考虑使用 DataGridView 控件，然后再考虑使用其他控件(例如 DataGrid)。若要以小型网格显示只读值，或者若要使用户能够编辑具有数百万条记录的表，DataGridView 控件将为我们提供可以方便地进行编程以及有效地利用内存的解决方案。

9.4.2 DataSource 属性

该属性用于通过"数据环境"创建数据绑定控件。"数据环境"保存着数据集合(数据源)，而数据集合包含将被表示为 Recordset 对象的已命名对象(数据成员)。

DataMember 和 DataSource 属性必须联合使用。所引用的对象必须执行 IDataSource 接口，并且必须包含 IRowset 接口。

9.4.3 DataMember 属性

DataMember 属性指定要从 DataSource 属性所引用的对象中检索的数据成员的名称，决定将把 DataSource 属性所指定的哪个对象作为 Recordset 对象提取出来。设置该属性前必须关闭 Recordset 对象。

如果在设置 DataSource 属性前没有设置 DataMember 属性，或者在 DataSource 属性中指定的对象不能识别 DataMember 名称，都将产生错误。

高职高专计算机实用规划教材——案例驱动与项目实践

9.4.4　BindingContext 和 CurrencyManager 对象

1. BindingContext 对象

每个 Windows 窗体至少有一个 BindingContext 对象，此对象负责管理该窗体的 BindingManagerBase 对象。由于 BindingManagerBase 类是抽象类，因此 Item 属性的返回类型是 CurrencyManager 或 PropertyManager。如果数据源是只能返回单个属性(而不是对象列表)的对象，则 Type 为 PropertyManager。

例如，如果指定 TextBox 作为数据源，则返回 PropertyManager。另一方面，如果数据源是实现 IList 或 IBindingList 的对象，则返回 CurrencyManager。

对于 Windows 窗体上的每个数据源，都有单个 CurrencyManager 或 PropertyManager。由于可能有多个数据源与 Windows 窗体关联，使用 BindingContext 可以检索与数据源关联的任何特定的 CurrencyManager。

如果使用容器控件(如 GroupBox、Panel 或 TabControl)来包含数据绑定控件，则可以仅为该容器控件及其控件创建一个 BindingContext。然后，窗体的每一部分都可以由它自己的 BindingManagerBase 来管理。

如果将 TextBox 控件添加到某个窗体并将其绑定到数据集中的表列，则该控件与此窗体的 BindingContext 进行通信。BindingContext 反过来与此数据关联的特定 CurrencyManager 进行通信。如果查询了 CurrencyManager 的 Position 属性，它会报告此 TextBox 控件的当前绑定记录。在下面的代码示例中，通过 TextBox 控件所在的窗体的 BindingContext，将此控件绑定到 dataSet1 数据集中 Customers 表的 FirstName 列：

```
TextBox1.DataBindings.Add("Text", dataSet1, "Customers.FirstName")
```

可以将第二个 TextBox 控件(TextBox2)添加到窗体上并将其绑定到同一数据集中的 Customers 表的 LastName 列。BindingContext 可以识别第一个绑定(TextBox1 到 Customers.FirstName 的绑定)，因此它将使用同一个 CurrencyManager，原因是两个文本框都绑定到同一个数据集(DataSet1)。代码如下：

```
TextBox2.DataBindings.Add("Text", dataSet1, "Customers.LastName")
```

如果将 TextBox2 绑定到另一个不同的数据集，则 BindingContext 创建并管理第二个 CurrencyManager。

以一致的方式设置 DataSource 和 DisplayMember 属性很重要；如果不一致，BindingContext 会为同一个数据集创建多个货币管理器，而这将导致错误。下面的代码示例显示几种设置属性及其关联的 BindingContext 对象的方法。只要在整个代码中保持一致，就可以使用以下任意一种方法来设置属性：

```
ComboBox1.DataSource = DataSet1
ComboBox1.DisplayMember = "Customers.FirstName"
Me.BindingContext(dataSet1, "Customers").Position = 1
```

2. CurrencyManager 对象

CurrencyManager 从 BindingManagerBase 类派生。使用 BindingContext 返回一个

CurrencyManager 或一个 PropertyManager。返回的实际对象取决于传递给 BindingContext 的 Item 属性的数据源和数据成员。如果数据源是只能返回单个属性的对象(而不是对象列表)，该类型则为 PropertyManager。例如，如果指定一个 TextBox 作为数据源，则将返回一个 PropertyManager。另一方面，如果数据源是实现 IList、IListSource 或 IBindingList 接口的对象，则返回 CurrencyManager。

Current 属性返回基础列表中的当前项。若要更改当前项，将 Position 属性设置为新值。该值必须大于 0 而小于 Count 属性值。

如果基础数据源实现 IBindingList 接口，并且 AllowNew 属性设置为 true，则可以使用 AddNew 方法。

9.5 实现安全性

现今，软件安全性已成为一个越来越不容忽视的问题，人们往往会想起一连串专业性名词："系统安全性参数"、"软件事故率"、"软件安全可靠度"、"软件安全性指标"等，它们可能出现在强制的规范性文档中的频率比较多，但却不一定能在开发过程中吸引开发者的眼球。几乎每一个程序员都或多或少地在项目维护时遭遇过自己软件的安全性bug，这种经历使程序员有幸在一个设计严谨而又性能良好的系统平台上工作时，都会对其大为感叹："那真是一段很棒的代码！"这是因为专业的软件设计开发人员会重视软件的安全性，而不仅仅把它视为书面字眼。本节将通过对软件安全性概念的引入，首先来加固对软件安全性的认识。

9.5.1 应用程序安全性概述

在.NET 框架以前的版本中，用户计算机上运行的所有代码对该计算机上的资源具有与用户相同的访问权限。例如，如果允许用户访问文件系统，则也允许代码访问文件系统；如果允许用户访问一个数据库，则也允许代码访问该数据库。虽然对于用户在本地计算机上显式安装的可执行代码来说，这些权限是可接受的，但对于来自 Internet 或本地 Intranet 的潜在恶意代码，则不应授予这些权限。如果此类代码没有相应的权限，则不能访问用户的计算机资源。

.NET 框架引入了一种称为"代码访问安全性"的基础结构，可以通过它将代码具有的权限与用户具有的权限区分开来。默认情况下，来自 Internet 和 Intranet 的代码只能在称为"部分信任"的环境中运行。部分信任使应用程序受到一系列限制：如应用程序受到访问本地硬盘的限制，以及无法运行非托管代码等。.NET 框架根据代码所具有的标识(代码的来源、它是否具有强名称的程序集，以及它是否具有证书签名等)来控制代码可以访问的资源。

ClickOnce 技术用于部署 Windows 窗体应用程序，有助于更加轻松地开发在部分信任、完全信任或在提升权限后的部分信任环境中运行的应用程序。ClickOnce 可提供"权限提升"和"受信任的应用程序部署"等功能，以使应用程序可以通过可靠的方式从本地用户处请求完全信任或提升权限。

9.5.2　SQL Server 的安全性

许多 Windows 的系统管理员都兼职其他的工作，其中兼职最多的应该是微软的 SQL Server 数据库管理员(DBA)。微软在 SQL Server 中整合了太多的自动管理功能，使许多企业都认为它们已经不再需要一个专职的 DBA，而只需让一名 Windows 系统管理员来处理通常由 DBA 负责管理的事务即可。

另一方面，企业又将许多机密的信息存储到了 SQL Server 数据库中。如果是一名 DBA 新手，则需要了解 SQL Server 的安全模式和如何配置其安全设置，以保证"合法"用户的访问并阻止"非法"访问。与以前的老版本相比，SQL Server 的安全模式有了很大的改进，并且与 Windows 安全模式的集成非常紧密。

1．两种登录方式

标准登录方式(SQL Server 和 Windows)采用 SQL Server 提供的用户名和密码登录连接，可用 sp_denylogin 'builtinadministrators' 拒绝操作系统管理员登录连接(sp_grantlogin 'builtinadministrators' 反转)，也称非信任登录机制；这种认证方式是两种方式中最安全的。

集成登录方式(仅 Windows)将 Windows 的用户和工作组映射为 SQL Server 的登录方式，也称信任机制。

2．一个特殊账户

sa 是系统默认账户，不能删除，拥有最高的管理权限，可以执行 SQL Server 服务器范围内的所有操作，所以一定要给 sa 加上密码，密码推荐不少于 6 位，最后是字母、数字和特殊符号的组合。

3．两个特殊数据库用户

(1) dbo：数据库的拥有者，在安装 SQL Server 时，被设置到 model 数据库中，不能被删除，所以 dbo 在每个数据库中都存在。dbo 是数据库的最高权力者，对应于创建该数据库的登录用户，即所有的数据库的 dbo 都对应于 sa 账户。

(2) guest：这个用户可以使任何已经登录到 SQL Server 服务器的用户都可以访问数据库，即使它还没有成为本数据库的用户。所有的系统数据库除 model 以外都有 guest 用户。所有新建的数据库都没有这个用户，如果有必要添加 guest 用户，用 sp_grantdbaccess 来明确建立这个用户。

4．还原数据库

还原数据库的时候要删除本数据库的用户如 user，然后在安全性中重新建这个用户和指定相应的访问权限，因为这个用户在 master 里不存在。

当然也可以用 sp_addlogin 'user', 'resu' 来新建 user 用户，用 sp_change_users_login 'update_one', 'user', 'user' 来指定在 master 中的对应。

5．拥有与 sa 一样的权限

具有 system administrators 服务器角色的成员拥有与 sa 一样的权限，具有 db_owner 数据库角色的用户拥有对本数据库的完全操作权限。如果在创建 login 的时候，选择了 system administrators 角色，那么该用户创建的对象都属于 dbo 用户。

9.5.3 ADO.NET 的安全性

要编写安全的 ADO.NET 应用程序，所涉及的问题不仅仅是要避免常见的编码缺陷。访问数据的应用程序包含许多潜在的故障点，攻击者可以利用这些故障点来检索、操纵或破坏敏感的数据。一定要了解安全的各个方面，从应用程序设计阶段建立威胁模型的过程，到应用程序的最终部署，到对应用程序不断的实时维护，都要考虑到。

.NET 框架提供多种有用的类和服务，使得开发人员能够编写安全的应用程序。安全编码概述给出了几种不同的代码设计方法，用这些方法设计的代码可以在.NET 框架安全系统上运行。此外，在 ADO.NET 代码中必须遵守安全数据访问编码惯例，避免被潜在的攻击者利用。攻击者发起的与 ADO.NET 有关的常见攻击是使用 SQL 注入式攻击或从应用程序返回的异常中确定私有数据库信息。使用参数化命令和有效的异常处理可以解决该问题。

攻击者将其他 SQL 语句插入(即注入)在数据源或数据库服务器上处理的命令时，即发生 SQL 注入式攻击。这些命令不仅可以检索我们的私有信息，还可以修改或破坏数据库服务器上的信息。只要注入的 SQL 语句在语法上正确的，就无法通过编程方式在服务器端检测到篡改的情况。因此，必须确保用户输入不会插入到已在执行的命令。遵守下面这些原则可以帮助我们抵御 SQL 注入式攻击：

- 始终在拥有最低特权的账户下运行。
- 始终验证来自外部源的所有用户输入。
- 始终将列值作为参数而不是作为串联值传递。

以下代码容易受到 SQL 注入式攻击，因为代码接受任何来自 TextBox 控件的用户输入，并将其与 Transact-SQL 语句串联在一起，将串联后的字符串提交给 SQL Server 进行处理。只要串联后的 Transact-SQL 语句在语法上是正确的，并且调用者具有相应的权限，SQL Server 就会处理该命令。如果使用字符串串联，攻击者就可以利用我们的应用程序输入数据，这些数据可以在服务器上执行意想不到的命令。例如：

```
Dim ID As String = TextBox1.Text

Dim query As String = _
    "SELECT * FROM dbo.Orders WHERE CustomerID = '" & ID & "';"
Dim cmd As SqlCommand = New SqlCommand(query, connection)
Dim reader As SqlDataReader = cmd.ExecuteReader()
reader.Close()
```

在这种情况下，潜在的攻击者可以对 CustomerID 输入 "ABCD';DELETE FROM Orders;--" 值，其中 ABCD 是预期的 WHERE 子句的有效值。ABCD 之后的单引号结束了所需查询的 WHERE 子句，分号分隔第一个命令的结尾。DELETE FROM 语句开始了一个新命令，代表 SQL 注入式攻击。双连字符字符序列(--)通知 SQL Server 后面的所有内容都是注释，应忽略，所以，在原始代码中串联的右单引号和分号(+ "';")不会生成语法错误。服务器将处理以下字符串，该字符串由两个独立的命令组成：

```
SELECT * FROM dbo.Orders WHERE CustomerID = 'ABCD';DELETE FROM Orders;--'
```

SQL Server 处理第一个命令时，将在 Orders 表中选择匹配的记录。处理第二个命令时，将删除 Orders 表中的所有记录。

SQL 注入式攻击可以包括用于删除表或在服务器上执行其他命令的语法。损害的范围取决于为调用进程授予的权限。要能够使用字符串串联，需要授予对表的 SELECT 权限，这样，所有数据都将暴露给攻击者。

9.6 理解事务

在许多大型、关键的应用程序中，计算机每秒钟都在执行大量的任务。更为经常的不是这些任务本身，而是将这些任务结合在一起完成一个业务要求，称为事务。如果能成功地执行一个任务，而在第二个或第三个相关的任务中出现错误，将会发生什么？这个错误很可能使系统处于不一致状态。这时事务变得非常重要，它能使系统摆脱这种不一致的状态。

9.6.1 事务

为了完成对数据的操作，企业应用经常要求并发访问在多个构件之间共享的数据。这些应用在下列条件下应该维护数据的完整性(由应用的商务规则来定义)：

- 分布式访问一个单独的数据资源，以及从一个单独的应用构件访问分布式资源。在这种情况，可能要求在(分布式)资源上的一组操作被当作一个工作单元(unit)。在一个工作单元中，操作的所有部分一起成功或失败并恢复。在下面的情况下这个问题更加复杂：通过一组分布式的、访问多个资源的数据的构件实现一个工作单元，和/或部分操作是被顺序执行的或在要求协调和/或同步的并行线程中。
- 在所有情况下，都要求应用维护一个工作单元的成功或失败。在失败的情况下，所有资源要把数据状态返回到以前的状态。
- 事务的概念和事务管理器(或者一个事务处理服务)在一个工作单元中维护数据完整性，这就简化了这样的企业级别分布式应用的构造。

事务是有下列属性的一个工作单元。

1. 原子性

一个事务要被完全无二义性地做完或撤消。在任何操作出现一个错误的情况下，构成事务的所有操作的效果必须被撤消，数据应被回滚到以前的状态。

2. 一致性

一个事务应该保护所有定义在数据上的不变的属性(例如完整性约束)。在完成了一个成功的事务时，数据应处于一致的状态。换句话说，一个事务应该把系统从一个一致状态转换到另一个一致状态。举个例子，在关系数据库的情况下，一个一致的事务将保护定义在数据上的所有完整性约束。

3. 隔离性

在同一个环境中可能有多个事务并发执行，而每个事务都应表现为独立执行。串行地执行一系列事务的效果应该同于并发地执行它们。这要求两件事：

- 在一个事务执行过程中，数据的中间(可能不一致)状态不应该被暴露给所有的其他事务。
- 两个并发的事务应该不能操作同一项数据。数据库管理系统通常使用锁来实现这个特征。

4．持久性

一个被完成的事务的效果应该是持久的。

9.6.2 System.Transactions 命名空间

System.Transactions 基础结构通过支持在 SQL Server、ADO.NET、MSMQ 和 Microsoft 分布式事务协调器(MSDTC)中启动的事务，使事务编程在整个平台上变得简单和高效。它提供基于 Transaction 类的显式编程模型，还提供使用 TransactionScope 类的隐式编程模型，在这种模型中，事务是由基础结构自动管理的。

System.Transactions 也提供了一些可用于实现资源管理器的类型。

使用 System.Transactions 基础结构的本机事务管理器可以有效地提交或回滚可变资源或单个持久资源登记。

另一个持久资源管理器向一个事务进行登记时，事务管理器还通过基于磁盘的事务管理器(如 DTC)进行协调，透明地将本地事务升级为分布式事务。System.Transactions 基础结构提供增强性能的关键方式有两种：

- 动态升级，即 System.Transactions 基础结构只在事务实际需要 MSDTC 时才使用 MSDTC。
- 可升级登记，如果某个资源是参与事务的唯一实体，则允许该资源(如数据库)取得事务的所有权。如果需要，System.Transactions 基础结构仍然可以将事务管理交给 MSDTC。这样进一步减少了使用 MSDTC 的机会。

System.Transactions 定义三个信任级别，用于限制对其公开的资源类型的访问。具体地说，如果 System.Transactions 程序集已使用 AllowPartiallyTrustedCallers 属性(APTCA)标记，则可由部分受信任的代码调用。此属性实质上是移除了 FullTrust 权限集的隐式 LinkDemand，在其他情况下，LinkDemand 会被自动置于每个类型的每个公共可访问方法上。但是，某些类型和成员还是需要更强的权限。

9.7 实 践 训 练

设计一个工资管理系统。该例的目的是通过 SQL Server 应用实例介绍如何在 Visual Basic .NET 下使用 ADO.NET。实现该实例功能的具体步骤如下。

1．新建数据库

打开 SQL Server 2000 的"企业管理器"，新建一个数据库，取名为"工资管理系统"，如图 9.1 所示。

图 9.1　新建数据库

2．建立数据库

展开"工资管理系统"数据库的树型菜单，右击"表"，在弹出的快捷菜单中选择"新建表"命令。表的设计如图 9.2 所示，把"工号"字段设为主键。

选择"总额"字段，把这段设计成计算列。在"公式"处输入"[基本工资]+[加班费]+[奖金]+[津贴]"，如图 9.3 所示。

	列名	数据类型	长度	允许空
🔑	工号	numeric	9	
	姓名	varchar	16	✓
	性别	varchar	4	✓
	基本工资	float	8	✓
	加班费	float	8	✓
	奖金	float	8	✓
	津贴	float	8	✓
	总额	float	8	✓
	备注	varchar	50	✓

列	
描述	
默认值	
精度	53
小数位数	0
标识	否
标识种子	
标识递增量	
是 RowGuid	否
公式	([基本工资] + [加班费] + [奖金] + [
排序规则	

图 9.2　表的设计　　　　　　　　图 9.3　总额计算公式

被设为计算行上的数据不能通过编程进行修改，所以后面做程序设计时，把显示"总额"的项设为只读。

保存表，并取名为"工资表"。

3．新建程序

选择"开始"→"所有程序"→"Microsoft Visual Studio 2008"→"Microsoft Visual Studio 2008"，然后选择"文件"→"新建"→"项目"→"Visual Basic"→"Windows 应用程序"，并取名为"工资管理系统"，单击"确定"按钮创建新应用程序成功。

4．界面设计

这里使用 Label 控件、TextBox 控件、DataGrid 控件和 Button 控件进行窗体的设计，如图 9.4 所示。

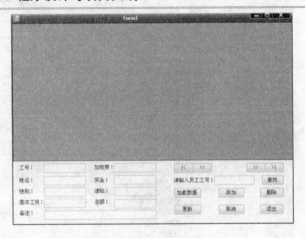

图 9.4　界面设计

下面介绍控件的属性设置。如表 9.19 所示列出了 Label 控件、TextBox 控件的属性设置。

表 9.19　Label 控件和 TextBox 控件的属性设置

控件类型	原(Name)属性	(Name)属性	Text 属性	ReadOnly 属性
Label	Label1	Label1	工号：	————
TextBox	TextBox1	TextBox1	(空)	False
Label	Label2	Label2	姓名：	————
TextBox	TextBox2	TextBox2	(空)	False
Label	Label3	Label3	性别：	————
TextBox	TextBox3	TextBox3	(空)	False
Label	Label4	Label4	基本工资：	————
TextBox	TextBox4	TextBox4	(空)	False
Label	Label5	Label5	加班费：	————
TextBox	TextBox5	TextBox5	(空)	False
Label	Label6	Label6	奖金：	————
TextBox	TextBox6	TextBox6	(空)	False
Label	Label7	Label7	津贴：	————
TextBox	TextBox7	TextBox7	(空)	False
Label	Label8	Label8	总额：	————
TextBox	TextBox8	TextBox8	(空)	True
Label	Label9	Label9	备注：	————
TextBox	TextBox9	TextBox9	(空)	False
Label	Label10	Label10	请输入员工工号：	————
TextBox	TextBox10	TextBox10	(空)	False
TextBox	TextBox11	TextBox11	(空)	True

TextBox11 控件用来显示页码，它的 TextAlign 属性选择 Center，BorderStyle 属性选择

None。

如表 9.20 所示给出了 Button 控件的属性设置。

表 9.20 Button 控件的属性设置

原(Name)属性	(Name)属性	Text 属性
Button1	BtTop	|<
Button2	BtPrev	<<
Button3	BtNext	>>
Button4	BtLast	>|
Button5	BtFind	查找
Button6	BtView	加载数据
Button7	BtAdd	添加
Button8	BtDelete	删除
Button9	BtUpdate	更新
Button10	BtCancel	取消
Button11	BtExit	退出

打开 DataGrid1 控件的属性窗口，把 Anchor 属性选择为 Top、Bottom、Left、Right 四个方向，如图 9.5 所示。ReadOnly 属性改为 True。其他属性可以根据开发人员的个人爱好进行设置。

5. 数据绑定

(1) 从工具箱的"数据"部分选择 SqlDataAdapter 控件，在窗体上拖放，进入"数据适配器配置向导"。单击"新建连接"按钮，打开"添加连接"对话框，在"服务器名"中输入服务器名称(本机名)，在"登录到服务器"中选择"使用 Windows 身份验证"，在"选择或输入一个数据库名"的下拉框中选择"工资管理系统"，再单击"测试连接"按钮，如果连接成功，则弹出如图 9.6 所示的对话框。

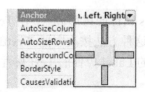

图 9.5 Anchor 属性设置   图 9.6 数据库连接成功的对话框

(2) 单击"确定"按钮关闭对话诓，单击"下一步"按钮，进入"数据适配器应如何访问数据库？"对话框，选择"使用 SQL 语句"，单击"下一步"按钮，单击"查询生成器"按钮，出现如图 9.7 所示的对话框。

(3) 单击"添加"按钮添加"工资表"，再单击"关闭"按钮关闭对话框，然后在"查询生成器"对话框中选择"所有列"，如图 9.8 所示，单击"确定"按钮关闭对话框。最后单击"完成"按钮完成向导。

(4) 右击添加的 SqlDataAdapter 控件，选择"生成数据集"，添加一个数据集，界面如图 9.9 所示。

图 9.7　查询生成器

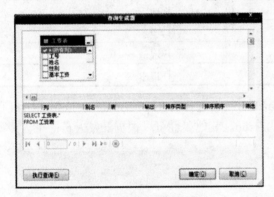

图 9.8　查询生成器添加表

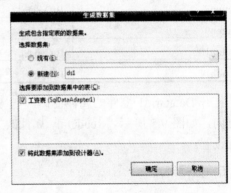

图 9.9　生成数据集

(5) 选择"新建"，在右边的文本框中输入"ds1"，单击"确定"按钮关闭对话框，这样添加了一个名为"ds1"的数据集。

(6) 打开 DataGrid1 控件的属性窗口，在 DataSource 属性中选择"ds1"，在 DataMember 属性中选择"工资表"。

(7) 打开 TextBox1 控件的属性窗口，打开 DataBindings 属性的树形节点，在 Text 属性中选择"ds1"数据集的"工资表"的"工号"字段。使用这种方法按次序把 TextBox2 到 TextBox9 控件绑定在"工资表"上，绑定的字段名与对应的 Label 控件的 Text 属性相同。

6．编写代码

前面已经介绍了如何为控件绑定数据，下面为程序添加代码。

(1) 首先建立一个 TxtLocationChange 过程，用作显示当前活动行所在总行数据的位置，代码如下：

```
Private Sub TxtLocationChange()
    '中间指示位置变化的文本内容的变化
    Me.TxtLocation.Text =
        (((Me.BindingContext(Ds1, "工资表").Position + 1).ToString()
        + " 的 ") + Me.BindingContext(Ds1, "工资表").Count.ToString())
End Sub
```

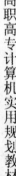
高职高专计算机实用规划教材——案例驱动与项目实践

（2）当用户单击"添加"按钮时，想让其他按钮不可用，防止用户误操作。因此建立一个 **BtEnabled** 过程，以一个布尔变量为参数，代码如下：

```
Private Sub BtEnabled(ByVal bool As Boolean)
        '把一个布尔型的参数作为按钮的属性
        BtView.Enabled = bool
        BtDelete.Enabled = bool
        BtUpdate.Enabled = bool
        BtPrev.Enabled = bool
        BtLast.Enabled = bool
        BtNext.Enabled = bool
        BtTop.Enabled = bool
        BtFind.Enabled = bool
End Sub
```

（3）单击"加载数据"按钮后，在 **DataGrid** 控件和 **TextBox** 控件显示数据，双击"加载数据"按钮打开代码编辑窗口，在 **BtView_Click** 过程中添加代码，具体代码如下：

```
Private Sub BtView_Click(ByVal sender As System.Object, ByVal e As System.EventArgs)
    Handles BtView.Click
        Try
            '设定查询语句
            SqlDataAdapter1.SelectCommand.CommandText = "select * from 工资表"
            Ds1.Clear()        '清空数据集
            SqlDataAdapter1.Fill(Ds1)     '填充数据
            Me.DataGrid1.Select(DataGrid1.CurrentRowIndex)
            Me.TxtLocationChange()
        Catch ex As Exception
            MessageBox.Show(ex.Message)
        End Try
End Sub
```

（4）下面是"添加"按钮。前面已经把控件绑定在数据集上，第一次单击此按钮时用 **BindingContext** 属性的 **AddNew()** 方法添加一新行，调用 **BtEnabled** 过程，用"False"作为参数，使其他按钮不可用。当用户输入数据后再一次单击此按钮，再调用 **BindingContext** 属性的 **EndCurrentEdit()** 方法把数据返回数据集，然后用 **SqlDataAdapter1.Update()** 方法把数据返回数据源，再调用 **BtEnabled** 过程，用"True"作为参数，使其他按钮可用。最后调用 **TxtLocationChange()** 过程来显示当前活动的数据行，同时在 **DataGrid** 控件选择当前活动行。双击"添加"按钮，在 **BtAdd_Click** 过程中添加代码，具体代码如下：

```
Private Sub BtAdd_Click(ByVal sender As System.Object, ByVal e As System.EventArgs)
    Handles BtAdd.Click
        Try
            If BtAdd.Text = "添加" Then        '判断是否第一次按下按钮
                Me.BindingContext(Ds1, "工资表").AddNew()     '增加一行新行
                BtAdd.Text = "确定"
                Me.BtEnabled(False)        '将其他按钮设为不可用，防止用户误操作
            Else
                If BtAdd.Text <> "确定" Then        '用户第二次按下按钮
                    Exit Sub
                End If
                Me.BindingContext(Ds1, "工资表").EndCurrentEdit()     '把数据返回数据集
                SqlDataAdapter1.Update(Ds1.工资表)        '更新数据集，调用添加语句
                MessageBox.Show("添加成功！")
                BtAdd.Text = "添加"
                Me.BtEnabled(True)            '把按钮设为可用
                Me.TxtLocationChange()         '指示 dangian 活动行的位置
                Me.DataGrid1.Select(DataGrid1.CurrentRowIndex)
            End If
        Catch ex As Exception
            MessageBox.Show(ex.Message)
        End Try
End Sub
```

（5）下面是"删除"按钮，单击按钮实现把当前活动行删除，再调用 **TxtLocationChange()** 过程来显示当前活动的数据行，同时在 **DataGrid** 控件选择当前活动行。

双击"删除"按钮，在 **BtDelete_Click** 过程中添加以下代码：

```
Private Sub BtDelete_Click(ByVal sender As System.Object, ByVal e As System.EventArgs)
  Handles BtDelete.Click
    Try
        '确定是否要删除数据
        If MessageBox.Show("真的要删除此记录？", "提示", MessageBoxButtons.YesNo)
        = Windows.Forms.DialogResult.Yes Then
            '删除数据集中当前的活动行
            Ds1.工资表.Rows(Me.BindingContext(Ds1, "工资表").Position).Delete()
            SqlDataAdapter1.Update(Ds1)        '更新数据集，调用删除语句
            Me.TxtLocationChange()
            Me.DataGrid1.Select(DataGrid1.CurrentRowIndex)
        End If
    Catch ex As Exception
        MessageBox.Show(ex.Message)
    End Try
End Sub
```

（6）下面是"更新"按钮。单击此按钮把所有数据返回数据集，如果检查到有数据修改过就更新数据，否则退出，双击"更新"按钮，在 **BtUpdate_Click** 过程中添加代码，具体代码如下：

```
Private Sub BtUpdate_Click(ByVal sender As System.Object, ByVal e As System.EventArgs)
  Handles BtUpdate.Click
    Try
        Me.BindingContext(Ds1, "工资表").EndCurrentEdit()      '把数据返回数据集
        If Ds1.HasChanges(DataRowState.Modified) Then         '判断是否有更改
            '更新数据库，使数据集上经过修改的数据生效于数据库。调用更新语句
            SqlDataAdapter1.Update(Ds1)
            MessageBox.Show("更新成功！")
        End If
    Catch ex As Exception
        MessageBox.Show(ex.Message)
    End Try
End Sub
```

（7）下面是"取消"按钮。如果用户第一次单击了"添加"按钮，但是又改变主意不再添加，则可以单击此按钮，调用 BindingContext 属性的 CancelCurrentEdit()方法取消添加新行，然后将"添加"按钮的 Text 属性改为"添加"，同时调用 **BtEnabled** 过程，用"True"作参数，把不可用的按钮置为可用。

双击"取消"按钮，在 **BtCancel_Click** 过程添加代码，具体代码如下：

```
Private Sub BtCancel_Click(ByVal sender As System.Object, ByVal e As System.EventArgs)
  Handles BtCancel.Click
    Me.BindingContext(Ds1, "工资表").CancelCurrentEdit()      '取消添加新行
    BtAdd.Text = "添加"
    Me.BtEnabled(True)      '将部分按钮设为可用
End Sub
```

（8）下面是"退出"按钮。单击此按钮程序退出。双击"退出"按钮，在 **BtExit_Click** 过程中添加代码，具体代码如下：

```
Private Sub BtExit_Click(ByVal sender As System.Object, ByVal e As System.EventArgs)
  Handles BtExit.Click
    Application.Exit()
End Sub
```

（9）下面是"查找"按钮。单击此按钮，首先判断查找内容是否为空，如果为空，则退出过程，再将带条件的查询语句赋给 SqlDataAdapter1 控件的 SeleteCommand 属性，最后再显示数据。双击"查找"按钮，在 **BtFind_Click** 过程中添加代码，具体代码如下：

```
Private Sub BtFind_Click(ByVal sender As System.Object, ByVal e As System.EventArgs)
  Handles BtFind.Click
    Try
```

```
            If Trim(TxtFind.Text) = "" Then       '判断查找内容是否为空, 如是为空退出
                Exit Sub
            End If
            SqlDataAdapter1.SelectCommand.CommandText =
              "select * from 工资表 where 工号 like '" + TxtFind.Text + "%'"
            Ds1.Clear()
            SqlDataAdapter1.Fill(Ds1)
            Me.DataGrid1.Select(DataGrid1.CurrentRowIndex)
            Me.TxtLocationChange()
        Catch ex As Exception
            MessageBox.Show(ex.Message)
        End Try
    End Sub
```

(10) 下面是 "＞＞" 按钮。单击此按钮的作用是将活动行指向下一行数据, 首先判断是否有数据可操作, 如果没有则退出。取得数据的总行数, 判断当前的活动行是否是最后一行, 如果不是最后一行, 则将活动行指向下一行, 然后调用 TxtLocationChange() 过程来显示当前活动的数据行, 同时取消原来的 "DataGrid1" 选择, 再选择下一行。

双击 "＞＞" 按钮, 在 **BtNext_Click** 过程中添加代码, 具体代码如下:

```
Private Sub BtNext_Click(ByVal sender As System.Object, ByVal e As System.EventArgs)
  Handles BtNext.Click
    If Me.BindingContext(Ds1, "工资表").Count = 0 Then       '判断是否有对象, 没有则退出
        Exit Sub
    End If
    Dim i As Integer       '获取数据行的总数
    i = Me.BindingContext(Ds1, "工资表").Count - 1       '列的数据总长度
    If Me.BindingContext(Ds1, "工资表").Position < 1 Then       '判断是否已经是最后一行
        Me.BindingContext(Ds1, "工资表").Position += 1       '指向当前位置的下一行
        Me.TxtLocationChange()
    End If
    Me.DataGrid1.UnSelect(DataGrid1.CurrentRowIndex - 1)
    Me.DataGrid1.Select(DataGrid1.CurrentRowIndex)
End Sub
```

(11) 下面是 "＞|" 按钮。单击此按钮的作用是将活动行指向最后一行数据, 首先判断是否有数据可操作, 如果没有则退出, 然后就把活动行指向最后一行。

双击 "＞|" 按钮, 在 **BtLast_Click** 过程中添加代码, 具体代码如下:

```
Private Sub BtLast_Click(ByVal sender As System.Object, ByVal e As System.EventArgs)
  Handles BtLast.Click
        If Me.BindingContext(Ds1, "工资表").Count = 0 Then       '判断是否有对象, 没有则退出
            Exit Sub
        End If
        Me.DataGrid1.UnSelect(DataGrid1.CurrentRowIndex)
        Me.BindingContext(Ds1, "工资表").Position =
          Me.BindingContext(Ds1, "工资表").Count - 1
        Me.TxtLocationChange()
        Me.DataGrid1.Select(DataGrid1.CurrentRowIndex)
End Sub
```

(12) 下面是 "＜＜" 按钮。单击此按钮, 首先判断是否有数据可操作, 如果没有则退出。判断当前的活动行是否在第一行, 如果不是第一行, 则将活动行指向上一行。

双击 "＜＜" 按钮, 在 **BtPrev_Click** 过程中添加代码, 具体代码如下:

```
Private Sub BtPrev_Click(ByVal sender As System.Object, ByVal e As System.EventArgs)
  Handles BtPrev.Click
        If Me.BindingContext(Ds1, "工资表").Count = 0 Then       '判断是否有对象, 没有则退出
            Exit Sub
        End If
        If Me.BindingContext(Ds1, "工资表").Position > 0 Then       '判断是否在第一行
            Me.BindingContext(Ds1, "工资表").Position =
              (Me.BindingContext(Ds1, "工资表").Position - 1)
            Me.TxtLocationChange()
        End If
        Me.DataGrid1.UnSelect(DataGrid1.CurrentRowIndex + 1)
        Me.DataGrid1.Select(DataGrid1.CurrentRowIndex)
```

```
End Sub
```

(13) 下面是 "|<" 按钮。单击此按钮，首先判断是否有数据可操作，如果没有则退出，然后将活动行指向第一行。

双击 "|<" 按钮，在 BtTop_Click 过程中添加代码，具体代码如下：

```
Private Sub BtTop_Click(ByVal sender As System.Object, ByVal e As System.EventArgs)
  Handles BtTop.Click
    If Me.BindingContext(Ds1, "工资表").Count = 0 Then      '判断是否有对象，没有则退出
        Exit Sub
    End If
    Me.DataGrid1.UnSelect(DataGrid1.CurrentRowIndex)
    Me.BindingContext(Ds1, "工资表").Position = 0
    Me.TxtLocationChange()
    Me.DataGrid1.Select(DataGrid1.CurrentRowIndex)
End Sub
```

(14) 下面是 DataGrid1 的 MouseUp 事件。当鼠标单击 DataGrid1 控件的数据行时，当前的活动行也指向了单击的数据行，文本框的内容也同步改变，程序只需做的工作就是选择当前的活动行和显示活动行的位置。

在代码编辑窗口的"类名"下拉框选择"DataGrid1"，在"方法名称"下拉框选择"MouseUp"，在 DataGrid1_MouseUp 过程中添加代码，具体代码如下：

```
Private Sub DataGrid1_MouseUp(ByVal sender As System.Object,
  ByVal e As System.Windows.Forms.MouseEventArgs) Handles DataGrid1.MouseUp
    Try
        Me.DataGrid1.Select(DataGrid1.CurrentRowIndex)
        Me.TxtLocationChange()
    Catch ex As Exception
        If Err.Number = 9 Then
            MessageBox.Show("表中没有数据")
        End If
    End Try
End Sub
```

7. 运行结果

按 F5 键运行程序，运行结果界面如图 9.10 所示。

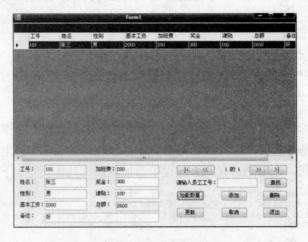

图 9.10　运行结果

9.8 习　　题

1．填空题

(1) _____是依照某种数据模型组织起来并存放在存储器中的数据集合。

(2) 网状数据库是处理_____的数据库。

(3) SELECT 语句从_____，并_____。

(4) _____是 ADO.NET 结构的主要组件，它是从数据源中检索到的数据在内存中的缓存。

2．选择题

(1) DataSet 由一组_____组成。

　　A．DataRows 对象　　B．Columns 对象　　C．DataTable 对象　　D．Table 对象

(2) 下列_____是 OleDbCommand 的对数据源执行命令的方法。

　　A．ExecuteNonQuery

　　B．ExecuteScalar

　　C．ExecuteReader

　　D．Execute

(3) SqlCommand 特别提供了以下_____对 SQL Server 数据库执行命令的方法。

　　A．BeginExecuteNonQuery

　　B．BeginExecuteReader

　　C．ExecuteReader

　　D．ExecuteNonQuery

(4) 如果执行 SqlCommand 的方法生成 SqlException，那么当严重级别小于等于_____时，SqlConnection 将仍保持打开状态。当严重级别大于等于_____时，服务器通常会关闭 SqlConnection。

　　A．19，20　　B．20，19　　C．18，20　　D．20，18

3．判断题

(1) 数据库系统是一个实际可运行的存储、维护和应用系统提供数据的软件系统，是存储介质、处理对象和管理系统的集合体。（　　）

(2) 表由字段组成，字段由记录组成，表用来存贮数据库的数据，故又称数据表。（　　）

(3) SELECT 语句不会更改数据库的中的数据。（　　）

(4) 一个 OleDbConnection 对象，表示到数据源的一个唯一的连接。（　　）

4．简答题

(1) 详细描述 ADO.NET 技术的用途。

(2) 简单描述 OleDbConnection 类与 SqlConnection 类的异同和作用。

(3) DataSet 对象在程序中的作用是什么？

(4) 何时会用到 DataSet 对象?

5. 操作题

编写一个电话号码查询程序。

第 10 章　Web 窗体

教学提示： 通过本章的学习，目的是使读者了解 Windows 窗体与 Web 窗体的差异，掌握服务器控件的使用方法。

教学目标： 要求熟练掌握本章知识点，并在开发过程中熟练应用。

10.1　瘦 客 户 端

许多瘦客户端技术都是与服务器端有关联的，而目前有许多 Web 服务器平台和框架(ASP、ASP.NET、JSP、PHP 等)可供选择。每种平台都具有一些特定的功能，都试图简化编写瘦客户端应用程序的过程，但它们都通过一系列 HTML 页面来向客户端上的浏览器提供用户界面。瘦客户端应用程序可以很简明地定义为使用浏览器来提供应用程序(以 HTML 定义的)用户界面的执行环境的客户端应用程序。

除了呈现用户界面和允许用户与之交互外，浏览器还提供一般的安全性、状态管理和数据处理功能，外加所有客户端逻辑的执行环境。对于后者，浏览器通常会提供一个脚本引擎和承载其他可执行组件(如 Java Applets、ActiveX 和.NET 控件等)的能力。

体系结构被构建为使用瘦客户端表示层的应用程序，可以分解为一些页面，而每个页面都在被请求时"部署"到客户端。每个页面都包含用户界面说明，并通常会包含少量客户端脚本逻辑和少量的状态/数据(视图状态、Cookies、XML 数据等)。

浏览器与客户端环境(硬件和在客户端上运行的其他软件应用程序)交互的能力是有限的。它的确提供了一种使得能够在客户端上存储少量数据(通过 Cookies)的机制，有时还提供缓存页面的能力，但除了作为分别提供简单的会话管理或跟踪，以及基本的只读脱机功能的一种方法外，这些功能作用有限。

浏览器还提供安全性基础结构，以便使不同的应用程序(页面)能够分配到更多或更少的权限，这样它们就可以围绕状态(如 Cookies)执行不同的任务，就可以承载组件和执行脚本。Internet Explorer 通过不同的区域、受信任站点、分级等实现了这些功能。

为了提供响应效果更佳的用户界面，一些 Web 应用程序采用了 DHTML 和类似的技术来提供更为丰富的用户界面。虽然这些技术是非标准的，即并不是所有的浏览器都以相同的方式支持它们，但它们的确提供了在 Web 页面中包括更高级的用户界面元素(如下拉菜单、拖放等)的能力。

其他的 Web 应用程序采用了在页面内承载复杂组件(包括 Java Applets、ActiveX 和.NET 组件)的方法。这些组件要么可以提供响应效果更佳的用户界面，要么提供出于性能或安全原因而不能在脚本中实现的客户端逻辑。正是在这里，瘦客户端开始与智能客户端发生重叠，导致出现所谓的混合型应用程序。

当然可以使用这样的混合型应用程序来利用或规避各种方法的优缺点，但在这里将把术语"瘦客户端"定义为指代不依赖于这些组件，而仅使用浏览器环境所提供的基本功能的通用 Web 应用程序。

10.2 Web 窗体和 Windows 窗体的对比

如果希望客户端应用程序负责应用程序中的大部分处理任务，应该使用 Windows 窗体开发应用程序。这些客户端应用程序包括传统上在早期版本的 Visual Basic 和 Visual C++中开发的 Win32 桌面应用程序。绘图或图形应用程序、数据输入系统、销售系统和游戏都属于这类应用程序。

这些应用程序都依靠桌面计算机的处理能力和高性能内容显示。有些 Windows 窗体应用程序可能完全独立，它们在用户的计算机上执行所有的应用程序处理。通常以这种方式来编写游戏。

其他应用程序可能是大型系统的一部分，它们主要使用桌面计算机来处理用户输入。例如，销售系统常要求在桌面计算机上创建具有响应能力的复杂用户界面，同时将该界面链接到其他执行后端处理的组件。

使用 Windows 窗体的 Windows 应用程序是在 Windows 框架中生成的，因此它可以访问客户端计算机上的系统资源，包括本地文件、Windows 注册表、打印机等。可限制该访问级别，以消除由不希望的访问引起的任何安全性风险或潜在问题。另外，Windows 窗体可以利用.NET 框架 GDI+图形类创建图形化的丰富界面，而这常常是数据挖掘或游戏应用程序所必需的。

使用 ASP.NET Web 窗体创建主要由一个浏览器用户界面组成的应用程序。这自然包括希望让公众可通过万维网使用的应用程序，比如电子商务应用程序。但是 Web 窗体并不仅仅用于创建网站，许多其他应用程序同样适用于"瘦前端"，比如基于 Internet 的雇员手册或津贴应用程序。任何 Web 窗体应用程序都有一个重要的优点，就是无需发行成本。用户已经安装了所需的唯一一个应用程序——浏览器。

Web 窗体应用程序与平台无关，即它们是"延伸"的应用程序。不论用户的浏览器类型是什么，也不论使用的计算机类型是什么，他们都可以与应用程序进行交互。同时，可优化 Web 窗体应用程序，以利用最新浏览器(如 Microsoft Internet Explorer)中的内置功能来增强性能和响应能力。

Web 窗体应用程序提供了一些即使在非 Web 上下文中依然有用的功能。因为这些功能依赖于 HTML，Web 窗体应用程序适合任何种类的文本密集型应用程序，尤其适合那些文本格式设置对其很重要的应用程序。基于浏览器的应用程序对用户的系统资源的访问权限有限，在希望防止用户访问某部分应用程序的情况下，这种限制使 Web 窗体应用程序十分有帮助。如表 10.1 所示为 Windows 窗体与 Web 窗体的一些比较。

表 10.1　Windows 窗体与 Web 窗体的比较

功能/标准	Windows 窗体	Web 窗体
部署	Windows 窗体允许使用 ClickOnce 进行"非接触"部署，即可以直接在用户的计算机上下载、安装和运行应用程序，而不必改变注册表	Web 窗体没有客户端部署；客户端只需要一个浏览器。服务器必须运行 Microsoft .NET 框架。对应用程序的更新通过在服务器上更新代码来完成
图形	Windows 窗体包括 GDI+，它使得游戏和其他有非常丰富的图形的环境可以有复杂的图形	在 Web 窗体中使用时，交互式图形或动态图形需要来回访问服务器以进行更新。可以在服务器上使用 GDI+ 来创建自定义图形
响应	Windows 窗体可以完全在客户端计算机上运行；它们能够为需要高度交互的应用程序提供最快的响应速度	如果知道用户有 Internet Explorer 5 或更新版本，Web 窗体应用程序可以利用浏览器的动态 HTML (DHTML)功能来创建丰富的、具有响应能力的用户界面(UI)。如果用户有其他浏览器，大多数处理(包括与用户界面相关的任务，比如验证)需要往返于 Web 服务器，而这会影响响应
窗体和文本流控制	Windows 窗体网格定位可以对控件的位置提供精确的二维(x 和 y 坐标)控制。 若要在 Windows 窗体上显示文本，应将文本插入到控件(例如 Label 控件、TextBox 控件或 RichTextBox 控件)中。格式化将受到限制	Web 窗体基于 HTML 样式流布局，因此支持网页面布局的所有功能。它在文本格式设置方面的功能尤其强大。 可以充分地管理控件布局(有某些限制，例如不能重叠控件)。如果用户有支持 DHTML 的浏览器，可以用二维(x 和 y 坐标)布局来指定更精确的布局
平台	Windows 窗体需要在客户端计算机上运行.NET 框架	Web 窗体只需要一个浏览器。支持 DHTML 的浏览器可以利用额外的功能，而 Web 窗体可以被设计为适用于所有的浏览器。且 Web 服务器必须运行.NET 框架
访问本地资源(文件系统、Windows 注册表等)	如果允许，应用程序对本地计算机资源可拥有完全访问权。如果需要，可以精确地限制应用程序，使其不能使用特定的资源	浏览器安全性可以防止应用程序访问本地计算机上的资源
编程模型	Windows 窗体基于客户端 Win32 消息转储模式，开发人员在此模式中创建、使用和放弃组件的实例	Web 窗体在很大程度上依赖于异步的断开连接模型，在此模型中，组件松散地耦合到应用程序前端。通常，应用程序组件通过 HTTP 调用。此模型可能不适合要求用户端有极大吞吐量的应用程序或具有大量事务处理的应用程序。同样，Web 窗体应用程序可能不适合需要高级别并发控制(例如，保守式锁定)的数据库应用程序

续表

功能/标准	Windows 窗体	Web 窗体
安全性	Windows 窗体在其代码访问安全性实现中使用权限,以保护计算机资源和敏感信息。这使功能得以被小心公开,同时保留安全性。例如打印权限,在某一级别上只允许在默认打印机上打印,在另一级别上则允许在任何一台打印机上打印。使用 ClickOnce,开发人员可以轻松地配置应用程序应该和不应该向客户端要求什么权限	通常,通过验证请求者的凭据(例如,名称/密码对),按 URL 控制获得访问 Web 应用程序资源的授权。Web 窗体允许开发人员控制执行服务器应用程序代码所使用的标识。应用程序可以用请求实体的标识来执行代码,这称作"模拟"。应用程序也可以根据请求者的标识或角色来动态地调整内容。例如,经理可以访问某一站点或更高级别的内容,而拥有较低权限的人则不能这样做

10.2.1　Windows 窗体概述

使用 Windows 窗体可以开发智能客户端。"智能客户端"是易于部署和更新的图像丰富的应用程序,无论是否连接到 Internet 都可以工作,并且可以用比传统的基于 Windows 的应用程序更安全的方式访问本地计算机上的资源。

Windows 窗体是.NET 框架的智能客户端技术,.NET 框架是一组可简化常用应用程序任务(如读写文件系统)的托管库。使用类似 Visual Studio 的开发环境时,可以创建 Windows 窗体智能客户端应用程序,以显示信息、请求用户输入以及通过网络与远程计算机通信。

在 Windows 窗体中,"窗体"是向用户显示信息的可视图面。通常情况下,通过向窗体上添加控件并开发对用户操作(如鼠标单击或按下按键)的响应,生成 Windows 窗体应用程序。"控件"是显示数据或接受数据输入的相对独立的用户界面(UI)元素。

当用户对窗体或其中的某个控件进行操作时,将生成事件。应用程序使用代码对这些事件进行响应,并在事件发生时处理事件。

Windows 窗体包含可添加到窗体上的各式控件:用于显示文本框、按钮、下拉框、单选按钮甚至网页的控件。

Windows 窗体具有丰富的 UI 控件,可模拟像 Microsoft Office 这样的高端应用程序中的功能。使用 ToolStrip 和 MenuStrip 控件时,可以创建包含文本和图像、显示子菜单及承载其他控件(如文本框和组合框)的工具栏和菜单。

使用 Visual Studio 的具有拖放功能的 Windows 窗体设计器,可以轻松地创建 Windows 窗体应用程序。只需使用光标选择控件并将控件添加到窗体上所需的位置即可。设计器提供类似网格线和对齐线的工具,可简化对齐控件的操作。无论使用 Visual Studio 还是在命令行上编译,都可以使用 FlowLayoutPanel、TableLayoutPanel 和 SplitContainer 控件以较短的时间创建高级窗体布局。

最后,如果必须创建自己的自定义用户界面元素,则可使用 System.Drawing 命名空间,其中包含了大量的类可供选择,用于直接在窗体上呈现线条、圆和其他形状。

10.2.2　Web 窗体概述

在 ASP.NET 中，发送到客户端浏览器中的网页是经过.NET 框架中的基类动态生成的。这个基类就是 Web 页面框架中的 Page 类，而一个实例化的 Page 类就是一个 Web 窗体，也就是 Web Forms。也因此说，一个 ASP.NET 页面就是一个 Web 窗体。而作为窗体对象，就具有了属性、方法和事件，可以作为容器来容纳其他控件。这个设计继承了 Visual Basic 的优点：快速高效地搭建应用程序。因此，从此以后，Web 程序员就可以像编写桌面应用程序一样方便快捷地编写 Web 应用程序了，而无论是从桌面程序员转向 Web 程序员，还是Web 程序员转向桌面程序员，都不需要改变太大的编程模式和习惯。

Web 窗体是一个保存的后缀名为.aspx 的文本文件，可以使用任何文本编辑器打开和编写它。ASP.NET 是编译的运行机制，为了简化程序员的工作，一个.aspx 页面不需要手工编译，而是在页面被调用的时候，由 CLR 自行决定是否编译。一般来说，在下面两种情况下，.aspx 页面会被重新编译：

- ASPX 页面第一次被浏览器请求。
- ASPX 页面被改写。

由于.aspx 页面可以被编译，所以.aspx 页面具有组件一样的性能。这就使得.aspx 页面至少比同样功能的.asp 页面快了两倍。

任何.htm 页面或是.html 页面都可以很容易地转化为.aspx 页面，而.htm 页面或是.html页面是不经过服务器编译的。如下面这个 Hello.htm 页面文件，它的 HTML 代码如下：

```
<HTML>
    <HEAD>
        <title>hello</title>
    </HEAD>
    <body>
        Hello, World!
    </body>
</HTML>
```

在转化为.aspx 文件时候，只需将后缀名.htm 换成.aspx(即 hello.aspx)就完成了从.htm向.aspx 的转换。通过浏览器浏览的效果是同样的，但是运行机制和效率却是不一样的，Hello.aspx 是一个 Web 窗体经过编译后的 Page 类动态生成的，而 Hello.htm 是直接调用文件。两个文件的运行效果如图 10.1 和 10.2 所示。

图 10.1　Hello.htm 页面的运行结果

图 10.2　Hello.aspx 页面的运行结果

10.2.3 Web 窗体编程

一个 ASP.NET 页面由两部分组成：一是使用静态文本和服务器控件的用户界面定义，二是用户界面行为和服务器端代码形式的 Web 应用程序逻辑的实现。

ASP.NET 提供了全新的代码模型，使得网页开发者和开发工具能够更清晰、更容易地把代码与表示分开。对比 ASP 来说，这个特征是一个重要的改进，ASP 需要代码遍布在整个页面的静态内容之中。ASP.NET 代码模型使得开发和设计团队中的分工更加容易，并增加了代码和内容的可读性和可维护性。

这个全新的代码模型通常使用两种形式之一。第一种形式仅仅是在.aspx 页面文件内的 `<script runat="server"></script>` 脚本代码块中嵌入代码，这种形式被称为内联代码，ASP.NET Web Matrix、Dreamweaver MX 等软件采用的就是这种代码编写模型。第二种形式包含实现从 Page 中派生的类，在独立的文件中保存代码并且通过 Page 指令把它与.aspx 文件联系起来。这种形式一般称为代码后置(code-behind)，有时也成为代码隐藏技术或代码分离技术，Visual Studio .NET 采用的是这种模型。无论采用哪种编程模型，性能是一样的，只是不同的编程工具，有不同的编写方法和使用习惯，重要的一点就是在使用 ASP.NET 的类之前，必须引入类所在的命名空间。

同时 Web 窗体的返回处理过程是基于事件驱动型的，需要为自身提交页面，因此，每个Web 窗体的控件布局代码必须放在`<body><form runat=server></from></body>`HTML 代码块中。

下面通过实例来演示内联代码模型和在 Visual Studio 2008 中实现的分离模型。

内联代码编程模型更近似于 ASP 的升级，HTML 代码与应用程序的逻辑代码一同保存在.aspx 页面文件中，在第一次被访问时编译成 Page 基类，以后每次访问都是直接由该 Page 类生成 Web 页面。下面是 NewFile.aspx 的全部代码：

```
<%@ Page Language="VB" %>
<!-- 逻辑代码部分开始 -->
<script runat="server">
Sub page_load(sender as object, e as eventargs)
    Response.Write("Hello, ASP.NET!")
End Sub
</script>
<!-- 逻辑代码部分结束 -->
<html>
    <head>
    </head>
    <body>
        <form runat="server">
            <!-- 此处添加网页内容 -->
        </form>
    </body>
</html>
```

通过浏览器浏览的效果如图 10.3 所示。

内联代码的好处是代码比较简洁，同时，一个 Web 应用程序中的每个 ASP.NET 页面可以采用不同的语言编写，比如 NewFile.aspx 可以采用 VB.NET，NewFile2.aspx 可以采用 C#，NewFile3.aspx 可以采用 J#。

但是，每一个 ASP.NET 页面必须只使用一种语言。

图 10.3　NewFile.aspx 的运行结果

Visual Studio 2008 就是典型的利用代码隐藏技术编写 Web 应用程序的工具软件，VS2008 Web 应用程序中的每个 Web 窗体提供了 3 个不同的窗口。

(1) 设计窗口：采用所见即所得的方式，可以用鼠标直接干预控件或是其他可视效果的位置。

(2) HTML 代码窗口：可以查看 Web 窗体的 HTML 代码，并且可以修改、编写。编写 HTML 代码的时候，Visual Studio 系统提供智能提示的功能。

(3) 逻辑代码窗口：即是代码隐藏技术中的逻辑代码窗口(又称后置程序窗口)，每个 Web 窗体都有一个对应的逻辑代码文件，由 VS2008 自动地把 Web 窗体的逻辑代码源引用到.aspx 页面文件中。每个逻辑代码文件的名称是在对应的 ASP.NET 页面文件名称后再加后缀名 .vb(C#语言编写的源文件加后缀名 .cs)。如 WebForm1.aspx 的逻辑代码文件为 WebForm1.aspx.vb。如果要进入 Web 窗体的逻辑代码，只需要在设计窗口中双击 Web 窗体界面，就进入了逻辑代码窗口。

用 VS2008 创建一个 Web 应用程序，语言选择 Visual Basic，打开后系统默认进入了 Default.aspx 的设计窗口，如图 10.4 所示。

单击"源"按钮进入 Default.aspx 的 HTML 代码窗口，如图 10.5 所示。

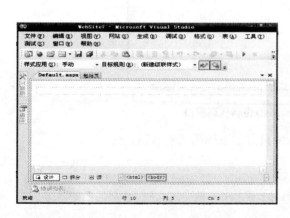

图 10.4　Default.aspx 的设计窗口

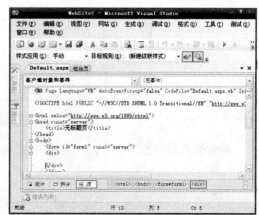

图 10.5　Default.aspx 的 HTML 代码窗口

下面是 Default.aspx 文件中的所有 HTML 代码：

```
<%@ Page Language="VB" AutoEventWireup="false" CodeFile="Default.aspx.vb"
  Inherits="_Default" %>
<!DOCTYPE html PUBLIC "-//W3C//DTD XHTML 1.0 Transitional//EN"
  "http://www.w3.org/TR/xhtml1/DTD/xhtml1-transitional.dtd">
<html xmlns="http://www.w3.org/1999/xhtml" >
<head runat="server">
    <title>无标题页</title>
</head>
<body>
    <form id="form1" runat="server">
    <div>

    </div>
    </form>
</body>
</html>
```

在 <%@ Page Language="VB" AutoEventWireup="false" CodeFile="Default.aspx.vb" Inherits="_Default" %>中，声明了 Page 类使用的编程语言，CodeFile="Default.aspx.vb"指明该页面的逻辑代码保存在 Default.aspx.vb 文件中。

在 Default.aspx 的设计窗口中，对窗体界面双击，即可进入 Default.aspx 的逻辑代码窗口，即 Default.aspx.vb。Default.aspx.vb 文件是系统自动生成的。在 Default.aspx.vb 窗口中编写代码时，系统提供了智能填充的功能，例如，如果不清楚使用类的具体名字而只知道类所在的命名空间，只要键入命名空间和点符号"."，智能填充就会给出该命名空间中所有类名称，这对于初学者是很有帮助的，对提高编程效率也很有帮助。Default.aspx.vb 的窗口如图 10.6 所示。

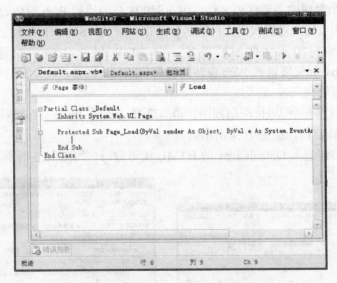

图 10.6　Default.aspx.vb 逻辑代码窗口

在新版本的操作平台中，Default.aspx.vb 中只有如下代码仍然保留：

```
Partial Class _Default
  Inherits System.Web.UI.Page

  Protected Sub Page_Load(ByVal sender As Object, ByVal e As System.EventArgs)
    Handles Me.Load

  End Sub
End Class
```

现在开始在 Page_Load 事件过程中添加代码：

```
Protected Sub Page_Load(ByVal sender As Object, ByVal e As System.EventArgs)
  Handles Me.Load
    '下面是要显示的内容
    Response.Write("I Love China! I Love The Great Wall! ")
End Sub
```

按下键盘上的 F5 键，Visual Studio 会自动编译整个 Web 应用程序，然后调用 IE 浏览器打开 Default.aspx(本实例中 Default.aspx 为默认启动窗体)。

也可以在 Default.aspx 的设计窗体中右击鼠标，在弹出的快捷菜单中选择"在浏览器中查看"命令，如图 10.7 所示，这样也可以查看 Default.aspx 编译后的运行效果，这个方法适合预览非默认启动窗体。

先编译整个 Web 应用程序，然后在 IE 浏览器中直接输入地址，也可以预览运行效果。

无论采用哪一种方式预览 Web 窗体，都是必须经过编译的。编译后通过浏览器查看 Default.aspx，结果如图 10.8 所示。

图 10.7　非默认启动窗体的预览方式　　　　图 10.8　Default.aspx 的运行结果

采用代码隐藏技术编写的 Web 应用程序逻辑上比较明朗，一方面减少了.aspx 页面的文件长度，另一方面，Web 应用程序正式发布到服务器后，逻辑代码文件经过编译，生成基类文件(DLL 文件)后，就可以删除掉，从而做到对源代码的保护。

10.2.4　HTML 控件、HTML 服务器控件和 Web 服务器控件

ASP.NET 之所以现在开发方便和快捷，关键是它有一组强大的控件库，包括 Web 服务器控件，Web 用户控件，Web 自定义控件，HTML 服务器控件和 HTML 控件等。这里主要讲解 HTML 控件、HTML 服务器控件和 Web 服务器控件的区别。

(1)　HTML 控件：即 HTML 语言标记，这些语言标记在已往的静态页面和其他网页里存在，不能在服务器端控制，只能在客户端通过 JavaScript 和 VBScript 等程序语言来控制。

(2)　HTML 服务器控件：其实就是在 HTML 控件的基础上加上 runat="server"所构成的控件。它们的主要区别是运行方式不同，HTML 控件运行在客户端，而 HTML 服务器控件是运行在服务器端的。当 ASP.NET 网页执行时，会检查标注有无 runat 属性，如果标注没有设定，那么 HTML 标注就会被视为字符串，并被送到字符串流等待送到客户端，客户端

的浏览器会对其进行解释；如果 HTML 标注中设定了 runat="server"属性，Page 对象会将该控件放入控制器，服务器端的代码就能对其进行控制，等到控制执行完毕后再将 HTML 服务器控件的执行结果转换成 HTML 标注，然后当成字符串流发送到客户端进行解释。

(3) Web 服务器控件：也称 ASP.NET 服务器控件，是 Web Form 编程的基本元素，也是 ASP.NET 所特有的。它会按照 Client 的情况产生一个或者多个 HTML 控件，而不是直接描述 HTML 元素。如<asp:Button ID="Button2" runat="server" Text="Button"/>，那么它与 HTML 服务器控件有什么区别呢？

- ASP.NET 服务器控件提供更加统一的编程接口，如每个 ASP.NET 服务器控件都有 Text 属性。
- 隐藏客户端的差异，这样程序员可以把更多的精力放在业务上，而不用去考虑客户端的浏览器是 IE 还是 Firefox，或者是移动设备。
- ASP.NET 服务器控件可以保存状态到 ViewState 中，这样页面在从客户端回传到服务器端或者从服务器端下载到客户端的过程中都可以保存。
- 事件处理模型不同，HTML 标注和 HTML 服务器控件的事件处理都是在客户端的页面上，而 ASP.NET 服务器控件则是在服务器上。

例如，<input id="Button4" type="button" value="button" runat="server"/>是 HTML 服务器控件，此时单击此按钮，页面不会回传到服务器端，原因是没有为其定义鼠标单击事件。

而<input id="Button4" type="button" value="button" runat="server" onserverclick="test"/>却为 HTML 服务器控件添加了一个 onserverclick 事件，单击此按钮，页面会发回服务器端，并执行 test(object sender, EventArgs e)方法。

最后的<asp:Button ID="Button2" runat="server" Text="Button" />是 ASP.NET 服务器控件，并且没有为其定义 click，但是单击此按钮时，页面也会发回到服务器端。

由此可见，HTML 标注和 HTML 服务器控件的事件是由页面来触发的，而 ASP.NET 服务器控件则是由页面把 Form 发回到服务器端，由服务器来处理。

(4) 下面结合代码进行具体说明。这段代码放在 repeat 中的模板里，其中 DeleteCheck 是一个 js 脚本函数，用于控制是否发送到服务器端。代码如下：

```
<input runat="server" type="button" id="delete" value="Server button" />
<input type="button" onclick="return DeleteCheck(this)" id="Button1"
  value="Client button" />
<input runat="server" type="submit" onclick="return DeleteCheck(this)" id="Button2"
  value="Server submit" />
<input type="submit" onclick="return DeleteCheck(this)" id="Button3"
  value="Client submit" />
<button runat="server" id="button4" onclick="return DeleteCheck(this)"
  value="Button-Button">
    Button-Button
</button>
<asp:Button runat="server" ID="button5" OnClientClick="return DeleteCheck(this)"
  Text="Asp:button" />
```

展现出来的 HTML 代码如下：

```
<input name="Data$ctl03$delete" type="button" id="Data_ctl03_delete"
  value="Server button" />
<input type="button" onclick="return DeleteCheck(this)" id="Button1"
  value="Client button" />
<input name="Data$ctl03$Button2" type="submit" id="Data_ctl03_Button2"
  onclick="return DeleteCheck(this)" value="Server submit" / >
<input ut type="submit" onclick="return DeleteCheck(this)" id="Button3"
  value="Client submit" />
```

高职高专计算机实用规划教材——案例驱动与项目实践

```
<button id="Data_ctl03_button4" onclick="return DeleteCheck(this)"
  value="Button-Button">Button-Button</button>
<input type="submit" name="Data$ctl03$button5" value="Asp:button"
  onclick="return DeleteCheck(this);" id="Data_ctl03_button5" />
```

可以看出以下几点：

- 当控件属性中有 runat="server"时，生成的 HTML 控件中 name 和 id 发生了变化。
- asp:button 服务器按钮转化成了 submit 类型的 Client 控件。
- 当控件是 HTML 控件时，生成的页面可以与原来的 HTML 代码完全一样。

另外，将这段代码直接放到 form 标记中：

```
<input runat="server" type="button" id="delete" value="Server button"
  onserverclick="delete_ServerClick" />
<input type="button" onclick="return DeleteCheck(this)" id="Button1"
  value="Client button" />
<input runat="server" type="submit" onclick="return DeleteCheck(this)" id="Button2"
  value="Server submit" />
<input type="submit" onclick="return DeleteCheck(this)" id="Button3"
  value="Client submit" />
<button runat="server" id="button4" onclick="return DeleteCheck(this)"
  value="Button-Button">
  Button-Button
</button>
<asp:Button runat="server" ID="button5" OnClientClick="return DeleteCheck(this)"
  Text="Asp:button" OnClick="button5_Click" />
<asp:LinkButton ID="LinkButton1" runat="server" OnClick="LinkButton1_Click">
  LinkButton
</asp:LinkButton>
```

直接放到 form 标记中生成的 HTML 代码如下：

```
<script type="text/javascript">
    <!--
        var theForm = document.forms['form1'];
        if (!theForm) {
            theForm = document.form1;
        }
        function __doPostBack(eventTarget, eventArgument) {
        if (!theForm.onsubmit(theForm.onsubmit() != false)) {
            theForm.__EVENTTARGET.value = eventTarget;
            theForm.__EVENTARGUMENT.value = eventArgument;
            theForm.submit();
        }
    }
    // -->
</script>

<input language="javascript" onclick="__doPostBack('delete','')" name="delete"
  type="button" id="delete" value="Server button" />
<input type="button" onclick="return DeleteCheck(this)" id="Button1"
  value="Client button" />
<input name="Button2" type="submit" id="Button2" onclick="return DeleteCheck(this)"
  value="Server submit" />
<input type="submit" onclick="return DeleteCheck(this)" id="Button3"
  value="Client submit" />
<button id="button4" onclick="return DeleteCheck(this)" value="Button-Button">
  Button-Button
</button>
<input type="submit" name="button5" value="Asp:button"
  onclick="return DeleteCheck(this);" id="button5" />
<a id="LinkButton1" href="javascript:__doPostBack('LinkButton1','')">
  LinkButton</a>
```

可以看出以下几点。

(1) 当 HTML 服务器控件在服务器端添加了服务器事件后，生成的代码改变为 onclick="_doPostBack()"，实际上是调用脚本把整个窗体提交到服务器。

如果要在 HTML 服务器控件中添加一个客户端事件，如把上面的：

```
<input runat="server" type="button" id="delete" value="Server button"
 onserverclick="delete_ServerClick"/>
```

改写成:

```
<input runat="server" type="button" id="delete" value="Server button"
 onclick="return DeleteCheck(this)" onserverclick="delete_ServerClick"/>
```

那么生成的 HTML 代码将变成:

```
<input language="javascript"
 onclick="return DeleteCheck(this) __doPostBack('delete','')"
 name="delete" type="button" id="delete" value="Server button" />
```

提示有脚本错误的原因是 onclick 事件执行了两个脚本且书写的格式不正确。

onclick="return DeleteCheck(this);_doPostBack()"这样只可执行第一个函数。如果用 onclick="return DeleteCheck(this), _doPostback()",是指两个函数同时都要执行。

(2) asp:button 中的 onclientclick 事件生成后改变为 onclick 事件,类型改变为 type="submit"。然而服务器事件的 onclick 是通过发送到服务器端执行的。

(3) LinkButton 不定义 onclick 事件,它会自动地生成下面的代码发送到服务器端:

```
href="javascript:__doPostBack('LinkButton1',' ')"
```

10.3 Web 应用程序

Internet 无疑是一种重要的信息传播媒体,随着其迅猛发展,将会有越来越多的企业、商团、政府机关、学校、科研机构需要在 Internet 上建立自己的网点。

建设一个网点,硬件上需要专用服务器、集线器、路由器,租用数据通信用的专线,软件上需要安装网络操作系统和 Internet 服务器(WWW、FTP 和 Gopher 服务器),更为重要的是,需要编写大量的 Internet 服务器应用程序。这种应用程序接收 Internet 服务器传送过来的用户请求,从内部数据库检索出用户需要的数据,再将数据传送给用户。

目前在 Internet 上广泛应用的是 WWW 系统,这种系统用 HTML 文件格式(即通常所说的网页)传播信息,用统一资源定位符(URL)连接世界各地计算机上的信息资源,按照 HTTP 协议在浏览器和 WWW 服务器之间通信。

WWW 服务器又称为 Web 服务器,相应的服务器应用程序称为 Web 应用程序。

在 Windows 操作系统下,Web 应用程序可分为两种类型:CGI(Common Gateway Interface)应用程序和 ISAPI(NSAPI)应用程序。

这两种应用程序的功能是一样的,都是接收 Web 服务器传送过来的用户请求,做出响应,将用户需要的数据以网页或其他形式传送给用户。它们的区别在于,前者用标准输入输出或文件在 Web 服务器和 Web 应用程序之间传送信息,后者则是一种动态链接库程序(DLL),其数据可被 Web 服务器直接访问。

ISAPI 是指 Microsoft 的 Internet 信息服务器(IIS)编程接口,而 NSAPI 则指 Netscape 的 Internet 服务器编程接口。这种应用程序在 32 位的 Windows 操作系统下运行,如果网点使用 Windows 服务器,则本身就有 IIS(包括 WWW、FTP、Gopher 三个服务器),所以开发、运行都很方便。

10.4　Web 窗体中的数据绑定

对 Web 窗体页中的各项控件属性进行数据绑定不是通过直接将属性绑定到数据源来实现的，而是通过使用特殊的表达式格式来实现数据绑定的。与要绑定到的数据有关的信息被置入该表达式，然后将表达式的结果分配给控件属性。

例如，假设要将 Web 服务器控件 TextBox 绑定到一些数据，就可以创建数据绑定表达式并将其分配给控件的 Text 属性，以便该值将在控件中显示。

下面的示例说明控件声明在 HTML 视图中的大体形式。控件的 Text 属性被绑定到包含单个记录的数据视图。数据绑定表达式是用字符 <%# 和 %> 分隔的。代码如下：

```
<asp:TextBox id="TextBox1" runat="server" Text='<%# DataView1(0)("au_lname") %>'>
</asp:TextBox>
```

同样，可以使用数据绑定表达式来设置 Web 服务器控件 Image 的 ImageUrl 属性。在这种情况下，应从数据库中提取一个字符串，该字符串包含要显示的图形的路径和文件名。

一个示例可能类似于如下代码：

```
<asp:Image id=Image1 runat="server"
  ImageUrl='<%# DataView(0)("productPhotoURL") %>'>
```

在 Visual Studio 中，"属性"窗口提供创建数据绑定表达式的工具。还可以选择自行创建绑定表达式并在 Web 窗体设计器的 HTML 视图中输入它们。

使用数据绑定表达式，可以在如下两个方面为用户提供灵活性：

- 可以使用任何表达式，只要该表达式可以解析为控件使用的值。最常见的是，数据绑定表达式将解析为从数据源导出的值，但它还可以引用该页或其他控件的属性、在运行时计算出的值或几乎任何其他项。
- 可以将表达式分配给任何属性，也就是说，可以将任何属性绑定到数据。例如，可以将与用户首选项有关的信息保留在数据库中，并且使用数据绑定为字体、颜色、大小、样式等实现属性中的那些首选项。此外，可以绑定不止一个控件属性，可以将一个属性绑定到一个数据源，将另一个属性绑定到不同的源。

尽管可以实际使用解析为一个值的任何表达式来进行数据绑定，但在大多数情况下，将会绑定到某些类型的数据源。最为常见的情况是数据集或数据视图中的表，表中包含感兴趣的单个记录。为了简化此类型的数据绑定，ASP.NET 服务器控件支持名为 DataBinder 的类，它执行某些提取数据并使其可用于控件属性的工作。

可以通过调用其 Eval 方法来使用 DataBinder 类，这要求两个参数：

- 对数据容器(通常是数据集)、数据表或数据视图的引用。
- 对要被导出的单独的值的引用。通常引用单行(行 0)和该行中的列值。

下面的示例用来说明一个与上面的文本框绑定相同的数据绑定，但这一次将会使用 DataBinder 类：

```
<asp:TextBox id="TextBox1" runat="server"
  Text='<%# DataBinder.Eval(DataView1, "[0].au_lname") %>'>
</asp:TextBox>
```

先前设置 Image 控件 ImageUrl 属性的示例可能类似于如下所示。在该示例中，一个格式设置表达式在 DataBinder.Eval 方法的第二个参数(可选)中传递；该表达式将一个路径当作前缀添加到数据中。代码如下：

```
<asp:Image id=Image1 runat="server" ImageUrl='<%# DataBinder.Eval(Container,
"DataItem.ProductImage", "http://myserver/myapps/images/{0}") %>'>
```

使用 DataBinder 类的优点是：

● 语法对于所有绑定是一致的，由 Eval 方法所需的参数强制采用。
● Web 窗体页的 Visual Studio 设计工具支持 DataBinder 类。
● 类自动执行类型转换。例如，如果将一个文本框绑定到包含整数的数据列，DataBinder 类自动将整数转换为字符串。
● 可以选择指定一个可转换或修正数据的格式设置表达式。

为了提供控件可以绑定到的值，必须在运行时解析数据绑定表达式。通过调用 DataBind 方法(它是 System.Web.UI.Control 类的方法)，可以在页处理期间显式地执行此步骤。可以为单独的控件调用该方法，或者更为有效的是，可以为 Page 类(也是从 Control 类导出的)调用该方法。此方法级联对所有子控件的调用，所以通过为该页调用此方法一次，即可以为该页上的所有控件调用它。

通常在以下情况下调用 DataBind 方法：

● 该页第一次运行时，但在填充数据源之后(例如，在已填充数据集之后)。
● 在数据源发生更改之后(例如，因为已更新了数据源中的记录)。

下面的示例说明在页初始化事件期间调用 DataBind 方法的典型方式：

```
Private Sub Page_Load(ByVal sender As System.Object, ByVal e As System.EventArgs)
  Handles MyBase.Load
    SqlDataAdapter1.Fill(DsAuthors1, "authors")
    If Not (Me.IsPostBack) Then
        Me.DataBind()
    End If
End Sub
```

通常不需要在每个往返过程中都调用 DataBind 方法(即在页初始化中不需要检查回发)，因为那样做会替换控件中的值。

10.4.1 GridView 概述

GridView 控件用来在表中显示数据源的值。每列表示一个字段，而每行表示一条记录。GridView 控件支持下面的功能：

● 绑定至数据源控件，如 SqlDataSource。
● 内置排序功能。
● 内置更新和删除功能。
● 内置分页功能。
● 内置行选择功能。
● 以编程方式访问 GridView 对象模型以动态设置属性、处理事件等。
● 多个键字段。
● 用于超链接列的多个数据字段。

● 可通过主题和样式设置自定义的外观。

GridView 控件中的每一列由一个 DataControlField 对象来表示。在默认情况下，AutoGenerateColumns 属性被设置为 True，为数据源中的每一个字段创建一个 AutoGeneratedField 对象。每个字段然后作为 GridView 控件中的列呈现，其顺序同于每一字段在数据源中出现的顺序。

通过将 AutoGenerateColumns 属性设置为 False，然后定义自己的列字段集合，也可以手动控制哪些列字段将显示在 GridView 控件中。不同的列字段类型决定控件中各列的行为。

若要以声明方式定义列字段集合，应首先在 GridView 控件的开始和结束标记之间添加 <Columns>开始和结束标记。接着，列出我们想包含在<Columns>开始和结束标记之间的列字段。指定的列将以所列出的顺序添加到 Columns 集合中。Columns 集合存储该控件中的所有列字段，并允许以编程方式来管理 GridView 控件中的列字段。

显式声明的列字段可与自动生成的列字段结合在一起显示。两者同时使用时，先呈现显式声明的列字段，再呈现自动生成的列字段。

GridView 控件可绑定到数据源控件(如 SqlDataSource、ObjectDataSource 等)，以及实现 System.Collections.IEnumerable 接口的任何数据源(如 System.Data.DataView、System.Collections.ArrayList 或 System.Collections.Hashtable)。使用以下方法之一将 GridView 控件绑定到适当的数据源类型：

● 若要绑定到某个数据源控件，将 GridView 控件的 DataSourceID 属性设置为该数据源控件的 ID 值。GridView 控件自动绑定到指定的数据源控件，并且可利用该数据源控件的功能来执行排序、更新、删除和分页功能。这是绑定到数据的首选方法。

● 若要绑定到某个实现 System.Collections.IEnumerable 接口的数据源，以编程方式将 GridView 控件的 DataSource 属性设置为该数据源，然后调用 DataBind 方法。当使用此方法时，GridView 控件不提供内置的排序、更新、删除和分页功能。需要使用适当的事件提供此功能。

GridView 控件提供了很多内置功能，这些功能使得用户可以对控件中的项进行排序、更新、删除、选择和分页。当 GridView 控件绑定到某个数据源控件时，GridView 控件可利用该数据源控件的功能并提供自动排序、更新和删除功能。

排序允许用户通过单击某个特定列的标题来根据该列排序 GridView 控件中的项。若要启用排序，将 AllowSorting 属性设置为 True 即可。

当单击 ButtonField 或 TemplateField 列字段中命令名分别为 Edit、Delete 和 Select 的按钮时，自动更新、删除和选择功能启用。

如果 AutoGenerateEditButton、AutoGenerateDeleteButton 或 AutoGenerateSelectButton 属性分别设置为 True，GridView 控件可自动添加带有"编辑"、"删除"或"选择"按钮的 CommandField 列字段。

GridView 控件可自动将数据源中的所有记录分成多页，而不是同时显示这些记录。若要启用分页，将 AllowPaging 属性设置为 True 即可。

GridView 控件提供多个可以对其进行编程的事件。可以在每次发生事件时都运行一个自定义例程。

表 10.2 列出了 GridView 控件支持的事件。

表 10.2　GridView 控件的事件

事　件	说　明
PageIndexChanged	在单击某一页导航按钮时，但在 GridView 控件处理分页操作之后发生。此事件通常用于以下情形：在用户定位到该控件中的另一页之后，需要执行某项任务
PageIndexChanging	在单击某一页导航按钮时，但在 GridView 控件处理分页操作之前发生。此事件通常用于取消分页操作
RowCancelingEdit	在单击某一行的"取消"按钮时，但在 GridView 控件退出编辑模式之前发生。此事件通常用于停止取消操作
RowCommand	当单击 GridView 控件中的按钮时发生。此事件通常用于在控件中单击按钮时执行某项任务
RowCreated	在 GridView 控件中创建新行时发生。此事件通常用于在创建行时修改行的内容
RowDataBound	在 GridView 控件中将数据行绑定到数据时发生。此事件通常用于在行绑定到数据时修改行的内容
RowDeleted	在单击某一行的"删除"按钮时，但在 GridView 控件从数据源中删除相应记录之后发生。此事件通常用于检查删除操作的结果
RowDeleting	在单击某一行的"删除"按钮时，但在 GridView 控件从数据源中删除相应记录之前发生。此事件通常用于取消删除操作
RowEditing	发生在单击某一行的"编辑"按钮以后，GridView 控件进入编辑模式之前。此事件通常用于取消编辑操作
RowUpdated	发生在单击某一行的"更新"按钮，并且 GridView 控件对该行进行更新之后。此事件通常用于检查更新操作的结果
RowUpdating	发生在单击某一行的"更新"按钮以后，GridView 控件对该行进行更新之前。此事件通常用于取消更新操作
SelectedIndexChanged	发生在单击某一行的"选择"按钮以后，GridView 控件对相应的选择操作进行处理之后。此事件通常用于在该控件中选定某行之后执行某项任务
SelectedIndexChanging	发生在单击某一行的"选择"按钮以后，GridView 控件对相应的选择操作进行处理之前。此事件通常用于取消选择操作
Sorted	在单击用于列排序的超链接时，但在 GridView 控件对相应的排序操作进行处理之后发生。此事件通常用于在用户单击用于列排序的超链接之后执行某个任务
Sorting	在单击用于列排序的超链接时，但在 GridView 控件对相应的排序操作进行处理之前发生。此事件通常用于取消排序操作或执行自定义的排序例程

10.4.2　GridView 的成员

表 10.3 列出了 GridView 的公共属性。

表 10.3　GridView 的公共属性

名　称	说　明
AccessKey	获取或设置使我们得以快速导航到 Web 服务器控件的访问键
AllowPaging	获取或设置一个值，该值指示是否启用分页功能
AllowSorting	获取或设置一个值，该值指示是否启用排序功能
AlternatingRowStyle	获取对 TableItemStyle 对象的引用，使用该对象可以设置 GridView 控件中的交替数据行的外观
AppRelativeTemplateSourceDirectory	获取或设置包含该控件的 Page 或 UserControl 对象的应用程序相对虚拟目录
Attributes	获取与控件的属性不对应的任意特性(只用于呈现)的集合
AutoGenerateColumns	获取或设置一个值，该值指示是否为数据源中的每个字段自动创建绑定字段
AutoGenerateDeleteButton	获取或设置一个值，该值指示每个数据行都带有"删除"按钮的 CommandField 字段列是否自动添加到 GridView 控件
AutoGenerateEditButton	获取或设置一个值，该值指示每个数据行都带有"编辑"按钮的 CommandField 字段列是否自动添加到 GridView 控件
AutoGenerateSelectButton	获取或设置一个值，该值指示每个数据行都带有"选择"按钮的 CommandField 字段列是否自动添加到 GridView 控件
BackColor	获取或设置 Web 服务器控件的背景色
BackImageUrl	获取或设置要在 GridView 控件的背景中显示的图像的 URL
BindingContainer	获取包含该控件的数据绑定的控件
BorderColor	获取或设置 Web 控件的边框颜色
BorderStyle	获取或设置 Web 服务器控件的边框样式
BorderWidth	获取或设置 Web 服务器控件的边框宽度
BottomPagerRow	获取一个 GridViewRow 对象，该对象表示 GridView 控件中的底部页导航行
Caption	获取或设置要在 GridView 控件的 HTML 标题元素中呈现的文本。提供此属性的目的是使辅助技术设备的用户更易于访问控件
CaptionAlign	获取或设置 GridView 控件中的 HTML 标题元素的水平或垂直位置。提供此属性的目的是使辅助技术设备的用户更易于访问控件
CellPadding	获取或设置单元格的内容和单元格的边框之间的空间量
CellSpacing	获取或设置单元格间的空间量
ClientID	获取由 ASP.NET 生成的服务器控件标识符
Columns	获取表示 GridView 控件中列字段的 DataControlField 对象的集合
Controls	获取复合数据绑定控件内的子控件的集合
ControlStyle	获取 Web 服务器控件的样式。此属性主要由控件开发人员使用
ControlStyleCreated	获取一个值，该值指示是否已为 ControlStyle 属性创建了 Style 对象。此属性主要由控件开发人员使用

名　称	说　明
CssClass	获取或设置由 Web 服务器控件在客户端呈现的级联样式表(CSS)类
DataKeyNames	获取或设置一个数组，该数组包含了显示在 GridView 控件中的项的主键字段的名称
DataKeys	获取一个 DataKey 对象集合，这些对象表示 GridView 控件中的每一行的数据键值
DataMember	当数据源包含多个不同的数据项列表时,获取或设置数据绑定控件绑定到的数据列表的名称
DataSource	获取或设置对象，数据绑定控件从该对象中检索其数据项列表
DataSourceID	获取或设置控件的 ID，数据绑定控件从该控件中检索其数据项列表
EditIndex	获取或设置要编辑的行的索引
EditRowStyle	获取对 TableItemStyle 对象的引用，使用该对象可以设置 GridView 控件中为进行编辑而选中的行的外观
EmptyDataRowStyle	获取对 TableItemStyle 对象的引用，使用该对象可以设置当 GridView 控件绑定到不包含任何记录的数据源时会呈现的空数据行的外观
EmptyDataTemplate	获取或设置在 GridView 控件绑定到不包含任何记录的数据源时所呈现的空数据行的用户定义内容
EmptyDataText	获取或设置在 GridView 控件绑定到不包含任何记录的数据源时所呈现的空数据行中显示的文本
Enabled	获取或设置一个值，该值指示是否启用 Web 服务器控件
EnableSortingAndPagingCallbacks	获取或设置一个值，该值指示客户端回调是否用于排序和分页操作
EnableTheming	获取或设置一个值，该值指示是否对此控件应用主题
EnableViewState	获取或设置一个值,该值指示服务器控件是否向发出请求的客户端保持自己的视图状态以及它所包含的任何子控件的视图状态
Font	获取与 Web 服务器控件关联的字体属性
FooterRow	获取表示 GridView 控件中的脚注行的 GridViewRow 对象
FooterStyle	获取对 TableItemStyle 对象的引用，使用该对象可以设置 GridView 控件中的脚注行的外观
ForeColor	获取或设置 Web 服务器控件的前景色(通常是文本颜色)
GridLines	获取或设置 GridView 控件的网格线样式
HasAttributes	获取一个值，该值指示控件是否具有属性集
HeaderRow	获取表示 GridView 控件中的标题行的 GridViewRow 对象
HeaderStyle	获取对 TableItemStyle 对象的引用，使用该对象可以设置 GridView 控件中的标题行的外观
Height	获取或设置 Web 服务器控件的高度
HorizontalAlign	获取或设置 GridView 控件在页面上的水平对齐方式
ID	获取或设置分配给服务器控件的编程标识符

续表

名　称	说　明
NamingContainer	获取对服务器控件的命名容器的引用，此引用创建唯一的命名空间，以区分具有相同 Control.ID 属性值的服务器控件
Page	获取对包含服务器控件的 Page 实例的引用
PageCount	获取在 GridView 控件中显示数据源记录所需的页数
PageIndex	获取或设置当前显示页的索引
PagerSettings	获取对 PagerSettings 对象的引用，使用该对象可以设置 GridView 控件中的页导航按钮的属性
PagerStyle	获取对 TableItemStyle 对象的引用，使用该对象可以设置 GridView 控件中的页导航行的外观
PagerTemplate	获取或设置 GridView 控件中页导航行的自定义内容
PageSize	获取或设置 GridView 控件在每页上所显示的记录的数目
Parent	获取对页 UI 层次结构中服务器控件的父控件的引用
RowHeaderColumn	获取或设置用作 GridView 控件的列标题的列的名称。提供此属性的目的是使辅助技术设备的用户更易于访问控件
Rows	获取表示 GridView 控件中数据行的 GridViewRow 对象的集合
RowStyle	获取对 TableItemStyle 对象的引用，使用该对象可以设置 GridView 控件中的数据行的外观
SelectedDataKey	获取 DataKey 对象，该对象包含 GridView 控件中选中行的数据键值
SelectedIndex	获取或设置 GridView 控件中的选中行的索引
SelectedRow	获取对 GridViewRow 对象的引用，该对象表示控件中的选中行
SelectedRowStyle	获取对 TableItemStyle 对象的引用，使用该对象可以设置 GridView 控件中的选中行的外观
SelectedValue	获取 GridView 控件中选中行的数据键值
ShowFooter	获取或设置一个值，该值指示是否在 GridView 控件中显示脚注行
ShowHeader	获取或设置一个值，该值指示是否在 GridView 控件中显示标题行
Site	获取容器信息，该容器在呈现于设计图面上时承载当前控件
SkinID	获取或设置要应用于控件的外观
SortDirection	获取正在排序的列的排序方向
SortExpression	获取与正在排序的列关联的排序表达式
Style	获取将在 Web 服务器控件的外部标记上呈现为样式属性的文本属性的集合
TabIndex	获取或设置 Web 服务器控件的选项卡索引
TemplateControl	获取或设置对包含该控件的模板的引用
TemplateSourceDirectory	获取包含当前服务器控件的 Page 或 UserControl 的虚拟目录
ToolTip	获取或设置当鼠标指针悬停在 Web 服务器控件上时显示的文本

续表

名　称	说　明
TopPagerRow	获取一个 GridViewRow 对象，该对象表示 GridView 控件中的顶部页导航行
UniqueID	获取服务器控件的唯一的、以分层形式限定的标识符
UseAccessibleHeader	获取或设置一个值，该值指示 GridView 控件是否以易于访问的格式呈现其标题。提供此属性的目的是使辅助技术设备的用户更易于访问控件
Visible	获取或设置一个值，该值指示服务器控件是否作为 UI 呈现在页上
Width	获取或设置 Web 服务器控件的宽度

表 10.4 列出了 GridView 的公共方法。

表 10.4　GridView 的公共方法

名　称	说　明
ApplyStyle	将指定样式的所有非空白元素复制到 Web 控件，改写控件的所有现有的样式元素。此方法主要由控件开发人员使用
ApplyStyleSheetSkin	将页样式表中定义的样式属性应用到控件
CopyBaseAttributes	将 Style 对象未封装的属性从指定的 Web 服务器控件复制到从中调用此方法的 Web 服务器控件。此方法主要由控件开发人员使用
DataBind	将数据源绑定到 GridView 控件
DeleteRow	从数据源中删除位于指定索引位置的记录
Dispose	使服务器控件得以在从内存中释放先前执行最后的清理操作
Equals	确定两个 Object 实例是否相等
FindControl	在当前的命名容器中搜索指定的服务器控件
Focus	为控件设置输入焦点
GetHashCode	用作特定类型的哈希函数。GetHashCode 适合在哈希算法和数据结构(如哈希表)中使用
GetType	获取当前实例的 Type
HasControls	确定服务器控件是否包含任何子控件
IsBindableType	确定指定的数据类型是否能绑定到 GridView 控件中的列
MergeStyle	将指定样式的所有非空白元素复制到 Web 控件，但不改写该控件现有的任何样式元素。此方法主要由控件开发人员使用
ReferenceEquals	确定指定的 Object 实例是否是相同的实例
RenderBeginTag	将控件的 HTML 开始标记呈现到指定的编写器中。此方法主要由控件开发人员使用
RenderControl	输出服务器控件内容，并存储有关此控件的跟踪信息(如果已启用跟踪)
RenderEndTag	将控件的 HTML 结束标记呈现到指定的编写器中。此方法主要由控件开发人员使用
ResolveClientUrl	获取浏览器可以使用的 URL

续表

名　　称	说　　明
ResolveUrl	将 URL 转换为在请求客户端可用的 URL
SetRenderMethodDelegate	分配事件处理程序委托，以将服务器控件及其内容呈现到父控件中
Sort	根据指定的排序表达式和方向对 GridView 控件进行排序
ToString	返回表示当前 Object 的 String
UpdateRow	使用行的字段值更新位于指定行索引位置的记录

10.5　Web 服务器控件

在创建 ASP.NET 网页时，可以使用以下类型的控件。

- HTML 服务器控件：这是对服务器公开的 HTML 元素，可对其进行编程。HTML 服务器控件公开一个对象模型，该模型十分紧密地映射到相应控件所呈现的 HTML 元素。
- Web 服务器控件：这些控件比 HTML 服务器控件具有更多内置功能。Web 服务器控件不仅包括窗体控件(例如按钮和文本框)，而且还包括特殊用途的控件(例如日历、菜单和树视图控件)。Web 服务器控件与 HTML 服务器控件相比更为抽象，因为其对象模型不一定反映 HTML 语法。
- 验证控件：这种控件包含逻辑，以允许对用户在输入控件(例如 TextBox 控件)中输入的内容进行验证。验证控件可用于对必填字段进行检查，对照字符的特定值或模式进行测试，验证某个值是否在限定范围之内。
- 用户控件：这是为 ASP.NET 网页创建的控件。ASP.NET 用户控件可以嵌入到其他 ASP.NET 网页中，这是一种创建工具栏和其他可重用元素的捷径。

HTML 服务器控件属于 HTML 元素(或采用其他支持的标记的元素，例如 XHTML)，它包含多种属性，使其可以在服务器代码中进行编程。默认情况下，服务器上无法使用 ASP.NET 网页中的 HTML 元素。这些元素将被视为不透明文本并传递给浏览器。但是，通过将 HTML 元素转换为 HTML 服务器控件，可将其公开为可在服务器上编程的元素。

HTML 服务器控件的对象模型紧密映射到相应元素的对象模型。例如，HTML 属性在 HTML 服务器控件中作为属性公开。

页中的任何 HTML 元素都可以通过添加属性 runat="server"来转换为 HTML 服务器控件。在分析过程中，ASP.NET 页框架将创建包含 runat="server"属性的所有元素的实例。若要在代码中以成员的形式引用该控件，则还应为该控件分配 id 属性。

页框架为页中最常动态使用的 HTML 元素提供了预定义的 HTML 服务器控件：form 元素、input 元素(文本框、复选框、"提交"按钮)、select 元素等。这些预定义的 HTML 服务器控件具有一般控件的基本属性，此外，每个控件通常提供自己的属性集和自己的事件。

HTML 服务器控件提供以下功能：

- 可在服务器上使用熟悉的面向对象的技术对其进行编程的对象模型。每个服务器控件都公开一些属性，可以使用这些属性在服务器代码中以编程方式来操作该控件的标记属性。

- 提供一组事件，可以为其编写事件处理程序，方法与在基于客户端的窗体中大致相同，所不同的是事件处理是在服务器代码中完成的。
- 在客户端脚本中处理事件的能力。
- 自动维护控件状态。在页到服务器的往返行程中，将自动对用户在 HTML 服务器控件中输入的值进行维护并发送回浏览器。
- 与 ASP.NET 验证控件进行交互，因此可以验证用户是否已在控件中输入了适当的信息。
- 数据绑定到一个或多个控件属性。
- 支持样式(如果在支持级联样式表的浏览器中显示 ASP.NET 网页)。
- 直接可用的自定义属性。可以向 HTML 服务器控件添加所需的任何属性，页框架将呈现这些属性，而不会更改其任何功能。允许向控件添加浏览器特定属性。

Web 服务器控件是设计侧重点不同的另一组控件。它们不必一对一地映射到 HTML 服务器控件，而是定义为抽象控件，在抽象控件中，控件所呈现的实际标记与编程所使用的模型可能截然不同。例如，RadioButtonList Web 服务器控件可以在表中呈现，也可以作为带有其他标记的内联文本呈现。

Web 服务器控件包括传统的窗体控件，例如按钮、文本框和表等复杂控件。它们还包括提供常用窗体功能(例如在网格中显示数据、选择日期、显示菜单等)的控件。

除了提供 HTML 服务器控件的上述所有功能(不包括与元素的一对一映射)外，Web 服务器控件还提供以下附加功能：

- 功能丰富的对象模型，该模型具有类型安全编程功能。
- 自动浏览器检测。控件可以检测浏览器的功能并呈现适当的标记。
- 对于某些控件，可以使用 Templates 定义自己的控件布局。
- 对于某些控件，可以指定控件的事件是立即发送到服务器，还是先缓存然后在提交该页时引发。
- 支持主题，可以使用主题为站点中的控件定义一致的外观。
- 可将事件从嵌套控件(例如表中的按钮)传递到容器控件。

控件使用类似如下的语法：

```
<asp:button attributes runat="server" id="Button1" />
```

本例中的属性不是 HTML 元素的属性。相反，它们是 Web 控件的属性。

在运行 ASP.NET 网页时，Web 服务器控件使用适当的标记在页中呈现，这通常不仅取决于浏览器类型，还与对该控件所做的设置有关。例如，TextBox 控件可能呈现为 input 标记，也可能呈现为 textarea 标记，具体取决于其属性。

10.6 实 践 训 练

下面通过实例来理解本章的知识，要求读者要认真完成这部分内容。

(1) 选择"开始"→"所有程序"→"Microsoft Visual Studio 2008"→"Microsoft Visual

Studio 2008", 然后选择"文件"→"新建"→"网站"→"ASP.NET 网站", 并且语言选择"Visual Basic"后, 单击"确定"按钮, 创建新应用程序成功, 如图 10.9 所示。

(2) 网站建立完毕后, 就可以进入 Web 编辑环境, 如图 10.10 所示。

(3) 从工具箱中拖放是 3 个控件, 分别是 Label、TextBox、Button 控件, 并将 Label 控件的 Text 属性设置为"您好", 设置 Button 按钮, 将其 Text 属性设置为"确认", 结果界面显示如图 10.11 所示。

图 10.9　新建网站

图 10.10　Web 编辑环境

图 10.11　界面显示

(4) 双击 Button 控件，输入代码如下：

```
Protected Sub Button1_Click(ByVal sender As Object, ByVal e As System.EventArgs)
  Handles Button1.Click
     Label1.Text += TextBox1.Text
     TextBox1.Text = ""
End Sub
```

(5) 接下来选择"网站"→"添加新项"→"Web 窗体"，并默认语言为 Visual Basic，文件名称为"Default2.aspx"，这样就添加了一个新的 Web 窗体，如图 10.12 所示。

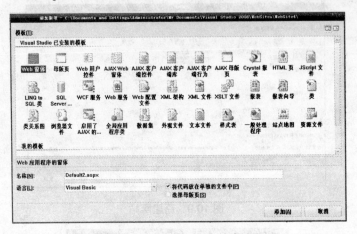

图 10.12　添加 Web 窗体

(6) 重新回到 Default.aspx，在 Web 窗体上添加一个 CheckBox 控件，并将其 Text 属性改为"Click here"，效果如图 10.13 所示。

图 10.13　添加新项

(7) 将其 AutoPostBack 属性的值改为 True，双击 Default.aspx 上的 CheckBox 控件，并输入下面代码：

```
Protected Sub CheckBox1_CheckedChanged(ByVal sender As Object,
  ByVal e As System.EventArgs) Handles CheckBox1.CheckedChanged
     Response.Redirect("Default2.aspx")
End Sub
```

（8）返回到 Default2.aspx，在 Form 窗口中输入"姓名："，在"姓名"之后用拖放方式添加一个 TextBox 控件。

（9）在下一行上输入"选择一个日期："，并从工具箱中选择 Calendar 控件，拖动控件对象，将其放置在界面中。

（10）从工具箱中选择 Button 控件，并将其 Text 属性改变为"单击此处"。

（11）在 Form 的底部添加 ReguiredFieldValidator 控件，并将其 Error Message 的属性设置为"你忘记了姓名！"，将 ControlToValidate 属性设置为 TextBox1，窗体设置最后的结果如图 10.14 所示。

图 10.14　窗体设计

（12）双击"单击此处"按钮，并输入如下代码：

```
Protected Sub Button1_Click(ByVal sender As Object, ByVal e As System.EventArgs)
  Handles Button1.Click
    Button1.Text = TextBox1.Text + " 于 "
                   + Calendar1.SelectedDate.ToString() + " 在此记录一次！"
End Sub
```

（13）按下 F5 键运行程序，Default.aspx 页面的运行结果如图 10.15 所示。

图 10.15　Default.aspx 页面的运行结果

(14) 在页面中选中"Click here"复选框，结果弹出如图 10.16 所示的页面。

图 10.16 Default2.aspx 页面的运行效果

(15) 在文本框中输入文本，并单击"单击此处"按钮，结果如图 10.17 所示。

图 10.17 测试 Default2.aspx 页的运行效果

上面通过简单的几步，就建立了一个要求用户输入姓名，如果没有输入姓名，就会显示出错信息，并选择日期的应用程序，当单击"单击此处"按钮时，TextBox 就会验证输入的数据。

10.7 习   题

1. 填空题

(1) 除了呈现用户界面和允许用户与之交互外，浏览器还提供一般的_____、_____和_____，外加所有客户端逻辑的执行环境。

(2) 使用 ASP.NET Web 窗体创建主要由_____组成的应用程序。

(3) _____是易于部署和更新的图像丰富的应用程序，无论是否连接到 Internet 都可以工作，并且可以用比传统的基于 Windows 的应用程序更安全的方式访问本地计算机上的资源。

(4) Windows 窗体包含可添加到窗体上的各式控件，用于_____、_____、_____、_____甚至网页的控件。

2．选择题

(1) 一个 ASP.NET 页面由_____两部分组成。

 A．使用静态文本和服务器控件的用户界面定义

 B．用户界面行为和服务器端代码形式的 Web 应用程序逻辑的实现

 C．代码模型

 D．<script runat="server"></script>脚本代码块

(2) VS2008 为 Web 应用程序中的每个 Web 窗体提供了_____3 个窗口。

 A．设计窗口　　　　　　　　　　B．HTML 代码窗口

 C．逻辑代码窗口　　　　　　　　D．属性窗口

(3) 在新创建 Default.aspx 页面时，Default.aspx.vb 是_____。

 A．系统自动生成的　　　　　　　B．人工创建的

(4) HTML 服务器控件是在 HTML 控件的基础上加上_____所构成的控件。

 A．runat="server"　　　　　　　B．server="true"

 C．runat="as server"　　　　　　D．runat="client"

3．判断题

(1) Web 服务器控件也称 ASP.NET 服务器控件，是 Web 窗体编程的基本元素，也是 ASP.NET 所特有的。　　　　　　　　　　　　　　　　　　　　　　　　（　　）

(2) ASP.NET 服务器控件提供更加统一的编程接口，如每个 ASP.NET 服务器控件都有 Text 属性。　　　　　　　　　　　　　　　　　　　　　　　　　　　（　　）

(3) ISAPI 是指 Microsoft 的 Internet 信息服务器(IIS)编程接口，而 NSAPI 则指 Netscape 的 Internet 服务器编程接口。　　　　　　　　　　　　　　　　　　（　　）

(4) 对 Web 窗体页中的各项控件属性进行数据绑定是通过直接将属性绑定到数据源来实现的。　　　　　　　　　　　　　　　　　　　　　　　　　　　　　（　　）

4．简答题

(1) Web 窗体中的数据绑定是什么意思？

(2) 使用数据绑定表达式为开发人员提供了哪些方便？

(3) 使用 DataBinder 类的优点是什么？

(4) GridView 控件支持哪些功能？

5．操作题

自建一个 Web 控件，包含一个广告条和三个链接。

第 11 章　Web 服务

教学提示： Web 服务似乎是一个崭新的名词，现在去浏览各大主流技术论坛，无一不在关注 Web 服务的发展。但到底什么是 Web 服务呢？本章将介绍 Web 服务相关的知识。

教学目标： 要求掌握本章知识点，并可以在开发过程中熟练应用。

11.1　Web 服务概述

XML Web 服务是一个可编程实体，它提供特殊的功能(例如应用程序逻辑)，并且可以由使用诸如 XML、HTTP 和 SOAP 等 Internet 标准的系统访问。以任何语言编写的、在任何操作系统上运行的应用程序都可以调用 XML Web 服务。

XML Web 服务可以在单独的应用程序内部使用，也可以通过 Internet 向外部公开以便由任意数量的应用程序使用。由于要通过标准接口来访问 XML Web 服务，因此该服务使得异类系统可以作为一个单独的计算网络共同工作。XML Web 服务的一个核心特征就是在服务的实现和消费之间存在着高度的抽象。

由于 XML Web 服务是使用基于 XML 的消息机制创建和访问的，因此 XML Web 服务提供程序和客户端仅仅需要知道对方的输入、输出和位置。

XML Web 服务结构提供了一种发现机制(一种定义了如何使用这些服务和标准的通信访问格式的服务描述)以定位 XML Web 服务。

"发现"是定位使用 Web 服务描述语言(WSDL)描述特定的 XML Web 服务的一个或多个文档的过程。一旦发现服务，WSDL 文档就会提供有关该服务所支持的交互操作的描述。XML Web 服务使用开放的访问格式进行通信，这些格式是那些能够支持最常用的 Web 标准的任何系统可以接受的协议。SOAP 是 XML Web 服务通信的关键协议。

11.1.1　Web 服务的特征

Web 服务提出了面向服务的分布式计算框架，具有松散耦合、与平台无关、易于集成等优点，为 Internet 上的分布式应用提供了有效的支持。

具体而言，Web 服务应具有如下特性。

(1) 基于 XML：通过使用 XML 作为所有 Web 服务协议和新技术的数据表示层，这些协议和新技术就能够在核心层具备互操作能力。在数据传送过程中，XML 消除了协议特有的网络、操作系统以及平台绑定限制。

(2) 松散耦合：Web 服务的用户不直接与 Web 服务关联，Web 服务接口能够随时变化，而不会降低客户与服务交互的能力。采用松散耦合的体系结构使软件系统更加便于管理，并且使得不同系统间的集成更加容易。

(3)　粗粒度：Web 服务提供了一种定义粗粒度 Web 服务的方法，这些服务可访问适量的业务逻辑。

(4)　同步或异步的能力：同步是指将客户绑定到服务的执行，异步操作允许客户激活服务然后运行其他功能。同步的客户在服务结束的时候获取其结果，异步客户在稍后的时间点上获取其结果。异步能力是启用松散耦合系统的一个关键因素。

(5)　支持远程过程调用(RPC)：Web 服务允许客户使用 XML 的协议调用远程对象上的过程、函数和方法。远程过程暴露 Web 服务必须支持的输入和输出参数。

(6)　支持文档交换：Web 服务支持文件的透明交换，极大地方便了业务集成。

11.1.2　Web 服务的工作原理

Web 服务的工作原理是各公司从注册表获得发布信息，建立满足要求的执行过程，然后向注册表发布它们的服务。

以后，其他公司发现注册表中列出的一项服务，同意已制定的标准，然后开展业务。

一旦在标准上取得一致并且约定的规则得到满足，应用程序就可以接管交易处理，因而从开展业务的开销中去除了人工互动。

在这种模型中，通过利用现有的基础设施，应用可以交换有关公司希望提供和消费的服务的信息。

此外，应用还可以查询注册表，查找可以以更优惠条件提供同样服务的其他应用。

在标准方面，UDDI 作为一种用于 Web 的黄页被编制出来，它可以通过 WSDL 访问。WSDL 支持类似于 UDDI 特性的 ebXML 注册特性。除了与 UDDI 的数据库特性竞争外，ebXML 的 Web 服务部分曾被考虑与 SOAP 标准进行竞争。幸运的是，Oasis 已将 SOAP 集成到 ebXML 中。目前，这些协议既相互重叠又相互补充。

- UDDI(通用描述、发现和集成)：UDDI 是 Microsoft、IBM 和 Ariba 为制定一项用于描述、注册和发现 Web 服务的 Internet 标准而成立的联盟。由此而来的 uddi 框架是"一个企业可以注册其 Web 服务并查找其他 Web 服务的数据库集合。"应用程序使用 SOAP API 来读取或提供与 UDDI 相关的 WSDL 文档。

- WSDL(Web 服务描述语言)：WSDL 文件，即 UDDI 和 ebXML 注册表的子集合，提供联系信息、Web 服务的描述、它们的位置以及如何调用它们的规范。uddi 注册表按行业类别和地理位置细分。WSDL 文件常常由另外的信息源生成。WSDL 用于描述通过 Internet(或其他网络)可访问的程序以及同这些程序进行交流的信息格式和协议。它可以使 Web 服务的功能通过标准的方式展示出来，从而使 Web 服务和开发工具更易兼容。

- SOAP(简单对象访问协议)：SOAP 是使用 XML 通过 Internet 发送信息和访问动态 Web 服务的友好界面。其主要作用在于确保信息通过互联网在业务应用之间传输的可靠性。作为一种用在分布式环境中交换结构化数据的协议，它包括三个部分：信封、报头和协议消息体。信封标记 SOAP 消息的开始和结束。它还可以规定在网络上数据的编码规则。SOAP 报头可以包含发送给一个地址或多个地址的邮件、一个支付代码或有关 RPC 类型互动的信息。一个信封中可以有多个报头或完全没有报头。SOAP 消息体传送自描述结构或 RPC 类型接口格式的数据。

- ebXML(电子业务 XML)：ebXML 架构以业务过程和信息模型开始，将这个模型映射到 XML 文件并定义处理这些文件以及在交易伙伴之间交换这些文件的应用程序的要求。同 UDDI 注册表一样，ebXML 注册表以标准的文档格式列出一家公司的能力的清单，使企业可以通过这个注册表找到其他企业、定义协议以及交换帮助开展商务交易的 XML 消息。ebXML 的目标是使所有这些事务可以在 Internet 上被自动执行，无需人工干预。

11.2　构建 Web 服务

　　关于 Web 服务的优点就不用再提了，媒体铺天盖地的宣传和在许多领域的广泛应用已经足够说明问题。不过这里仍然要强调的是，Web 服务实际上就是 ASP.NET 应用程序，只不过重新进行了组织。Web 服务为不同应用程序之间共享对象提供了实现。通过简单的引用，可以在程序中访问另一程序实现的功能，而不仅仅是 ASP.NET 中那样只有通过浏览器才能实现。Web 服务也具有一般 ASP.NET 应用程序所拥有的许多功能和特性。ASP.NET 和 Web 服务都有状态管理功能就是一个典型的例子。

　　然而，将 ASP.NET 应用程序设置外置为 Web 服务有什么优点呢？一方面可以从软件(应用程序)可复用性方面得到答案，如果客户应用程序(源)需要使用另一应用程序(目标)的设置参数，这时将目标应用程序设置配置为 Web 服务，在源应用程序中就能够方便地调用了，就像在本机配置了同样的设置一样。另一方面，Web 服务特殊的存储其应用程序设置的机制使得应用程序跨平台、跨 Internet 以及应用程序的升级和 xcopy 部署方式成为可能。

11.2.1　XML 序列化

　　序列化是将对象转换为容易传输的格式的过程。例如，可以序列化一个对象，然后使用 HTTP 通过 Internet 在客户端和服务器之间传输该对象。反之，反序列化根据流重新构造对象。

　　XML 序列化仅将对象的公共字段和属性值序列化为 XML 流。XML 序列化不包括类型信息。例如，如果 Library 命名空间中有一个 Book 对象，将不能保证它会被反序列化为同一类型的对象。

　　XML 序列化中最主要的类是 XmlSerializer 类，它的最重要的方法是 Serialize 和 Deserialize 方法。在.NET 框架 2.0 中，XML 序列化程序生成器工具(Sgen.exe)用于事先生成这些序列化程序集，以便与应用程序一同部署，并提高启动性能。XmlSerializer 生成的 XML 流符合万维网联合会 XML 架构定义语言 1.0 的建议。

　　对象中的数据是用编程语言构造(如类、字段、属性、基元类型、数组，甚至 XmlElement 或 XmlAttribute 对象形式的嵌入 XML)来描述的。可以选择自己创建用属性批注的类，也可以使用 XML 架构定义工具生成基于现有 XML 架构的类。

如果有 XML 架构，就可运行 XML 架构定义工具生成一组强类型化为架构并用属性批注的类。当序列化这样的类的实例时，生成的 XML 符合 XML 架构。使用这样的类，就可针对容易操作的对象模型进行编程，同时确保生成的 XML 符合 XML 架构。这是使用.NET框架中的其他类(如 XmlReader 和 XmlWriter 类)分析和写入 XML 流的一种备用方法。这些类可以分析任何 XML 流。

与此相反，当需要 XML 流符合已知的 XML 架构时，使用 XmlSerializer。

属性控制由 XmlSerializer 类生成的 XML 流，可以设置 XML 流的 XML 命名空间、元素名、属性名等。

XmlSerializer 类生成由 XML Web 服务创建和传递给 XML Web 服务的 SOAP 消息。要控制 SOAP 消息，可将属性应用于 XML Web 服务文件中的类、返回值、参数和字段。可以同时使用在"控制 XML 序列化的属性"中列出的属性和在"控制编码的 SOAP 序列化的属性"中列出的属性，因为 XML Web 服务可以使用文本样式，也可以使用编码的 SOAP 样式。

11.2.2　使用 ASP.NET 创建 Web 服务

XML Web 服务实现的最基本的方案是提供一些基本的功能模块以供客户使用。例如，一个电子商务应用程序面对的挑战是需要计算不同货运方式的收费情况。这样的应用程序在这些计算中需要从每个货运公司那里取得目前的运输成本表单。

应用程序可以使用诸如 HTTP 这样的标准传输协议通过因特网向计算货运成本的 XMLWeb 服务发送一条简单的基于 XML 的消息。这个消息可能提供包装的重量和尺寸，发货点和收货点，以及其他参数，如服务等级等。发货人的 XML Web 服务然后使用最新的价格表计算货物运输费用，并使用一个简单的基于 XML 的响应消息把这个数字返回调用应用程序，以供计算客户的总体费用。

可以使用 XML Web 服务以一种集成的方式整合表面上看上去完全不同的现有应用程序。大部分的公司的每个部门都有定制的软件，产生一系列有用但是孤立的数据岛和业务逻辑。由于每个应用程序环境的变化，和技术不断革新的天性，所以非常有必要从这些应用程序中创建一个功能集合体。

利用 XML Web 服务，就有可能把现有的应用程序中的数据和功能暴露出来作为一个XML Web 服务。然后可以创建一个集成的应用程序，使用这些 XML Web 服务的集合在应用程序的组成部分之间增强互操作性。

XML Web 服务能够为应用程序提供一个非常强大的机制，创建端对端的工作流程解决方案。这样的解决方案适于商务到商务的交易这样的长期运行的情景。

BizTalk 框架提供了一个附加协议层，定义了识别并发布消息的机制，定义了它们的生命周期，封装它们(通常带有附件)，安全地把它们递送到目的地，并且确保认证、完整性和机密内容的安全。

Microsoft BizTalk Server 提供基础结构和用于基于规则的商务文档的路由、变换和记录基础结构的工具。这个基础结构能让公司使用其内部或其他机构的交换业务文档(例如采购订单和发货单)整合、管理和自动化业务处理。

BizTalk Orchestration 是包含于用于定义单个 XML Web 服务状态的 BizTalk 服务器以及

构建多部分商务处理的 XML Web 服务的组成成分的一种技术。

11.2.3　Web 服务的传输协议

随着领先企业测试和采用 Web 服务，XML、简单对象访问协议(SOAP)和 Web 服务描述语言(WSDL)受到人们的宠爱。相对于这几种技术来说，通用发现、描述与集成(UDDI)协议一直未受到足够重视。

UDDI 最初被宣传为找到和连接到生存在网络或 Internet 上的 Web 服务组件的 Web 服务公共目录。然而，它主要由于保护数据和接入安全方面的问题而未能实现所做出的承诺。由 Microsoft、IBM、SAP 所支持的一种称为 UDDI 业务注册表的公共 UDDI 目录不过是一种概念模型。

不过，发布的第三版 UDDI 规范会有很大改进，UDDI 协议将会获得安全性和政策控制功能，这些功能也许能增加 UDDI 在 Web 服务采用者中的接受程度。第三版 UDDI 被视为创建可以在不同水平集成的专用、半专用和公共 UDDI 注册表的关键。

第三版 UDDI 还将 UDDI 定位于成为将多种 Web 服务连接到复合应用中的下一波 Web 服务的关键技术。第三版是迈向人们可以信赖注册表中的数据并知道它是有效数据的一次重大进步。

UDDI 的作用将是作为生存在网络上的 Web 服务的注册表。当多种 Web 服务被连接在一起构成复合应用时，UDDI 将成为把这些 Web 服务连接在一起的中枢。这种概念与 Internet 上的域名服务类似。在 DNS 中，网站地址是 DNS 注册表中的固定实体，而网站的位置或 IP 地址可以被改变。

UDDI 注册表是一种定位器服务，它使 Web 服务可被迅速地连接在一起，在不破坏复合应用的情况下，改变网络上的位置。UDDI 注册表提供了灵活性，使应用组件可以被"松散地连接在一起"并可以方便地重新使用，而不是硬连线连接和固定不变的。UDDI 还可以发现出现故障的 Web 服务组件并指出复合应用出现中断的位置。

人们仍在努力学会如何正确地使用 Web 服务。在点到点连接中利用标准的 Web 服务接口代替专有接口没有那么有趣。必须将环境改变为一种面向服务的架构。要做到这点，就需要 UDDI 作为一种发现组件。第三版 UDDI 是第一种支持这种作用的可行版本。

在面向服务的架构中，应用组件作为网络上的服务生存，可以以无限的组合形式拼接在一起。SOA 是随分布式组件对象模型和通用对象请求代理架构首次推出的。

随着 Web 服务采用者由传统应用利用 Web 服务接口进行简单的点到点集成发展到多种天然 Web 服务应用的更复杂的集成，SOA 组件的重要性日益增加。

自 UDDI 出世起，安全和保密问题就一直困扰着 UDDI，将它的应用限制在企业防火墙之后。Fujitsu、IBM、Microsoft 和 Novell 等公司提供 UDDI 注册表，而其他 UDDI 应用可能将出现在应用服务器或集成代理等产品中。

第三版 UDDI 创建了一种基于用户配置和策略集合基础上的新安全模型。这项规范还支持保证数据来源和数据完整性的 XML 数字签名标准。

发布的第三版 UDDI 将包括用于多种操作的几十种策略。这些操作包括访问控制、复制、订阅、授权、数据传输权以及作为附加在每个实体上的独特的标识符的 UDDI 密钥。

高职高专计算机实用规划教材——案例驱动与项目实践

策略被连接到安全性中,这样第三版中的所有安全性都被表达为策略。签名数据的加入将促进注册表的发展,尤其是公共注册表。

第三版 UDDI 将支持多注册表环境。在多注册表环境中,专用企业目录可以与半专用目录以及可被用作控制 UDDI 密钥分配的根管理机构的公共注册表共享选择的数据。

这项新规范还将具有新的搜索参数,如搜索精确的匹配。新的订阅 API 使用户可以在某一注册表项发生变化时得到通知,并在注册表之间复制这种变化。

第三版 UDDI 是 Web 服务规范核心组一直等待完成的东西。其他 Web 服务规范如 WS-Security 和安全标记语言是第三版 UDDI 开发的关键。像可靠的消息功能等更多的规范将使 UDDI 成为一种更安全、更可靠地进行各种 UDDI 注册表部署的协议。

11.2.4　SOAP 协议

SOAP 以 XML 形式提供了一个简单、轻量的用于在分散或分布环境中交换结构化和类型信息的机制。SOAP 本身并没有定义任何应用程序语义,如编程模型或特定语义的实现;实际上它通过提供一个有标准组件的包模型和在模块中编码数据的机制,定义了一个简单的表示应用程序语义的机制。这使 SOAP 能够被用于从消息传递到 RPC 的各种系统。SOAP 包括如下三个部分。

- SOAP 封装:结构定义了一个整体框架,用来表示消息中包含什么内容,谁来处理这些内容以及这些内容是可选的或是必需的。
- SOAP 编码规则:定义了用以交换应用程序定义的数据类型的实例的一系列机制。
- SOAP RPC 表示:定义了一个用来表示远程过程调用和应答的协定。

虽然这三个部分都作为 SOAP 的一部分一起描述,但它们在功能上是相交的。特别地,封装和编码规则是在不同的域中定义的,这种模块性的定义方法增加了简单性,这个规范还定义了两个协议的绑定,描述了在有或没有 HTTP 扩展框架的情况下,SOAP 消息如何包含在 HTTP 消息中被传送。

SOAP 消息从发送方到接收方是单向传送,但正如上面显示的,SOAP 消息经常以请求/应答的方式来实现。SOAP 实现可以通过开发特定网络系统的特性来优化。例如,HTTP 绑定使 SOAP 应答消息以 HTTP 应答的方式传输,并使用同一个连接返回请求。不管 SOAP 被绑定到哪个协议,SOAP 消息采用所谓的"消息路径"发送,这使在终节点之外的中间节点可以处理消息。一个接收 SOAP 消息的 SOAP 应用程序必须按顺序执行以下的动作来处理消息:识别应用程序想要的 SOAP 消息的所有部分检验应用程序是否支持第一步中识别的消息中所有必需部分并处理它。如果不支持,则丢弃消息。在不影响处理结果的情况下,处理器可能忽略第一步中识别出的可选部分。如果这个 SOAP 应用程序不是这个消息的最终目的地,则在转发消息之前删除第一步中识别出来的所有部分。为了正确处理一条消息或者消息的一部分,SOAP 处理器需要理解:所用的交换方式(单向,请求/应答,多路发送等),这种方式下接收者的任务,RPC 机制(如果有的话)的使用,数据的表现方法或编码,还有其他必需的语义。

尽管属性(比如 SOAP encodingstyle)可以用于描述一个消息的某些方面,但这个规范并不强制所有的接收方也必须有同样的属性并取同样的属性值。举个例子,某一特定的应用可能知道一个元素表示一条遵循 RPC 请求，但是另外一些应用可能认为指向该元素的所有消息都用单向传输，而不是类似请求应答模式。

所有的 SOAP 消息都使用 XML 形式编码，一个 SOAP 应用程序产生的消息中，所有由 SOAP 定义的元素和属性中必须包括正确的名域。SOAP 应用程序必须能够处理它接收到的消息中的 SOAP 名域，并且它可以处理没有 SOAP 名域的 SOAP 消息，就像它们有正确的名域一样。SOAP 定义了两个名域：

- SOAP 封装的名域标志符是"http://schemas.xmlsoap.org/soap/envelope/"。
- SOAP 的编码规则的名域标志符是"http://schemas.xmlsoap.org/soap/encoding/"。

SOAP 消息中不能包含文档类型声明，也不能包括消息处理指令。SOAP 使用 ID 类型 id 属性来指定一个元素的唯一的标志符，同时该属性是局部的和无需校验的。SOAP 使用 uri-reference 类型的 href 属性指定对这个值的引用，同时该属性是局部的和无需校验的。这样就遵从了 XML 规范，XMLSchema 规范和 XML 连接语言规范的风格。

除了 SOAP mustUnderstand 属性和 SOAPactor 属性之外，一般允许属性和它们的值出现在 XML 文档实例或 Schema 中(两者效果相同)。也就是说，在 DTD 或 Schema 中声明一个默认值或固定值和在 XML 文档实例中设置它的值在语义上相同。

SOAP 编码格式基于一个简单的类型系统，概括了程序语言、数据库和半结构化数据等类型系统的共同特性。一个类型或者是一个简单的(标量的)类型，或者是由几个部分组合而成的复合类型，其中每个部分都有自己的类型。定义了类型化对象的序列化规则。它分两个层次。首先，给定一个与类型系统的符号系统一致的 Schema，就构造了 XML 语法的 Schema。然后，给定一个类型系统的 Schema 和与这个 Schema 一致的特定的值，就构造了一个 XML 文档实例。反之，给定一个依照这些规则产生的 XML 文档实例和初始的 Schema，就可以构造初始值的一个副本。定义的元素和属性的名域标志符为：

```
http://schemas.xmlsoap.org/soap/encoding/
```

11.2.5 Web 服务的安全

SOAP 和 XML 使得 Web 服务在交互操作和标准上，已经完全改变了电子商务领域的应用格局。然而，直到近期，在 Web 服务技术领域仍然存在着一些缺憾，那就是处理消息级别的安全、认证、加密、数字签名、路由和附件等问题的能力有待提高。

为了解决这些安全问题，像 IBM、Microsoft 和 Verisign 等公司与一些组织机构牵头，合作制定了统一的 Web 服务安全规范，以便利用他们原有的 Web 服务交互操作概念和商业模型，推出了 WS-Security(也称 Web 服务安全语言)等规范。自从 SOAP 规范形成以后，WS-Security 规范及其后续的工作可能是 Web 服务技术领域的一次最重要的进步。

WS-Security 描述通过消息完整性、消息机密性和单独消息认证，提供质量保障对 SOAP 消息传递的增强。这些机制可以用于提供多种安全性模型和加密技术。

WS-Security 还提供关联安全性令牌和消息的通用机制。WS-Security 不需要特定类型的安全性令牌，它在设计上就是可扩展的(例如支持多安全性令牌格式)。举例来说，客户机可能会提供身份证明和他们有特定商业认证的证明。

　　另外，WS-Security 还描述如何对二进制安全性令牌编码。此规范特别描述如何对 X.509 证书和 Kerberos 票据编码以及如何加入难于理解的加密密钥。它还包括可以用于进一步描述消息中包含的凭证特征的扩展性机制。

　　随着 WS-Security 规范的定稿，各大软件厂商开始考虑为其产品提供和使用相同 Web 服务安全语言的接口和编程工具箱，Web 服务的开发者也将使用这些厂商提供的工具，加强开发 Web 服务的安全性。

　　在数字签名 SOAP 消息之前，必须先弄清楚谁正在签名。因此，必须先探讨一下用户名安全令牌(Username Token)的概念。

　　用户名安全令牌认证是一种很重要的安全技术。用户名安全令牌非常容易理解：Web 服务为每位用户都分配了唯一的用户名和密码，如果该用户需要访问资源或功能，那么需要进行用户名密码验证，从而在一定程度上保护了与该用户名关联的资源和服务。因为大多数用户已经习惯了这种安全技术，所以用户名安全令牌认证对部署并保护 Web 服务非常有益。

　　在 Web 服务中，可以非常容易地实现用户名安全令牌认证：每一种 Web 方法调用都需要两个额外的参数，这就是用户名和密码。调用 Web 方法时，第一步就是在数据库中检查该用户名是否存在，第二步则是检验用户所输入的密码是否与数据库中该指定用户名的密码相符。只有通过了这些验证过程，才可以继续 Web 方法的操作。如果在这些验证步骤中哪怕只有一步不能通过，Web 方法也会发送错误消息。

　　在 WS-Security 中定义了一个用户名安全令牌元素，它提供了基本用户名/密码验证的方法。如果有使用 HTTP 的经验，那么会发现 WS-Security 中的用户名安全令牌与 HTTP 中的基本验证非常相似。

　　不管使用明文密码，还是使用摘要密码，都需要在 Web 服务器上存储用户名/密码。这些信息通常保存在数据库中，占用额外的存储空间，并且需要额外的服务请求，这在一定程度上影响了 Web 服务的性能。同时，企业内部员工和黑客也可能会进入数据库获取这些客户信息，加大了安全隐患。

　　消息想要在传送过程中不被篡改，必须对消息进行签名操作。使用签名，SOAP 消息的接收方可以知道已签名的元素在传送过程中未被篡改。只要有可能，就应当使用 XML 签名对消息进行签名。WS-Security 只是简单解释了如何使用签名来证明消息没被篡改。

　　身份验证机制提供了对消息进行签名的方法，从而可以确定两个事项：由用户名安全令牌、X.509 证书或 Kerberos 票据标识的用户已对消息进行了签名；签名后的消息没有被篡改。身份验证机制提供了一个可用于签名消息的密钥，可以使用密码对用户名安全令牌进行签名。而 X.509 允许发送方使用他们的私钥签名消息。Kerberos 则提供了一个由发送方创建并在票据中传输的会话密钥，只有此消息的预期接收方才能够读取票据，发现会话密钥并验证签名的可靠性。

　　签名是使用 XML 签名生成的，如果只对简单的消息签名，那么消息中的每个元素几乎都需要单独进行签名。每当元素发生改变时，都需要更新签名，否则将会出现异常。这是因为内容发生改变后，签名将不再匹配。在 SOAP 消息中，签名所需的数据添加了大量额外的信息。

　　但是，只认证消息发送方的身份并证明消息未经篡改还远远不够，还需要加密数据，使得只有预期接收方才能阅读此消息。任何监视网络交换的人，即使获取了此消息，也读不出消息的内容。为此，WS-Security 也提供了数据加密的相应规范。它采用了现有标准，并能很好地完成加密工作。

加密数据时，可以选择使用对称加密或不对称加密。对称加密需要一个共享密钥，即使用同一个密钥来加密消息和解密消息。如果同时控制两个端点并且可以信任使用密钥的用户和应用程序，则可以使用对称加密。通常采用邮寄磁盘提供密钥，或者通过协商确定提供密钥的方式，把密钥发送给需要的接收方。

如果需要使用简单的分布式密钥来发送数据，则可以使用不对称加密。X.509 证书允许接收数据的端点可以公布它的证书，并允许任何人使用公钥来加密信息，只有接收方知道私钥。因此，只有接收方可以得到加密的数据并将其重新转换为可读内容。

11.3　面向服务的发展趋势

SOA 的概念最初由 Gartner 公司提出，由于当时的技术水平和市场环境尚不具备真正实施 SOA 的条件，因此当时 SOA 并未引起人们的广泛关注，SOA 在当时沉寂了一段时间。伴随着互联网的浪潮，越来越多的企业将业务转移到互联网领域，带动了电子商务的蓬勃发展。为了能够将公司的业务打包成独立的、具有很强伸缩性的基于互联网的服务，人们提出了 Web 服务的概念，这可以说是 SOA 的发端。

Web 服务开始流行以后，互联网迅速出现了大量的基于不同平台和语言开发的 Web 服务组件。为了能够有效地对这些为数众多的组件进行管理，人们迫切需要找到一种新的面向服务的分布式 Web 计算架构。该架构要能够使这些由不同组织开发的 Web 服务能够相互学习和交互，保障安全以及兼顾复用性和可管理性。由此，人们重新找回面向服务的架构(Service-Oriented Architecture，SOA)，并赋予其时代的特征。需求推动技术进步，正是这种强烈的市场需求，使得 SOA 再次成为人们关注的焦点。

2007 年有三个重量级的标准问世，它们目前都属于规范级别。它们就是 SCA、SDO、WS-Policy。SCA 和 SDO 构成了 SOA 组件开发的核心，而 WS-Policy 则成为 SOA 组件间安全通信的标准，其作用类似于安全套接层在浏览器与服务器通信中的作用。事实上，WS-Policy 的基本原理与 SSL 是一致的。

今后标准开发将具有一个共同的特点，就是标准与 SOA 架构的协调性。也就是说，无论是已有的标准还是正在开发的标准，都必须符合 SOA 架构的要求，同时要考虑单个标准与其他 SOA 标准之间的协调一致。

基于市场的强劲需求，各标准化组织将继续加大在制定 SOA 相关标准上的投入力度，标准的制定和发布周期将大大缩短。

11.4　Web 服务的设计

Web 服务设计就是把面向对象设计准则拿到 Web 服务领域中而已，这里有以下几个设

计原则。

- 边界清楚：通过 WSDL 发布服务协定、使用消息传递而不是 RPC 调用、提供结构良好的公共接口并保持静态。
- 自治：服务的部署和版本变迁应该要独立于服务的部署和使用者、服务发布后接口即不可更改，作为服务提供者，要预料到服务有可能被误用或者服务的使用者出现问题。
- 共享架构和协定而非类：采用 XML 架构定义消息交换格式、采用 WSDL 定义消息交换模式、采用 Web 服务策略定义功能和需求、采用 BPEL 作为业务流程级别的协定，以聚合多个服务。
- 服务兼容性基于策略：策略表达式可用于分隔化兼容性和语义兼容性。WS-Policy 规范定义了一个能够表达服务级策略的机器可读的策略框架。

11.4.1　Web 服务体系结构

纵观计算机和软件领域，不难了解为什么会产生 Web 服务。在因特网上有许多系统和平台，在这些系统和平台上又有更多的应用程序。存在着许多技术，把客户端连接到服务器，这其中包括 DCOM、CORBA 和其他各种技术；而 Web 服务则是在 HTTP、XML 和 SOAP 这样的开放标准上形成的，它具有更新和更简单的连接类型。

可以把 Web 服务想象为通过因特网或企业内部网连接调用其方法的组件，或者把它想象为通过 Web 提供其接口的组件。Web 服务建立在对开放标准 XML 广泛接受的基础上，Web 服务使用 XML 序列化其客户端收发的数据。即使客户端和 Web 服务主机使用不同的操作系统，或者应用程序使用不同的程序语言开发，只要客户端程序可以解析 XML，那么它就可以使用 Web 服务返回的数据。

XML Web 服务体系结构最重要的优点之一就是允许在不同平台上使用不同编程语言以一种基于标准的技术开发程序，来与其他应用程序通信。有两种使用 Web 服务的方法，允许访问内部系统功能，把它们向外部世界展示并且作为一个外部 Web 服务的客户端或者使用者。在这个模型中，Web 服务可用来访问一个应用程序中任一层的应用功能。这样因特网上的任何分布式系统就有可能被整合到一个用户定制的应用程序中。

通常，一个 Web 服务被分为 5 个逻辑层：数据层、数据访问层、业务层、业务面和监听者。离客户端最近的是监听者，离客户端最远的是数据层。业务层更进一步被分为两个子层：业务逻辑和业务面。Web 服务需要的任何物理数据都被保存在数据层。在数据层之上是数据访问层，数据访问层为业务层提供数据服务。数据访问层把业务逻辑从底层数据存储的改变中分离出来，这样就能保护数据的完整性。业务面提供一个简单接口，直接映射到 Web 服务提供的过程。

业务面模块被用来提供一个到底层业务对象的可靠的接口，把客户端从底层业务逻辑的变化中分离出来。

业务逻辑层提供业务面使用的服务。所有的业务逻辑都可以通过业务面在一个直接与数据访问层交互的简单 Web 服务中实现。Web 服务客户应用程序与 Web 服务监听者交互，监听者负责接收带有请求服务的输入消息、解析这些消息，并把这些请求发送给业务面的相应方法。

这种体系结构与 Windows DNA 定义的 N 层应用程序体系结构非常相似。Web 服务监听者相当于 Windows DNA 应用程序的表现层。如果服务返回一个响应，那么监听者负责把来自业务面的响应封装到一条消息中，然后把它发回客户端。监听者还处理对 Web 服务协议和其他 Web 服务文档的请求。开发者可以添加一个 Web 服务监听者到表现层中，并且提供到现有业务面的访问权限，这样就能够很容易地把一个 Windows DNA 应用程序移植到 Web 服务中。虽然 Web 浏览器可以继续使用表现层，但是 Web 服务客户应用程序将与监听者交互。

这种基于 Internet 类型应用的出现，需要一个崭新的框架结构来进行程序的设计，需要一个快速和方便的方法进行代码的编写并且能够与 Internet 上其他的程序进行交互。

当然在计算机之间进行数据和信息交互这个概念并不是很新，比如通过 RPC、DCOM 和 CORBA 等都可以实现不同计算机上的进程之间的交互。但是它们都有一个致命的缺点：它们需要进行交互的机器具有相似的系统，比如 MSMQ 只能与 MSMQ 进行对话，DCOM 客户端只能与 DCOM 服务器端进行交互。

而真正需要的是一个通用的开发框架，也就是说不管系统的那一端是什么东西，用户这一端都可以与它进行信息的交互。它的本质意义就是说两端的操作系统不仅可以是异构的，而且实现的语言也可以是异构的。

一个就是通信的标准，两个进程需要采用标准的协议进行通信，另外一个就是数据的打包，数据应该采用一致的形式进行打包和解包。当前基于 Internet 最流行的传输协议就是 HTTP，所有的 Web 浏览器都通过这个协议与 Web 服务器进行通信并得到相关的网页。而数据的打包也需要采用一定的标准，当前出现的跨平台的信息编码的标准就是 XML。因为 HTTP 和 XML 都是业界的标准，并不与任何平台、厂商挂钩，所以基于这两种标准构建的系统无疑在任何环境中是都是有生命力的。

为了创建一个 Web 服务，所需要做的工作就是编写一个 .NET 服务对象，使它被异地进程的调用就像能够被本地的客户端直接调用一样。实际上是通过给它标记一定的属性来实现的，使它能够被 Web 客户端所使用。通过 ASP.NET，这个 .NET 服务对象就能够接受来自客户端的请求(通过 HTTP 协议传输的)。也就是说 .NET 服务对象能够与任何使用 HTTP 和 XML 标准的进程进行通信，也不需要考虑 Web 通信的体系结构，操作系统已经处理了这一切。

从服务对象的角度来讲，一个客户和服务对象之间的通信可以用下面的形式来表示：

- 从客户端的 HTTP 请求到达，其中参数可能包含在 URL 中，也可能包含在一个单独的 XML 文件中。
- ASP.NET 根据 .asmx 文件的指定创建对象。
- ASP.NET 调用对象的某一个特定的方法。
- 对象把结果返回给 ASP.NET。

在客户端，.NET 提供了 Proxy 类，用来快速方便地与服务器提供的 Web 服务进行交互，通过开发工具得到 Web 服务的描述，然后就可以产生一个包含一些功能函数的 Proxy 类，在这里可以使用任何类型的语言来开发客户端，当客户端调用其中的某一个函数的时候，Proxy 就会产生一个 HTTP 请求并把它发送给服务器，当服务器响应返回的时候，Proxy 能

够对结果进行解析并返回给调用该函数的客户端。这样，就保证了客户端能够通过 HTTP 和 XML 无缝地与 Web 服务器进行信息的交互。

从客户端的角度来讲，一个客户和服务对象之间的通信可以用下面的形式来表示：

- 在运行时刻，客户端产生一个 Proxy 对象。
- 客户端调用 Proxy 中的一个方法。
- Proxy 把调用转换成 HTTP 和 XML 形式，并通过 Internet 发送到服务器端。
- Proxy 通过 HTTP 协议得到以 XML 形式表现的结果，并转化成相应的结果值返回给客户。

11.4.2　Web 服务事务

并不是 Web 服务刚一出现，这个行业就忽略了事务处理。更确切地说，是事务处理至今一直都没有成为那些已经使用了 Web 服务的应用程序的成功基础。

许多早期的 Web 服务项目致力于已经证实的需求/响应 Web 结构的再开发和多元化利用，其中对事务处理的支持要么是利用传统的 Web 技术明确编进应用程序层，要么通过让应用程序只提供对后端商务系统的只读访问而明确禁止。但更多的开发人员正在立项以测试简单 Web 服务的限度，促使几个标准研究计划，将事务性语义引入 Web 服务。

许多重量级销售商编写了一个称为事务处理授权标记语言的规范。2001 年，BEA 创立了一个称为商业事务处理协议的规范。2002 年，IBM 与微软创立了 WS-Transaction 和 WS-Coordination，作为用于面向 Web 服务的业务流程执行语言的组成部分。2003 年 8 月，一个包括 Oracle 在内的销售商联盟提出了 Web 服务复合应用框架，将其作为以前那些研究计划的扩充。

在传统应用程序中，多数事务往往耗时短且同时进行，而且参与者也不多：一个将向银行贷款的客户，一个预订飞机票的旅客，一个完成购买的股票商。这些都是基本的事务处理。人们对这些都很清楚；一直就缺少的是这些事务语义的 Web 服务层。

在商务处理领域将事务性语义与 Web 服务集成在一起变得更为复杂。Web 服务的交互时间变长且不同时进行，涉及的当事人也很多。例如，一个旅客通过旅行社来筹划商务旅行说明了典型商务流程的复杂性。处理这样一个基于 Web 服务的商务旅行事务可能需要旅行社与航空订票系统、饭店预订系统及汽车租贷系统进行交互。

任何一个交互出现问题，旅客可能都需要与旅行社一起重新考虑整个商务旅行，也许不仅要改变出了问题的事项，还要改变相关的事项。

与传统的基本事务处理不同，在等待其他事务完成的同时，很难锁定全部参与资源。例如，航班与饭店预订系统不可能一直等待汽车租贷系统中某一操作的结束。

每个子事务都必须独自完成，然后以某种方式与更大的耗时久的商务旅行事务建立联系。在现实生活中，商务旅行事务也往往是更大的一个事务当中的一部分。例如，旅客或许想把商务旅行同休假结合起来。

这样的事务处理称作商务活动。商务活动往往具有传统基本事务处理的一些特征，但因为它们耗时久，有时需要好几分钟、好几小时，甚至好几天，所以必须创建一个新的语义集，以处理这些差别。

中介在管理这些交互操作时，每个问题可能都需人为干预。但在 Web 服务中，这些步骤常常都自动进行，以减少对人为干预的需求。

多数被提议的 Web 服务事务处理规范既可处理基本事务又可处理商务活动事务，因为他们不可避免地要联合制定 Web 服务方案。事实上，由于事务处理与商务流程关系清晰，BPEL4WS 与 WS-Transaction 和 WS-Coordination 规范是联合发布的。

Web 服务事务处理的定义程序是一个分布式事务处理协调程序。与方案中的旅行社有些类似，该事务处理协调程序相当于一个中介，它跟踪所有涉及基本服务的交互操作，并且根据来自旅客的通知，协调事务的接收或"提交"。

与基本事务处理工具中的传统分布式事务协调程序不同，Web 服务事务处理协调程序自身就是一种 Web 服务，它通过 SOAP 消息接收信息。但是，作为事务处理协调程序并不定义事务处理协议本身是什么。该协议通常是由协调规范的补充规范定义的，例如，WS-Transaction 和 WS-Transaction 管理。这些规范概括了 Web 服务执行过程是如何在基本事务处理和商务活动事务处理的上下文中描述诸如"开始"、"提交"与"回滚"等普通事务处理操作的。

事务处理协议满足了执行 Web 服务事务处理的各种要求，但并不独立定义一个在并行的交互操作中只识别一个特殊的基本事务处理或商务活动事务处理的共享上下文。源于 Web 服务复合应用框架的 WS-Context 概括了如何创建一个公用共享上下文，它可以用于在参与该事务的 Web 服务间传送这一信息。

11.5　XML Schema

使用 XML Schema，能够通过定义一系列具有名称的类型，如 PurchaseOrderType 类型，然后声明一个元素，比如 purchaseOrder，通过使用"type="这样的构造方法来应用类型。这种类型的模式构造非常直截了当，但有些不实用。如果定义了许多只应用一次而且包含非常少约束的类型，在这些情况下，一个类型应该能够被更简单地定义。这样的简单定义通常的形式是一个节省了名称和外部引用开销的匿名类型。

11.5.1　概述

XML 设计初期的想法本来只是用来在人所阅读的文档上做标记，以方便实现检索等功能。但是，很快 XML 就吸引了致力于商务、关系数据库和面向对象数据库的数据交换等非文档应用的人士的注意，也就是说，XML 被用在机读文档上了。这是由于 XML 的定义方式在使计算机理解和处理数据方面有天然的优势。

但是，XML 语言必须有其严格的规范，以适应广泛的应用。XML 文档必须符合 XML 的语法限制，这是很容易被验证的。与此同时，在特定的应用中，数据本身有含义上、数据类型上、数据关联上的限制，也就是语义限制，这是一个值得讨论的问题。

例如，在 FOML 中，每种函数都有其特定的组成部分。积分函数必须包含积分上限、积分下限和被积分项，同时不可包含其他非法成分。这种限制不是 XML 语法所能规定的，必须用其他方式告诉用户和计算机。

以前，这种限制只有一种定义方式"DTD"。

DTD 使用了一种特殊的规范来定义在各种文件中使用 XML 标记的规范。但是，有许多常用的限制不能用 DTD 来表述。

一种新的思路是使用 Schema。这属于曾被微软使用过的。但是他们发展了一套不同于 DTD 的方法来定义 XML 数据类型，并给出了自己的定义。可以说，微软的 Schema 启发了一种很好的思想，并成为现今的 W3C 定义的 Schema 的原型。

但是，W3C 的 Schema 与微软的 Schema 是不同的，它是在 W3C 的专家们充分讨论和论证的基础上产生的。在 1999 年 2 月 15 日，W3C 发布了一个需求定义，说明了新定义的 Schema 必须符合的要求。1999 年 5 月 6 日，W3C 完成并发布了 Schema 的定义。

Schema 相对于 DTD 的明显好处是 XML Schema 文档本身也是 XML 文档，而不是像 DTD 一样使用特殊格式。这大大方便了用户和开发者，因为他们可以使用相同的工具来处理 XML Schema 和其他 XML 信息，而不必专门为 Schema 使用特殊工具。DTD 对用户来说是一种神秘的黑色艺术；Schema 却简单易懂，人人都可以立刻理解。

Schema 的应用领域包括：

● 信息出版与共享。

● 电子商务。

● 网络信息传递与监控。

● 文档归类。

● 数据库与应用程序的信息交换。

● 元数据交换。

大到因特网，小到 XML 和 Schema，都正处于飞速发展和变化中。Schema 的概念提出已久，但 W3C 的标准最近才出来，相应的应用支持尚未完善。但 Schema 乃是 XML 发展的大势所趋，必将得到广泛应用。

11.5.2 XML Schema 的语法结构

XML Schema 规范成为了 W3C 的正式推荐标准。XML、XML Schema 和 Namespace 都成为了 W3C 的正式标准，这是一个值得庆贺的历史性时刻，意味着 XML 语法的规范已经奠定了扎实的基础，XML 的广泛发展和应用也即将成为现实。这里将介绍 XML 定义语言、XML Schema 全貌和 XML Schema 如何校验 XML 文档。

XML 文档有结构良好和有效性两种约束。格式良好适合于所有的 XML 文档，即满足 XML 标准中对于格式的规定。而当 XML 文档满足一定的语义约束则称该 XML 文档为有效的 XML 文档。目前常用的 XML 定义语言有 DTD、XDR 和 XSD。

文档类型定义用不同于 XML 的独立语法来规定了 XML 文档中各种元素集合的内容模式。该语言直接沿袭了定义 SGML 语言的方法，这样做的好处是如下：

● DTD 使得 XML 文档保持一致。

● DTD 可以共享。

● DTD 提供了对 XML 语汇的形式化和完整的定义。

● 每个 XML 文档有单个的 DTD 来限制。

类似 DTD，Schema 可以规定一套特定文档的结构或模型。使用 Schema 语言来描述文档结构有以下好处：

● Schema 使用的是 XML 语法。

● Schema 可以用 XML 解析器来解析。

● Schema 允许全局性元素(在整个 XML 文档中元素用相同方式来使用)和局部性元素(元素在特定的上下文中有不同的含义)。

● Schema 提供丰富的数据类型(如整型、布尔型、日期类型等)；而且一个元素中的数据类型可以进行规定，甚至可以根据需要自定义数据类型。

最为正式的 XML Schema 语言是由 W3C 指定的 XML Schema 规范，简称为 XSD。XSD 也提供了数据类型的支持和结构定义的方法。

下面将重点来介绍最新的 XML Schema 标准。

用实际的例子来介绍 XML Schema 的用法。比如，有这样的 XML 实例文档：

```xml
<?xml version="1.0" encoding="GB18030"?>
<studentlst>
    <student>
        <name>至尊宝</name>
        <genda>男</genda>
        <sid>001</sid>
        <birthday>1576-3-2</birthday>
    </student>
    <student>
        <name>白晶晶</name>
        <genda>女</genda>
        <sid>002</sid>
        <birthday>1578-4-25</birthday>
    </student>
</studentlst>
```

但是其中 name 和 genda、sid 等文本元素的数据类型都是统一的字符类型，而事实上一般要求对它们有更为严格的限制。比如，要求 name 仍然为字符类型，而 genda 为可选的枚举类型，只能取男或女，sid 要求是三位的整数类型，并且要求 birthday 为日期类型。name 和 birthday 的定义比较简单：

```xml
<element name="name" type="string" minOccurs="1" maxOccurs="1" />
<element name="birthday" type="date" minOccurs="1" maxOccurs="1"/>
```

其中 string 和 date 类型都是 Schema 中自带的基本数据类型。minOccurs 和 maxOccurs 是最少和最多出现次数，这里是表示有而且只出现一次。这是最简单的元素声明。在 XML Schema 中提供两种数据类型：一是刚刚接触的基本数据类型或者称为内建数据类型；另外一种是扩展的数据类型，既在基本数据类型基础上用户自己扩展的数据类型。

Schema 中没有规定性别的类型，也没有直接规定三位整数的数据类型，但是性别是有男、女两种选择的枚举类型；而 sid 的每位都是非负整数，于是可以先定义两类扩展数据类型，然后来限制 genda 和 sid 元素：

```xml
<simpleType name="GendaType">
    <restriction base="string">
        <enumeration value="男"/>
        <enumeration value="女"/>
    </restriction>
</simpleType>
<simpleType name="SIDType">
    <restriction base="string">
        <length value="3"/>
```

```
        <pattern value="\d{3}"/>
    </restriction>
</simpleType>
```

在定义扩展数据类型时是描述了一个 simpleType 元素，name 属性是该数据类型的名称，数据类型由 restriction 子元素进行约束，该元素中的 base 属性是基类型，即它要扩展的基本数据类型。在枚举类型中在 restriction 的子元素中罗列出可选的数值；而在第二种情况时，通过对各方面进行规定来定义数据类型，比如 length 规定该数据类型总共有多少位数，而 pattern 则通过正则表达式来规定出现的方式。这里的意思是连续出现三位的整数。

用上面定义的数据类型来约束 genda 和 sid 的方法与 name 和 birthday 元素的声明相同：

```
<element name="genda" type="GendaType" minOccurs="1" maxOccurs="1"/>
<element name="sid" type="SIDType" minOccurs="1" maxOccurs="1"/>
```

有了最基本的 4 个文本内容的元素，如何定义作为其父元素的 student 元素呢？

由于 student 元素是由子元素组成的，在 Schema 中称它为复杂类型的元素。而且其子元素是顺序组成的序列，因此这样声明 student 元素：

```
<element name="student">
    <complexType>
        <sequence>
            <element name="name" type="string" minOccurs="1" maxOccurs="1"/>
            <element name="genda" type="GendaType" minOccurs="1" maxOccurs="1"/>
            <element name="sid" type="SIDType" minOccurs="1" maxOccurs="1"/>
            <element name="birthday" type="date" minOccurs="1" maxOccurs="1"/>
        </sequence>
    </complexType>
</element>
```

另外，studentlst 元素包含了 student 元素，并且出现的方式是一个或者多个，或者可以不出现，在 Schema 中出现的方式可以用 miOccurs 和 maxOccurs 来表达：

```
<element name="studentlst">
    <complexType>
        <sequence>
            <element name="student" minOccurs="0" maxOccurs="unbounded">
                <complexType>
                    <sequence>
                        <element name="name" type="string" minOccurs="1"
                          maxOccurs="1"/>
                        <element name="genda" type="GendaType" minOccurs="1"
                          maxOccurs="1"/>
                        <element name="sid" type="SIDType" minOccurs="1"
                          maxOccurs="1"/>
                        <element name="birthday" type="date" minOccurs="1"
                          maxOccurs="1"/>
                    </sequence>
                </complexType>
            </element>
        </sequence>
    </complexType>
</element>
```

最后将这些元素和数据类型的声明都包含在 schema 根元素中：

```
<?xml version="1.0" encoding="GB18030"?>
<schema xmlns="http://www.w3.org/2001/XMLSchema"
xmlns:sl="http://www.xml.org.cn/namespaces/StudentList"
targetNamespace="http://www.xml.org.cn/namespaces/StudentList">
<element name="studentlst">
<complexType>
<sequence>
<element name="student" minOccurs="0" maxOccurs="unbounded">
<complexType>
<sequence>
<element name="name" type="string" minOccurs="1" maxOccurs="1"/>
<element name="genda" type="sl:GendaType" minOccurs="1" maxOccurs="1"/>
```

```
<element name="sid" type="sl:SIDType" minOccurs="1" maxOccurs="1"/>
<element name="birthday" type="date" minOccurs="1" maxOccurs="1"/>
</sequence>
</complexType>
</element>
</sequence>
</complexType>
</element>
<simpleType name="GendaType">
<restriction base="string">
<enumeration value="男"/>
<enumeration value="女"/>
</restriction>
</simpleType>
<simpleType name="SIDType">
<restriction base="string">
<length value="3"/>
<pattern value="{3}"/>
</restriction>
</simpleType>
</schema>
```

有了 XML Schema，可以用来校验 XML 文档的语义和结构。在 MSXML 4.0 技术预览版本已经提供了用 XSD Schema 来校验 XML 文档的功能。在校验文档时，将 Schema 添加到 XMLSchemaCache 对象中，设置其对象的 schemas 属性引用 XMLSchemaCache 对象中的 Schema。在将 XML 文档载入到 DOMDocument 对象中时将自动执行校验操作。不妨用例子来说明如何在 Visual Basic 中通过编程实现 XML 文档校验。其中包括：

● books.xsd——用来校验 books.xml 文件的 Schema。

● books.xml——该文件将被载入并且与 books.xsd 对照校验。

创建一个 XMLSchemaCache 对象，将 Schema 添加给它，然后设置对象的 shemas 属性。在 XML 编辑器甚至一般的文本编辑器中输入以下 XML 代码，并且存为 books.xml：

```
<?xml version="1.0" encoding= "GB18030"?>
<x:catalog xmlns:x="urn:books">
    <book id="bk101">
        <author>Gambardella, Matthew</author>
        <title>XML Developer's Guide</title>
        <genre>Computer</genre>
        <price>44.95</price>
        <publish_date>2000-10-01</< font>publish_date>
        <description>An in-depth look at creating applications with XML.</description>
        < title>2000-10-01</< font>title>
    </book>
</x:catalog>
```

下面是本例中使用的 books.xsd schema：

```
<xsd:schema xmlns:xsd="http://www.w3.org/2001/XMLSchema">
    <xsd:element name="catalog" type="CatalogData"/>
    <xsd:complexType name="CatalogData">
        <xsd:sequence>
            <xsd:element name="book" type="bookdata" minOccurs="0"
                maxOccurs="unbounded"/>
        </xsd:sequence>
    </xsd:complexType>
    <xsd:complexType name="bookdata">
        <xsd:sequence>
            <xsd:element name="author" type="xsd:string"/>
            <xsd:element name="title" type="xsd:string"/>
            <xsd:element name="genre" type="xsd:string"/>
            <xsd:element name="price" type="xsd:float"/>
            <xsd:element name="publish_date" type="xsd:date"/>
            <xsd:element name="description" type="xsd:string"/>
        </xsd:sequence>
        <xsd:attribute name="id" type="xsd:string"/>
    </xsd:complexType>
</xsd:schema>
```

高职高专计算机实用规划教材——案例驱动与项目实践

Schema 是一些规则的集合，其中包括了类型定义以及元素和属性声明。由于 XML 中可能存在不同的语汇来描述不同的元素和属性，因此需要使用名域和前缀来避免元素和属性声明之间的模糊性。当使用来自多个名域的 Schema 时，分清元素和属性名称是最基础性的工作。

一个名域通常由一串字符串来相互区别，如：

- urn:www.microsoft.com
- http://www.xml.org.cn
- http://www.w3c.org/2001/XMLSchema
- uuid:1234567890

XML Schema 的开头是一些导言，之后才是正式的声明。在 Schema 元素的导言中可能包含三个可选的属性。

例如，下面的语法使用的 Schema 元素引用了三个最常使用的名域：

```
xmlns="http://www.w3c.org/2001/XMLSchema"
xmlns:xsd="http://www.w3c.org/2001/XMLSchema-datatypes"
xmlns:xsi="http://www.w3c.org/2001/XMLSchema-instances" version"1.0">
```

前两个属性用 XML 名域来标识 W3C 中的两个 XML Schema 规范。第一个 xmlns 属性包含了基本的 XML Schema 元素，比如 element、attribute、complexType、group、simpleType 等。第二个 xmlns 属性定义了标准的 XML Schema 属性类型，例如 string、float、integer 等。

对于任何一个 XML Schema 定义文档都有一个最顶层的 Schema 元素。而且该 Schema 元素定义必须包含 http://www.w3.org/2001/XMLSchema 名域。

作为名域的标识符，也可以不使用 xsd 或 xsi。分别来观察 XSD 和 XML 实例文档中相关的名域。

比如前面介绍 student.xsd 的序言是这样的：

```
<schema xmlns="http://www.w3.org/2001/XMLSchema"
 xmlns:sl="http://www.xml.org.cn/namespaces/StudentList"
 targetNamespace="http://www.xml.org.cn/namespaces/StudentList">
```

这里的 targetNamespace 属性表示了该 Schema 所对应的名域的 URI。也就是说在引用该 Schema 的其他文档中要声明名域，其 URI 应该是 targetNamespace 的属性值。

例如在这里因为要用到 student.xsd 自己定义的扩展数据类型，所以也声明了名域 xmlns:sl="http://www.xml.org.cn/namespaces/StudentList"。

再来看由该 Schema 规定的 XML 文档的开头将是什么样子：

```
<studentlst xmlns="http://www.xml.org.cn/namespaces/StudentList"
 xmlns:xsi="http://www.w3.org/2001/XMLSchema-instance"
 xsi:schemaLocation="http://www.xml.org.cn/namespaces/StudentList student.xsd">
```

其中默认名域声明 xmlns="http://www.xml.org.cn/namespaces/StudentList"就是与刚刚声明的 XML Schema 的名域相结合来规定该 XML 文档。

xmlns:xsi="http://www.w3.org/2001/XMLSchema-instance"是任何 XML 实例文档固有的名域，当然按照前面所说的名域名称 xsi 是可以自己规定的。

而 xsi:schemaLocation="http://www.xml.org.cn/namespaces/StudentList student.xsd"则规定了该名域所对应的 Schema 的位置，即在相同路径的 student.xsd 文件。

11.5.3 ElementType 元素

该元素用来定义一个元素类型,在 XML 数据缩减架构的 Schema 元素中使用。

语法如下:

```
<ElementType
  content="{empty | textOnly | eltOnly | mixed}"
  dt:type="datatype"
  model="{open | closed}"
  name="idref"
  order="{one | seq | many}">
```

这里 content 是一个指示符,指示内容是否必须是空或是否可以包含文本、元素还是两者都可以包含。表 11.1 列出了该属性的值。

表 11.1 content 属性的值

属 性 值	说　明
empty	元素不能包含内容
textOnly	元素只能包含文本,不能包含元素。如果 model 属性设置为 open,元素可以包含文本和其他未命名的元素
eltOnly	元素只能包含指定元素。不能包含任何自由文本
mixed	元素可以包含命名的元素和文本的混合。默认值为 mixed。如果 content 属性的值为 mixed,若子元素数超过指定的范围,minOccurs 和 maxOccurs 属性不会触发验证错误

“元素类型”一词是指所有共享一个名称的元素是实例的元素类型。元素类型在架构中声明;元素在文档中出现。元素类型使用 ElementType 元素类型声明。

11.5.4 description 元素

description 元素的文本值为代码段选择器中的代码段提供工具提示,并为代码段管理器中的代码段提供说明。

下面的脚本将演示<description>元素的用法:

```
<description>
  ...测试文本...
</description>
```

11.5.5 group 元素

将若干元素声明归为一组,以便将它们当作一个组并入复杂类型定义。

语法如下:

```
<group
  name= NCName
  id = ID
  maxOccurs = (nonNegativeInteger | unbounded) : 1
  minOccurs = nonNegativeInteger : 1
```

```
name = NCName
ref = QName
{any attributes with non-schema Namespace}...>
Content: (annotation?, (all | choice | sequence))
</group>
```

参数说明：

- name：组的名称。该名称必须是在 XML 命名空间规范中定义的无冒号名称。仅当 Schema 元素是该 group 元素的父元素时才使用该属性。在此情况下，group 是由 complexType、choice 和 sequence 元素使用的模型组。

- id：该元素的 ID。id 值必须属于类型 ID 并且在包含该元素的文档中是唯一的。

- maxOccurs：该元素可以在包含元素中出现的最大次数。该值可以是大于或等于零的整数。若不想对最大次数设置任何限制，使用字符串 unbounded。当该组不是 Schema 元素的子级时，将受到限制。

- minOccurs：该元素可以在包含元素中出现的最少次数。该值可以是大于或等于零的整数。若要指定该元素是可选的，将此属性设置为零。当该组不是 Schema 元素的子级时，将受到限制。

- name：元素的名称。该名称必须是在 XML 命名空间规范中定义的无冒号名称。name 和 ref 属性不能同时出现。如果包含元素是 Schema 元素，则是必选项。

- ref：在该架构中声明的组的名称。ref 值必须是 QName。ref 可以包含命名空间前缀。如果 ref 属性出现，则 id、minOccurs 和 maxOccurs 可以出现。ref 和 name 是互相排斥的。若要使用现有组定义声明一个组，使用 ref 属性指定现有组定义。

以下示例定义一个包含 3 个元素的序列的组并且在复杂类型定义中使用 group 元素：

```
<xs:element name="thing1" type="xs:string"/>
<xs:element name="thing2" type="xs:string"/>
<xs:element name="thing3" type="xs:string"/>

<xs:attribute name="myAttribute" type="xs:decimal"/>

<xs:group name="myGroupOfThings">
    <xs:sequence>
        <xs:element ref="thing1"/>
        <xs:element ref="thing2"/>
        <xs:element ref="thing3"/>
    </xs:sequence>
</xs:group>

<xs:complexType name="myComplexType">
    <xs:group ref="myGroupOfThings"/>
    <xs:attribute ref="myAttribute"/>
</xs:complexType>
```

11.6　实　践　训　练

本节将在 Visual Studio 中创建一个简单的 Web 服务。由于在程序设计界中没有比 Hello World 更经典的例子，因此，本节将创建一个 Web 服务，并且让它只返回字符串"Hello World"。下面将逐步介绍该程序的创建。

(1) 启动 Visual Studio 2008，新建一个"ASP.NET Web 服务"网站，如图 11.1 所示。

(2) 给该网站起一个名字，这里命名为"Helloworldservice"。

图 11.1　新建 Web 服务

（3）单击"确定"按钮，Visual Studio 将自动创建一个名为 Service 的默认 Web 服务。在生成的代码中已经有了我们要编写的"Hello World"方法，此处，Visual Studio 已经导入了所有必需的命名空间：

```
Imports System.Web
Imports System.Web.Services
Imports System.Web.Services.Protocols

<WebService(Namespace:="http://tempuri.org/")> _
<WebServiceBinding(ConformsTo:=WsiProfiles.BasicProfile1_1)> _
<Global.Microsoft.VisualBasic.CompilerServices.DesignerGenerated()> _
Public Class Service
    Inherits System.Web.Services.WebService

<WebMethod()> _
Public Function HelloWorld() As String
    Return "Hello World"
End Function

End Class
```

（4）按 Ctrl+F5 组合键运行这个 Web 服务。这样将自动创建一个 Web 页面和关于 Web 服务的初步文档。此处还有一个对 Web 服务的服务描述的链接。单击 Hello World 链接去调用编写好的 Web 服务，将会得到如图 11.2 所示的结果。

图 11.2　Hello World Web 服务测试结果

(5) 单击"调用"按钮即可调用 Web 服务，得到如下基于 XML 的结果：

```
<?xml version="1.0" encoding="utf-8" ?>
<string xmlns="http://tempuri.org/">Hello World</string>
```

要创建 Web 服务，首先需要引入如下命名空间：

```
Imports System.Web.Services
```

然后可以像编写普通的方法一样编写 Web 服务方法，唯一的区别是要在 Web 服务方法前加上<WebMethod()>属性：

```
<WebMethod()> _
Public Function HelloWorld() As String
    Return "Hello World"
End Function
```

读者已经看到，使用 Visual Studio 创建 Web 服务是相当简单的事情。事实上，区分普通方法和 Web 服务方法的唯一标准就是方法声明之前的<WebMethod()>属性。

接下来要介绍如何使用 Web 服务，将创建一个传统的桌面应用程序来调用这个 Web 服务。操作步骤如下。

(1) 启动 Visual Studio，新建一个 Windows 应用程序，命名为"MyTest"，如图 11.3 所示。

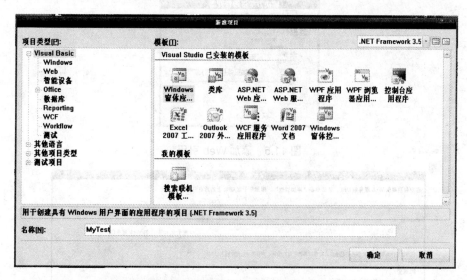

图 11.3　新建 Windows 应用程序

(2) 此时 Visual Studio 将自动创建一个名为 Form1 的 Windows 窗体，从工具箱中拖入一个按钮控件，如图 11.4 所示。

(3) 设置按钮的 Text 属性为"调用"，name 属性为 btnInvoke。

(4) 在"解决方案资源管理器"中选中项目 MyTest，在"引用"上右击，从弹出的快捷菜单中选择"添加服务引用"命令，如图 11.5 所示。

(5) 在弹出的对话框中选择"添加 Web 引用"，此时 Visual Studio 将弹出如图 11.6 所示的对话框。

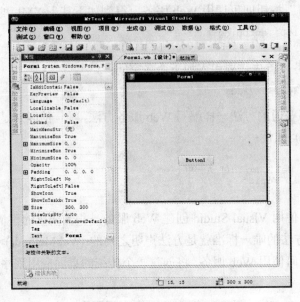

图 11.4　设计 Form1 界面

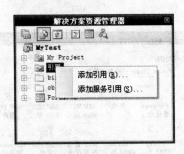

图 11.5　添加 Web 引用

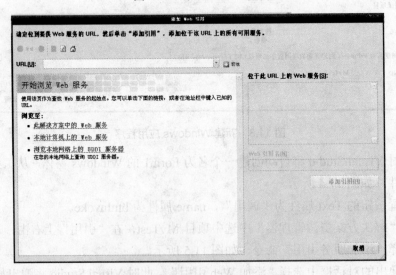

图 11.6　"添加 Web 引用"对话框

(6)　在如图 11.6 所示对话框的 URL 中输入刚才创建的 Web 服务运行后在 IE 浏览器中

高职高专计算机实用规划教材——案例驱动与项目实践

的地址后，单击"前往"按钮，对应的 URL 应为：

```
http://localhost:19354/Helloworldservice/Service.asmx
```

其中 19354 为运行时的端口号，此端口号不固定，视情况而定。此时对话框将变成如图 11.7 所示的界面，在"Web 引用名"中输入"localhost"。

图 11.7　添加 Web 引用

(7)　单击"添加引用"按钮，完成 Web 服务添加操作。

(8)　双击 Form1 中的按钮，注册按钮单击事件，在事件处理程序中输入如下代码：

```
Private Sub btnInvoke_Click(ByVal sender As System.Object, ByVal e As System.EventArgs)
   Handles btnInvoke.Click
      Dim ws As New MyTest.localhost.Service
      MessageBox.Show(ws.HelloWorld())
End Sub
```

(9)　按 F5 键编译运行项目，此时将弹出一个 Windows 窗体，单击"调用"按钮，将弹出对话框，如图 11.8 所示。

图 11.8　MyTest 项目的运行效果

要访问 Web 服务，首先必须添加对其的引用。添加引用以后，可以像使用普通方法一样调用 Web 服务方法。

在"调用"按钮的单击事件处理程序中，首先声明了 Web 服务的实例：

```
Dim ws As New MyTest.localhost.Service
```

然后弹出一个对话框,对话框的内容是由 Web 服务 ws 的 HelloWorld 方法返回的"Hello World"字符串：

```
MessageBox.Show(ws.HelloWorld())
```

11.7 习　　题

1．填空题

(1) _____是一个可编程实体，它提供特殊的功能(例如应用程序逻辑)，并且可以由使用诸如 XML、HTTP 和 SOAP 等 Internet 标准的系统访问。

(2) Web 服务提出了面向服务的分布式计算框架，具有_____、_____、_____等优点，为 Internet 上的分布式应用提供了有效的支持。

(3) SOAP 是使用 XML 通过 Internet 发送信息和访问动态 Web 服务的友好界面。其主要作用在于_____。

(4) XML 序列化中最主要的类是 XmlSerializer 类，它的最重要的方法是_____和_____方法。

2．选择题

(1) SOAP 包括_____三个部分。

    A．SOAP 封装

    B．SOAP 编码规则

    C．SOAP RPC 表示

    D．SOAP RPC 编码规则

(2) Web 服务的设计要遵循以下_____原则。

    A．通过 WSDL 发布服务协定、使用消息传递而不是 RPC 调用、提供结构良好的公共接口并保持静态

    B．服务的部署和版本变迁应该要独立于服务的部署和使用者、服务发布后接口即不可更改，作为服务提供者，要预料到服务有可能被误用或者服务的使用者出现问题

    C．采用 XML 架构定义消息交换格式、采用 WSDL 定义消息交换模式、采用 Web 服务策略定义功能和需求、采用 BPEL 作为业务流程级别的协定，以聚合多个服务

    D．策略表达式可用于分隔化兼容性和语义兼容性。WS-Policy 规范定义了一个能够表达服务级策略的机器可读的策略框架

(3) 通常，一个 Web 服务被分为_____几个逻辑层。

    A．数据层

    B．数据访问层

    C．业务层

    D．业务面

    E．监听者

(4) 下列说法正确的是_____。

    A．DTD 使得 XML 文档保持一致

B.　Schema 使用的是 XML 语法

C.　Schema 不可以用 XML 解析器来解析

D.　XML Schema 可以用来校验 XML 文档的语义和结构

3．判断题

(1)　SOAP 是 XML Web 服务通信的关键协议。　　　　　　　　　　　　　（　　）

(2)　序列化是将对象转换为容易传输的格式的过程。　　　　　　　　　　（　　）

(3)　SOAP 以 XML 形式提供了一个简单、轻量的用于在分散或分布环境中交换结构化和类型信息的机制。　　　　　　　　　　　　　　　　　　　　　　　　　　（　　）

(4)　DTD 提供了对 XML 语汇的形式化和完整的定义。　　　　　　　　　（　　）

4．简答题

(1)　什么是 Web 服务？

(2)　详细描述 Web 服务的特征。

(3)　什么是 XML 序列化？

(4)　简单描述 XML Schema 的作用。

5．操作题

创建一个 Web 服务，实现 Web 应用服务的账号密码验证功能。

第 12 章　综合项目开发——通信录

教学提示： 本章将利用前面所讲的知识进行综合性的项目开发。希望读者能够通过小型项目开发，系统地掌握.NET 应用程序开发的知识。

教学目标： 本章开发了通信录的两个不同的版本，一个采用传统的两层架构开发，另一个则采用三层架构开发，通过两个版本的开发，要求读者在掌握版本一的基础上吸收版本二涉及到的知识。

12.1　系统功能介绍

本系统的设计目标是能够轻松地管理个人的联系人信息，包括添加联系人、修改和删除联系人信息，另外需要能够通过关键字来查询具体的联系人的信息。联系人信息包括姓名、住址、电话和邮箱。整个系统的功能结构如图 12.1 所示。

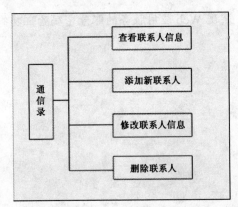

图 12.1　系统功能结构

12.2　数据库设计

在 SQL Server 中建立数据库的步骤如下。

(1) 建立数据库 Contact。

可以通过企业管理器来直接建立 Contact 数据库，也可以通过 SQL 语句来建立数据库：

```
Create database Contact
```

(2) 建立数据库表 contact。

数据库 Contact 中表 contact 的结构如图 12.2 所示。

列名	数据类型	长度	允许空
ID	int	4	
cName	varchar	10	
cAddress	varchar	100	
cPhone	varchar	50	✓
cEmail	varchar	50	✓

图 12.2　contact 表的结构

创建该表的 SQL 脚本如下：

```
if exists (select * from dbo.sysobjects where id = object_id(N'[dbo].[contact]') and
OBJECTPROPERTY(id, N'IsUserTable') = 1)
drop table [dbo].[contact]
GO

CREATE TABLE [dbo].[contact] (
     [ID] [int] IDENTITY (1, 1) NOT NULL ,
     [cName] [varchar] (10) COLLATE Chinese_PRC_CI_AS NOT NULL ,
     [cAddress] [varchar] (100) COLLATE Chinese_PRC_CI_AS NOT NULL ,
     [cPhone] [varchar] (50) COLLATE Chinese_PRC_CI_AS NULL ,
     [cEmail] [varchar] (50) COLLATE Chinese_PRC_CI_AS NULL
) ON [PRIMARY]
GO
```

数据库建立好以后，向 contact 表中输入如图 12.3 所示的初始数据。

ID	cName	cAddress	cPhone	cEmail
1	张三	北京	87872495	zs@163.com
2	李四	湖北	7638593	ls@yahoo.com.cn
3	王五	兰州	74632945	ww@sina.com

图 12.3　表 contact 的数据

12.3　具体方案设计和实现

本节介绍通信录的功能以及数据库设计等内容，这是两个不同版本的通信录所共有的基础。

12.3.1　版本一

本小节中将建立通信录的版本一，该系统采用传统的两层结构进行设计。所谓两层结构，即应用程序层/数据存储层。在本应用程序中，位于应用程序层的为 Visual Studio 的 ContactV1 项目，位于存储层的是 SQL Server 中的 Contact 数据库。

1．网站基础性文件

下面将开始建立 ContactV1 项目，并添加基础性代码和文件。为后面编写应用程序做好准备。

(1)　启动 Visual Studio，新建一个“ASP.NET 网站”，如图 12.4 所示。

(2)　在“解决方案资源管理器”中添加文件夹，命名为 Css。

(3) 在 Css 文件夹下添加新项，在弹出的对话框中选择"模板"为"样式表"，命名为 style.css，如图 12.5 所示。

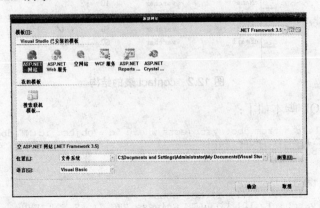

图 12.4　新建网站

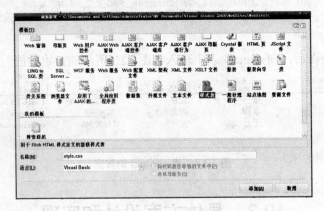

图 12.5　添加样式表

(4) 在 style.css 文件中输入如下代码：

```
body
{
    font-family:Tahoma,Verdana,宋体;
    font-size:9pt;
    scrollbar-face-color: #dbeedd;
    scrollbar-highlight-color: #FFFFFF;
    scrollbar-shadow-color: darkseagreen;
    scrollbar-3dlight-color: #dbeedd;
    scrollbar-arrow-color: darkseagreen;
    scrollbar-track-color: #f3faf4;
    scrollbar-darkshadow-color: #f3faf4;
}
.textbox
{
    font-family:Tahoma,Verdana,宋体;
    font-size:9pt;
    background-image: url(../images/textbox_background.gif);
    height: 19px;
    margin: 1px 0px 0px;
    padding: 1px 0px 0px;
    BORDER-RIGHT: #333333 1px solid;
    BORDER-TOP: #333333 1px solid;
    BORDER-LEFT: #333333 1px solid;
    COLOR: #000000;
    BORDER-BOTTOM: #333333 1px solid;
}
.label
```

```
    {
        font-family:Tahoma,Verdana,宋体;
        font-size:9pt;
    }
    .label_addtitle
    {
        font-family:Tahoma,Verdana,宋体;
        font-size:9pt;
    }
    .dropdownlist
    {
        width:80px;
    }
    .tableBorder1
    {
        width:97%;
        border: 1px;
        border-collapse:collapse;
    }
    .textarea {
        font-family:Tahoma,Verdana,宋体;
        font-size:9pt;
        background-image: url(../images/textbox_background.gif);
        height: 19px;
        width: 47px;
        margin: 1px 0px 0px;
        padding: 1px 0px 0px;
        cursor: hand;
        BORDER-RIGHT: #333333 1px solid;
        BORDER-TOP: #333333 1px solid;
        BORDER-LEFT: #333333 1px solid;
        COLOR: #000000;
        BORDER-BOTTOM: #333333 1px solid;
    }
    .checkbox {
        font-family:Tahoma,Verdana,宋体;
        font-size:9pt;
        height: 19px;
        margin: 1px 0px 0px;
        padding: 1px 0px 0px;
        cursor: hand;
    }
    .button
    {
        font-family:Tahoma,Verdana,宋体;
        font-size:9pt;
        background-image: url(../images/textbox_background.gif);
        height: 21px;
        width: 47px;
        margin: 1px 0px 0px;
        padding: 1px 0px 0px;
        cursor: hand;
        BORDER-RIGHT: #333333 1px solid;
        BORDER-TOP: #333333 1px solid;
        BORDER-LEFT: #333333 1px solid;
        COLOR: #000000;
        BORDER-BOTTOM: #333333 1px solid;
    }
    .RadioButtonList
    {
        font-size:9pt;
    }
    a:link {
        COLOR: #000000; TEXT-DECORATION: none
    }
    a:visited {
        color: #000000;
        font-family: "宋体";
        font-size: 9pt;
    }
    A:active {
        COLOR: #57444a; TEXT-DECORATION: underline
    }
    a:hover {COLOR: #0301a0;}
    .norepeat {
        background-repeat: no-repeat;
```

```
        font-family: "宋体";
        font-size: 9pt;
        text-decoration: none;
}
.repeaty {
        background-repeat: repeat-y;
        font-family: "宋体";
        font-size: 9pt;

}
.repeatx {
        background-repeat: repeat-x;
        font-family: "宋体";
        font-size: 9pt;

}
.title {
        font-family: "宋体";
        font-size: 10pt;
        font-weight: bold;
        color: #333333;

}
.cssMenuTitle {
        CURSOR: hand;

}
```

(5) 添加新文件夹 images，然后在 images 文件夹中依次添加图片。

(6) 修改 Web.config 配置文件，添加 appSettings 节点，设置数据库连接字符串。修改后的 Web.config 文件代码如下：

```
<?xml version="1.0"?>
<configuration>
    <appSettings>
    <add key="ConnectionString" value="Data Source=05F9B1290C09480;Initial
      Catalog=Contact;Integrated Security=True"/>
    </appSettings>
</configuration>
```

此时，该网站基础性文件已经设置完毕，下面将进行其他内容的开发。

2. 建立首页的功能

显示联系人信息由 Default.aspx 文件完成，该页面同时支持用户搜索。下面开始建立这个页面。

(1) 在默认生成的 Default.aspx 文件的页面中插入图片 logo.gif，然后添加 1 个文本框、3 个按钮和 1 个 DataGrid 控件，如图 12.6 所示。

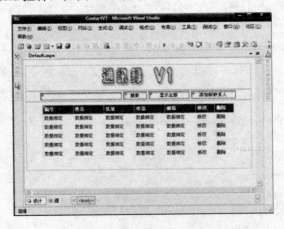

图 12.6　设计 Default.aspx

（2）修改每个控件的属性，如表 12.1 所示。

表 12.1　修改控件属性

控件类型	ID 属性	Text 属性	CssClass 属性
TextBox	txtKey	空	textbox
Button	btnSearch	搜索	button
Button	btnShowAll	显示全部	button
Button	btnAdd	添加新联系人	button
DataGrid	myGrid		Table

（3）选择 DataGrid 控件，右击，选择"显示智能标记"→"属性生成器"，进入 DataGrid 控件的属性生成器。

（4）在图 12.7 中，从左边菜单中选择"列"。取消对"在运行时自动创建列"复选框的选择。

图 12.7　属性生成器

再添加 7 个字段，并设置它们的属性，如表 12.2 所示。

表 12.2　设置属性

列的类型	页眉文本	数据字段	其他属性
绑定列	编号	ID	-
绑定列	姓名	cName	-
绑定列	住址	cAddress	-
绑定列	电话	cPhone	-
绑定列	邮箱	cEmail	-
超链接列	修改		文本: 修改, URL 字段: ID, URL 格式字符串: modify.aspx?ID={0}
超链接列	删除		文本: 删除, URL 字段: ID, URL 格式字符串: delete.aspx?ID={0}

（5）适当设置 DataGrid 的各项颜色后，单击"确定"按钮，退出属性对话框。

以上步骤也可以通过在 Default.aspx 中输入如下代码来完成：

```
<%@ Page Language="vb" AutoEventWireup="false" Inherits="ContactV1._Default"
CodeFile="Default.aspx.vb" %>

<html>
<head>
    <title>个人通信录</title>
    <meta http-equiv="Content-Type" content="text/html; charset=gb2312">
    <link rel="stylesheet" type="text/css" href="Css/style.css">
</head>
<body>
    <form id="mainForm" runat="server">
        <div align="center">
            <table border="0" width="600" id="table1"
              style="border-collapse: collapse" height="66">
                <tr>
                    <td>
                        <p align="center"><img border="0" src="images/logo.gif"></p>
                    </td>
                </tr>
            </table>
        </div>
        <div align="center">
            <table border="0" width="600" id="table2"
              style="border-collapse: collapse" height="206">
                <tr>
                    <td align="center">
                        <asp:TextBox ID="txtKey" runat="server"
                          CssClass="textbox" Width="217px">
                        </asp:TextBox>
                        <asp:Button ID="btnSearch" runat="server" Text="搜索"
                          CssClass="button" Width="63px">
                        </asp:Button>
                        <asp:Button ID="btnShowAll" runat="server" Text="显示全部"
                          CssClass="button" Width="107px">
                        </asp:Button>
                        <asp:Button ID="btnAdd" runat="server" Text="添加新联系人"
                          CssClass="button" Width="117px">
                        </asp:Button>
                    </td>
                </tr>
                <tr>
                    <td align="center">
                    <font face="宋体">
                    <asp:DataGrid ID="myGrid" runat="server" CssClass="Table"
                      AutoGenerateColumns="False"
                      Width="509px" BorderColor="#CC9966" BorderStyle="None"
                      BorderWidth="1px" BackColor="White"
                      CellPadding="4" Font-Size="9pt">
                    <SelectedItemStyle Font-Bold="True" ForeColor="#663399"
                      BackColor="#FFCC66">
                    </SelectedItemStyle>
                    <ItemStyle ForeColor="#330099" BackColor="White"></ItemStyle>
                    <HeaderStyle Font-Bold="True" ForeColor="#FFFFCC"
                      BackColor="#990000">
                    </HeaderStyle>
                    <FooterStyle ForeColor="#330099" BackColor="#FFFFCC">
                    </FooterStyle>
                    <Columns>
                    <asp:BoundColumn DataField="ID" HeaderText="编号">
                    </asp:BoundColumn>
                    <asp:BoundColumn DataField="cName" HeaderText="姓名">
                    </asp:BoundColumn>
                    <asp:BoundColumn DataField="cAddress" HeaderText="住址">
                    </asp:BoundColumn>
                    <asp:BoundColumn DataField="cPhone" HeaderText="电话">
                    </asp:BoundColumn>
                    <asp:BoundColumn DataField="cEmail" HeaderText="邮箱">
                    </asp:BoundColumn>
                    <asp:HyperLinkColumn Text="修改" DataNavigateUrlField="ID"
                      DataNavigateUrlFormatString="modify.aspx?ID={0}"
                      HeaderText="修改">
                    </asp:HyperLinkColumn>
                    <asp:HyperLinkColumn Text="删除" DataNavigateUrlField="ID"
                      DataNavigateUrlFormatString="delete.aspx?ID={0}"
                      HeaderText="删除">
                    </asp:HyperLinkColumn>
```

```
                    </Columns>
                    <PagerStyle HorizontalAlign="Center" ForeColor="#330099"
                      BackColor="#FFFFCC">
                    </PagerStyle>
                    </asp:DataGrid></font>
                    </td>
                </tr>
            </table>
        </div>
    </form>
</body>
</html>
```

(6) 可见部分处理完毕，现在编写 Default.aspx.vb 文件。首先添加下面的命名空间：

```
Imports System.Data.SqlClient
Imports System.Configuration
Imports System.Data
```

(7) 添加下面的方法，从数据库读取所有的联系人信息，然后绑定到 DataGrid 控件：

```
Sub showAll()
    '新建连接对象
    Dim conn As New SqlConnection
    '从配置文件中获取信息
    conn.ConnectionString = ConfigurationSettings.AppSettings("ConnectionString")

    '新建命令对象
    Dim cmd As New SqlCommand
    cmd.CommandText = "Select ID,cName,cAddress,cPhone,cEmail from contact"
    cmd.Connection = conn

    '打开连接，读取数据
    conn.Open()
    Dim reader As SqlDataReader = cmd.ExecuteReader()

    '绑定数据到 DataGrid
    Me.myGrid.DataSource = reader
    Me.myGrid.DataBind()

    '关闭阅读器，释放连接
    reader.Close()
    conn.Close()
End Sub 'showAll
```

(8) 修改 Page_Load 中的代码，调用上面的方法：

```
Private Sub Page_Load(ByVal sender As System.Object, ByVal e As System.EventArgs)
  Handles MyBase.Load
    If Not Page.IsPostBack Then
        '显示所有联系人
        showAll()
    End If
End Sub
```

(9) 为"搜索"按钮添加事件处理程序，双击"搜索"按钮进入代码编辑器中，输入如下代码：

```
Private Sub btnSearch_Click(ByVal sender As System.Object, ByVal e As System.EventArgs)
  Handles btnSearch.Click
    '获取搜索关键字
    Dim key As String = Me.txtKey.Text.Trim()

    '关键字不空时执行搜索
    If key <> "" Then
        '新建连接
        Dim conn As New SqlConnection
        conn.ConnectionString =
          ConfigurationSettings.AppSettings("ConnectionString")

        '新建命令
        Dim cmd As New SqlCommand
        cmd.CommandText = "Select ID,cName,cAddress,cPhone,cEmail from contact "
        '按姓名搜索
```

```
cmd.CommandText += "where cName like '%" + key + "%' "
'按地址搜索
cmd.CommandText += "or cAddress like '%" + key + "%' "
'按电话搜索
cmd.CommandText += "or cPhone like '%" + key + "%' "
'按邮箱搜索
cmd.CommandText += "or cEmail like '%" + key + "%' "
cmd.Connection = conn

'打开连接，执行操作，返回阅读器
conn.Open()
Dim reader As SqlDataReader = cmd.ExecuteReader()

'绑定数据
Me.myGrid.DataSource = reader
Me.myGrid.DataBind()

'关闭阅读器，释放连接
reader.Close()
conn.Close()
    Else
        showAll()
    End If
End Sub
```

(10) 为"显示全部"按钮添加事件处理程序：

```
Private Sub btnShowAll_Click(ByVal sender As System.Object, ByVal e As System.EventArgs)
  Handles btnShowAll.Click
    '显示所有联系人
    Me.showAll()
End Sub
```

(11) 为"添加新联系人"按钮添加事件处理程序：

```
Private Sub btnAdd_Click(ByVal sender As System.Object, ByVal e As System.EventArgs)
  Handles btnAdd.Click
    '重定向到添加联系人页面
    Response.Redirect("Add.aspx")
End Sub
```

(12) 编译网站，浏览 Default.aspx 文件，可以看到首页效果，如图 12.8 所示。

图 12.8　首页效果

当页面首次加载时，Page_Load 事件被执行，调用 showAll()方法，注意仅仅是首次执行时 showAll 方法才会被 Page_Load 调用，因为当页面被 PostBack 时 Page.IsPostBack 为 True，则 showAll 不被调用。showAll 方法负责读取数据库中所有的联系人信息。单击"显示全部"按钮时将调用 showAll 方法，以便显示所有的联系人信息，单击"添加新联系人"时则浏览器将直接重定向到 Add.aspx 页面。值得注意的是按钮搜索的单击事件，该方法依据用户输入的信息进行搜索。首先是获取关键字信息：

```
Dim key As String = Me.txtKey.Text.Trim()
```

如果关键字为空则不执行任何操作，当关键字不空时，则执行搜索。执行搜索必须建立数据库连接：

```
Dim conn As New SqlConnection
conn.ConnectionString = ConfigurationSettings.AppSettings("ConnectionString")
```

然后建立数据命令对象：

```
'新建命令
Dim cmd As New SqlCommand
cmd.CommandText = "Select ID,cName,cAddress,cPhone,cEmail from contact "
```

至此，数据命令对象 CommandText 并没有设置完毕，因为目前表明将读取所有的联系人信息而不是搜索得到的信息，为了加入搜索条件，需要继续构造 CommandText：

```
'按姓名搜索
cmd.CommandText += "where cName like '%" + key + "%' "
'按地址搜索
cmd.CommandText += "or cAddress like '%" + key + "%' "
'按电话搜索
cmd.CommandText += "or cPhone like '%" + key + "%' "
'按邮箱搜索
cmd.CommandText += "or cEmail like '%" + key + "%' "
```

此时搜索命令构造完毕，实现了同时按姓名、地址、电话和邮箱对指定关键字进行搜索的功能。接下来的步骤非常简单，打开数据库连接，执行命令，返回数据阅读器，绑定到 DataGrid，一切都是按部就班地执行即可，但是一定要关闭连接：

```
conn.Open()
Dim reader As SqlDataReader = cmd.ExecuteReader()

'绑定数据
Me.myGrid.DataSource = reader
Me.myGrid.DataBind()

'关闭阅读器，释放连接
reader.Close()
conn.Close()
```

目前，首页的所有功能已经完毕。下面将实现的是添加联系人功能。

3．添加新联系人功能

添加新联系人的功能由 Add.aspx(见图 12.9)以及其后台文件 Add.aspx.vb 完成。

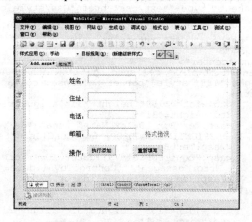

图 12.9　Add.aspx 设计界面

Visual Basic .NET 程序设计与项目实践

下面介绍如何建立该文件。

(1) 在 ContactV1 网站中添加新的 Web 窗体，命名为 Add.aspx。

(2) 按图 12.9 设计 Add.aspx。其中各个控件的属性值如表 12.3 所示。

表 12.3 Add.aspx 界面控件的属性设置

控件类型	ID 属性	Text 属性	CssClass 属性
TextBox	txtName	空	textbox
TextBox	txtAddress	空	textbox
TextBox	txtPhone	空	textbox
TextBox	txtEmail	空	textbox
Button	btnAdd	执行添加	button
Button	btnResert	重新填写	button

(3) 添加 3 个验证控件，详细属性见表 12.4。其中 rForEmail 控件的 ValidationExpression 属性设置为"Internet 电子邮件地址"。

表 12.4 Add.aspx 界面的验证控件

控件类型	ID 属性	ErrorMessage	ControlToValidator
RequiredFieldValidator	rForName	*	txtName
RequiredFieldValidator	rForAddress	*	txtAddress
RegularExexpressionValidator	rForEmail	格式错误	txtEmail

也可以直接通过在 Add.aspx 中输入如下代码来完成上述过程：

```
<%@ Page Language="vb" AutoEventWireup="false" Inherits="ContactV1._Add"
  CodeFile="Add.aspx.vb" %>

<!DOCTYPE HTML PUBLIC "-//W3C//DTD HTML 4.0 Transitional//EN" >
<html>
<head>
    <title>添加新联系人</title>
    <meta name="GENERATOR" content="Microsoft Visual Studio .NET 7.1">
    <meta name="CODE_LANGUAGE" content="C#">
    <meta name="vs_defaultClientScript" content="JavaScript">
    <meta name="vs_targetSchema"
      content="http://schemas.microsoft.com/intellisense/ie5">
    <link rel="stylesheet" type="text/css" href="Css/style.css">
</head>
<body>
    <form id="Form1" method="post" runat="server">
        <font face="宋体">
            <div align="center">
                <table id="Table1" cellspacing="1" width="500" border="1"
                height="188" style="border-collapse: collapse">
                    <tr>
                        <td width="159" height="31" align="right">姓名: </td>
                        <td height="31">
                        <asp:TextBox ID="txtName" runat="server"
                          DESIGNTIMEDRAGDROP="64" CssClass="textbox">
                        </asp:TextBox>
                        <asp:RequiredFieldValidator ID="rForName" runat="server"
                          ErrorMessage="*" ControlToValidate="txtName">
                        </asp:RequiredFieldValidator></td>
                    </tr>
                    <tr>
                        <td width="159" height="31" align="right">住址: </td>
                        <td height="31">
                        <asp:TextBox ID="txtAddress" runat="server"
```

高职高专计算机实用规划教材——案例驱动与项目实践

```
                     DESIGNTIMEDRAGDROP="65" CssClass="textbox">
                  </asp:TextBox>
                  <asp:RequiredFieldValidator ID="rForAddress" runat="server"
                    ErrorMessage="*" ControlToValidate="txtAddress">
                  </asp:RequiredFieldValidator></td>
               </tr>
               <tr>
                  <td width="159" align="right">电话: </td>
                  <td>
                  <asp:TextBox ID="txtPhone" runat="server" CssClass="textbox">
                  </asp:TextBox></td>
               </tr>
               <tr>
                  <td width="159" align="right">邮箱: </td>
                  <td>
                  <asp:TextBox ID="txtEmail" runat="server" CssClass="textbox">
                  </asp:TextBox>
                  <asp:RegularExpressionValidator ID="rForEmail"
                    runat="server" ErrorMessage="格式错误"
                    ControlToValidate="txtEmail"
          ValidationExpression="\w+([-+.]\w+)*@\w+([-.]\w+)*\.\w+([-.]\w+)*">
                  </asp:RegularExpressionValidator></td>
               </tr>
               <tr>
                  <td width="159" align="right">操作: </td>
                  <td>
                  <asp:Button ID="btnAdd" runat="server" Text="执行添加"
                    CssClass="button" Width="78px">
                  </asp:Button>
                  <asp:Button ID="btnResert" runat="server" Text="重新填写"
                    CssClass="button" Width="76px"
                    CausesValidation="False">
                  </asp:Button></td>
               </tr>
            </table>
         </div>
      </font>
   </form>
</body>
</html>
```

(4) 在 **Add.aspx.vb** 文件中，首先添加如下命名空间：

```
Imports System.Data
Imports System.Configuration
Imports System.Data.SqlClient
```

(5) 为"执行添加"按钮添加事件处理程序：

```
Private Sub btnAdd_Click(ByVal sender As System.Object, ByVal e As System.EventArgs)
  Handles btnAdd.Click
    If Page.IsValid Then
        '新建连接对象
        Dim conn As New SqlConnection
        '从配置文件中获取信息
        conn.ConnectionString =
          ConfigurationSettings.AppSettings("ConnectionString")

        '新建命令对象
        Dim cmd As New SqlCommand
        cmd.CommandText = "Insert into contact(cName,cAddress,cEmail,cPhone) "
        cmd.CommandText += "Values ('" + txtName.Text + "','"
        cmd.CommandText += txtAddress.Text + "','"
        cmd.CommandText += txtEmail.Text + "','"
        cmd.CommandText += txtPhone.Text + "')"
        cmd.Connection = conn

        '打开连接，执行操作
        conn.Open()
        'Response.Write(cmd.CommandText);
        cmd.ExecuteNonQuery()

        '关闭连接
        conn.Close()
```

```
        '重定向到首页
        Response.Redirect("Default.aspx")
    End If
End Sub
```

(6) 为"重新填写"按钮添加事件处理程序：

```
Private Sub btnResert_Click(ByVal sender As System.Object, ByVal e As System.EventArgs)
  Handles btnResert.Click
        '清空个控件内容
        Me.txtAddress.Text = ""
        Me.txtEmail.Text = ""
        Me.txtName.Text = ""
        Me.txtPhone.Text = ""
End Sub
```

(7) 选中 Add.aspx 文件，单击右键，选择"在浏览器中查看"，效果如图 12.10 所示。

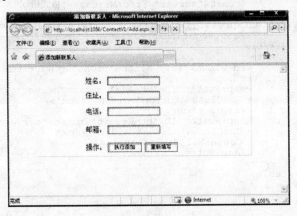

图 12.10 添加新联系人界面的运行结果

该页面的逻辑比较简单，当单击"重新填写"按钮时，将用户输入信息的文本框清空即可：

```
Me.txtAddress.Text = ""
Me.txtEmail.Text = ""
Me.txtName.Text = ""
Me.txtPhone.Text = ""
```

当用户单击"执行添加"按钮时，页面验证控件将检查用户输入的信息是否正确，同时，在按钮处理过程中，首先检查用户是否通过了所有的验证控件的验证：

```
If Page.IsValid Then
```

如果通过验证了，即 Page.IsValid 属性为 True 时，则准备访问数据库。首先建立数据库连接，其中数据库连接字符串从配置文件 Web.config 中读取：

```
'新建连接对象
Dim conn As New SqlConnection
'从配置文件中获取信息
conn.ConnectionString = ConfigurationSettings.AppSettings("ConnectionString")
```

接下来则是建立数据命令对象，并拼接插入信息字符串作为其 CommandText 属性：

```
'新建命令对象
Dim cmd As New SqlCommand
cmd.CommandText = "Insert into contact(cName,cAddress,cEmail,cPhone) "
cmd.CommandText += "Values ('" + txtName.Text + "','"
cmd.CommandText += txtAddress.Text + "','"
cmd.CommandText += txtEmail.Text + "','"
cmd.CommandText += txtPhone.Text + "')"
cmd.Connection = conn
```

依然是按部就班地打开连接，执行访问数据库操作，操作完毕以后关闭数据库连接：

```
'打开连接，执行操作
conn.Open()
'Response.Write(cmd.CommandText);
cmd.ExecuteNonQuery()

'关闭连接
conn.Close()
```

添加联系人完毕以后，将浏览器重定向到首页，以显示所有的联系人信息：

```
Response.Redirect("Default.aspx")
```

添加联系人的方法就这些内容。接下来介绍如何建立修改联系人信息的页面。

4．建立修改联系人信息的页面

在添加联系人时，可能由于不小心，输入了错误的联系地址，或者联系人自身更换了电话号码，这时就需要修改联系人的信息。联系人信息的修改是由 Modify.aspx 及其后台编码文件 Modify.aspx.vb 完成的。下面开始建立这两个文件。

(1) 为 Contact 网站添加一个新的 Web 窗体，命名为 Modify.aspx。

(2) 按图 12.11 所示的界面设计 Modify.aspx 窗体。其中各个控件的属性值如表 12.5 所示。另外需要注意的是"重新填写"按钮的 CausesValidation 属性为 false，也就是说，该控件不触发验证控件对数据的验证。

图 12.11　Modify.aspx 设计界面

表 12.5　Modify.aspx 界面控件属性

控件类型	ID 属性	Text 属性	CssClass 属性
TextBox	txtName	空	textbox
TextBox	txtAddress	空	textbox
TextBox	txtPhone	空	textbox
TextBox	txtEmail	空	textbox
Button	btnAdd	确定修改	button
Button	btnResert	重新填写	button

(3) 添加 3 个验证控件，详细属性见表 12.6。其中 rForEmail 控件的 ValidationExpression 属性设置为"Internet 电子邮件地址"。

表 12.6　Modify.aspx 界面的验证控件

控件类型	ID 属性	ErrorMessage	ControlToValidator
RequiredFieldValidator	rForName	*	txtName
RequiredFieldValidator	rForAddress	*	txtAddress
RegularExexpressionValidator	rForEmail	格式错误	txtEmail

也可以直接通过在 Modify.aspx 中输入如下代码来完成上述过程：

```
<%@ Page Language="vb" AutoEventWireup="false" Inherits="ContactV1.Modify"
 CodeFile="Modify.aspx.vb" %>

<!DOCTYPE HTML PUBLIC "-//W3C//DTD HTML 4.0 Transitional//EN" >
<html>
<head>
    <title>modify</title>
    <meta name="GENERATOR" content="Microsoft Visual Studio .NET 7.1">
    <meta name="CODE_LANGUAGE" content="C#">
    <meta name="vs_defaultClientScript" content="JavaScript">
    <meta name="vs_targetSchema"
      content="http://schemas.microsoft.com/intellisense/ie5">
</head>
<body>
    <form id="Form1" method="post" runat="server">
        <font face="宋体">
            <div align="center">
                <table id="Table1" style="border-collapse: collapse" height="188"
                 cellspacing="1" width="500" border="1">
                    <tr>
                        <td align="right" width="159" height="31">姓名：</td>
                        <td height="31">
                        <asp:TextBox ID="txtName" runat="server" CssClass="textbox"
                          DESIGNTIMEDRAGDROP="64">
                        </asp:TextBox>
                        <asp:RequiredFieldValidator ID="rForName" runat="server"
                          ControlToValidate="txtName" ErrorMessage="*">
                        </asp:RequiredFieldValidator></td>
                    </tr>
                    <tr>
                        <td align="right" width="159" height="31">住址：</td>
                        <td height="31">
                        <asp:TextBox ID="txtAddress" runat="server"
                          CssClass="textbox" DESIGNTIMEDRAGDROP="65">
                        </asp:TextBox>
                        <asp:RequiredFieldValidator ID="rForAddress" runat="server"
                          ControlToValidate="txtAddress"
                          ErrorMessage="*">
                        </asp:RequiredFieldValidator></td>
                    </tr>
                    <tr>
                        <td align="right" width="159">电话：</td>
                        <td>
                        <asp:TextBox ID="txtPhone" runat="server" CssClass="textbox">
                        </asp:TextBox></td>
                    </tr>
                    <tr>
                        <td align="right" width="159">邮箱：</td>
                        <td>
                        <asp:TextBox ID="txtEmail" runat="server" CssClass="textbox">
                        </asp:TextBox>
                        <asp:RegularExpressionValidator ID="rForEmail"
                          runat="server" ControlToValidate="txtEmail"
                          ErrorMessage="格式错误"
ValidationExpression="\w+([-+.]\w+)*@\w+([-.]\w+)*\.\w+([-.]\w+)*">
                        </asp:RegularExpressionValidator></td>
                    </tr>
```

```
            <tr>
                <td align="right" width="159">操作: </td>
                <td>
                <asp:Button ID="btnAdd" runat="server" CssClass="button"
                  Width="78px" Text="确定修改">
                </asp:Button>
                <asp:Button ID="btnResert" runat="server" CssClass="button"
                  Width="76px" Text="重新填写"
                  CausesValidation="False">
                </asp:Button></td>
            </tr>
        </table>
    </div>
    </font>
  </form>
</body>
</html>
```

(4)　在 Modify.aspx 中引入如下命名空间：

```
Imports System.Data.SqlClient
```

(5)　添加页面级变量 contactID：

```
Private contactID As Integer
```

(6)　编写如下方法，用于读取数据：

```
Sub InitialData(ByVal ID As Integer)
    '新建连接对象
    Dim conn As New SqlConnection
    '从配置文件中获取信息
    conn.ConnectionString = ConfigurationSettings.AppSettings("ConnectionString")

    '新建命令对象
    Dim cmd As New SqlCommand
    cmd.CommandText = "Select cName,cAddress,cPhone,cEmail from contact"
    cmd.CommandText += " where ID = " + ID.ToString()
    cmd.Connection = conn

    '打开连接，执行操作
    conn.Open()

    Dim reader As SqlDataReader = cmd.ExecuteReader()

    '使第一条记录成为当前记录
    reader.Read()

    '设置控件属性以显示信息
    Me.txtName.Text = reader.GetString(0)
    Me.txtAddress.Text = reader.GetString(1)
    Me.txtPhone.Text = reader.GetString(2)
    Me.txtEmail.Text = reader.GetString(3)

    '关闭阅读器
    reader.Close()
    conn.Close()
End Sub 'InitialData
```

(7)　编写 Page_Load 事件处理程序：

```
Private Sub Page_Load(ByVal sender As System.Object, ByVal e As System.EventArgs)
  Handles MyBase.Load
    '获取 URL 中的参数 ID
    contactID = Convert.ToInt32(Request("ID"))

    If Not Page.IsPostBack Then
        '读取数据并显示
        Me.InitialData(contactID)
    End If
End Sub
```

(8)　为"确定修改"按钮添加事件处理程序：

```
Private Sub btnAdd_Click(ByVal sender As System.Object, ByVal e As System.EventArgs)
    Handles btnAdd.Click
    If Page.IsValid Then
            '新建连接对象
            Dim conn As New SqlConnection
            '从配置文件中获取信息
            conn.ConnectionString =
                ConfigurationSettings.AppSettings("ConnectionString")

            '新建命令对象
            Dim cmd As New SqlCommand
            cmd.CommandText = "update contact set cName = '" + txtName.Text
            cmd.CommandText += "' , cAddress = '" + txtAddress.Text
            cmd.CommandText += "' , cEmail = '" + txtEmail.Text
            cmd.CommandText += "' , cPhone = '" + txtPhone.Text + "'"
            cmd.CommandText += " where ID = " + Me.contactID.ToString()
            cmd.Connection = conn

            '打开连接，执行操作
            conn.Open()
            cmd.ExecuteNonQuery()

            '关闭连接
            conn.Close()

            '重定向到首页
            Response.Redirect("Default.aspx")
    End If
End Sub
```

(9) 为"重新填写"按钮添加事件处理程序：

```
Private Sub btnResert_Click(ByVal sender As System.Object, ByVal e As System.EventArgs)
    Handles btnResert.Click
    Me.InitialData(Me.contactID)
End Sub
```

(10) 至此，修改用户信息的功能已经完毕。

当用户在首页单击对应联系人的"修改"链接时，将链接到 Modify.aspx 页面，同时将通过 URL 传递参数 ID，例如首页中联系人张三的"修改"链接地址为：

```
http://localhost:1056/ContactV1/modify.aspx?ID=1
```

其中参数 ID 的值为 1。而 Modify.aspx 页面的运行原理就是，依据联系人的 ID 从数据库中读取联系人的具体信息，然后显示在页面的文本框控件中。完成此任务的是自定义方法 InitialData。该方法接收 int 类型的参数 ID：

```
Sub InitialData(ByVal ID As Integer)
```

然后读取参数 ID 对应的联系人信息，首先建立数据库连接和数据命令：

```
'新建连接对象
Dim conn As New SqlConnection
'从配置文件中获取信息
conn.ConnectionString = ConfigurationSettings.AppSettings("ConnectionString")
'新建命令对象
Dim cmd As New SqlCommand
```

然后依据参数 ID 来构造命令文本：

```
cmd.CommandText = "Select cName,cAddress,cPhone,cEmail from contact"
cmd.CommandText += " where ID = " + ID.ToString()
```

接着执行命令的 ExecuteReader 方法，并将数据阅读器保存到 reader 变量中：

```
'打开连接，执行操作
conn.Open()

Dim reader As SqlDataReader = cmd.ExecuteReader()
```

到现在，指定 ID 的联系人信息已经保存到了数据阅读器 reader 中，剩下的任务就是从 reader 中读取信息，并赋值给对应文本框控件的 Text 属性。需要注意的是必须调用一次阅读器的 Read 方法，使第一条也是唯一一条记录成为当前记录：

```
'使第一条记录成为当前记录
reader.Read()
```

现在就可以从 reader 中获取数据了：

```
Me.txtName.Text = reader.GetString(0)
Me.txtAddress.Text = reader.GetString(1)
Me.txtPhone.Text = reader.GetString(2)
Me.txtEmail.Text = reader.GetString(3)
```

信息读取完毕，要记得立刻关闭阅读器和数据连接：

```
'关闭阅读器
reader.Close()
conn.Close()
```

当 Modify.aspx 被加载时，首先在 Page_Load 事件中获取当前的联系人 ID：

```
'获取 URL 中的参数 ID
contactID = Convert.ToInt32(Request("ID"))
```

其中 contactID 是页面级的变量：

```
Private contactID As Integer
```

当 Modify.aspx 是首次加载时，必须调用 InitialData 方法来读取数据显示到文本框中：

```
If Not Page.IsPostBack Then
    '读取数据并显示
    Me.InitialData(contactID)
End If
```

当用户修改了联系人的信息以后单击"确定修改"按钮时，验证控件将验证用户输入的信息是否有效。如果有效，则执行按钮单击事件中的代码，该段代码主要的功能是将用户输入的新的联系人信息通过 update 语句更新到数据库中。代码依次完成建立连接和建立数据命令的功能，接着设置命令文本：

```
cmd.CommandText = "update contact set cName = '" + txtName.Text
cmd.CommandText += "' , cAddress = '" + txtAddress.Text
cmd.CommandText += "' , cEmail = '" + txtEmail.Text
cmd.CommandText += "' , cPhone = '" + txtPhone.Text + "'"
cmd.CommandText += " where ID = " + Me.contactID.ToString()
```

命令文本构造完毕则打开连接，执行操作。完成以后将重定向到首页：

```
Response.Redirect("Default.aspx")
```

当用户单击"重新填写"按钮时，将调用 InitialData 方法来重新对控件进行数据填充：

```
Me.InitialData(Me.contactID)
```

5．建立删除联系人信息的页面

当不再需要某联系人的信息时，应该及时删除该联系人信息。在首页浏览联系人信息时单击"删除"链接，将连接到 Delete.aspx 页面，该页面负责删除 URL 中传递的 ID 的联系人信息。下面开始建立这个页面。

(1) 为网站 ContactV1 添加一个新的 Web 窗体，命名为 Delete.aspx。

(2) 直接双击 Delete.aspx 页面的空白处，进入后台编码文件 Delete.aspx.vb，首先在顶

部引入如下命名空间:

```
Imports System.Data.SqlClient
```

(3) 在 Page_Load 事件中编写如下代码:

```
Private Sub Page_Load(ByVal sender As System.Object, ByVal e As System.EventArgs)
  Handles MyBase.Load
    '获取 URL 中的值
    Dim ID As Integer = Convert.ToInt32(Request("ID"))

    '新建连接对象
    Dim conn As New SqlConnection
    '从配置文件中获取信息
    conn.ConnectionString = ConfigurationSettings.AppSettings("ConnectionString")

    '新建命令对象
    Dim cmd As New SqlCommand
    cmd.CommandText = "Delete from contact where ID =" + ID.ToString()
    cmd.Connection = conn

    '打开连接，执行操作
    conn.Open()
    cmd.ExecuteNonQuery()

    '关闭连接
    conn.Close()

    '重定向到首页
    Response.Redirect("Default.aspx")
End Sub
```

至此，删除功能已经实现。

要删除联系人的信息，首先需要知道联系人的 ID，因此当用户单击"删除"链接时，将通过 URL 传递 ID 值。当 Delete.aspx 被加载时，首先从 URL 中找到 ID 值并转换为 int 类型：

```
Dim ID As Integer = Convert.ToInt32(Request("ID"))
```

然后访问数据库，删除对应的记录。首先是建立数据库连接和命令对象：

```
'新建连接对象
Dim conn As New SqlConnection
'从配置文件中获取信息
conn.ConnectionString = ConfigurationSettings.AppSettings("ConnectionString")

'新建命令对象
Dim cmd As New SqlCommand
```

接着指定命令文本和数据命令的连接属性：

```
cmd.CommandText = "Delete from contact where ID =" + ID.ToString()
cmd.Connection = conn
```

剩下的任务就是连接数据库，执行操作。操作完毕以后关闭连接：

```
'打开连接，执行操作
conn.Open()
cmd.ExecuteNonQuery()

'关闭连接
conn.Close()
```

至此删除操作已经完成，接着要做的就是重定向到首页：

```
Response.Redirect("Default.aspx")
```

以上就是通信录的第一个版本的内容，接下来开始介绍它的升级版。

12.3.2　版本二

本小节中将开始建立通信录的第二个版本，该系统采用了三层架构进行设计。所谓三层架构，即表现层/业务逻辑层/数据存储层。表现层负责显示用户界面，提供应用程序和用户相互交互的接口；业务逻辑层负责应用程序的业务处理，最典型的就是负责数据访问；数据存储层则负责数据的持久化存储，一般通过数据库或者其他文件来实现。

在本应用程序中，位于表现层的为 Visual Studio 建立的 ContactV2 网站，位于业务逻辑层的是 ContactDB.vb 与 ContactEntry.vb 两个类文件构成的类库，位于数据存储层的是 SQL Server 中的 Contact 数据库。下面将开始 ContactV2 的开发。

1．设置基础性文件

(1) 启动 Visual Studio，新建一个 "ASP.NET 网站"，如图 12.12 所示。

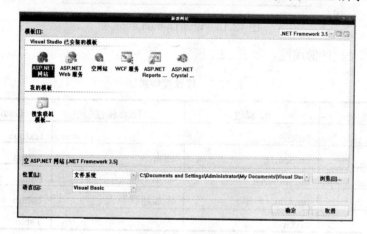

图 12.12　新建网站

(2) 在 "解决方案资源管理器" 中添加文件夹，命名为 Css。

(3) 选中 Css 文件夹，右击，选择 "添加现有项" 菜单命令，在弹出的对话框中选择 "文件类型" 为 "所有文件"，然后浏览 ContactV1 网站中所建立的 style.css 文件。

(4) 添加新文件夹 images，然后在 images 文件夹中依次添加图片。

(5) 修改 Web.config 配置文件，添加 appSettings 节点，设置数据库连接字符串。修改后的 Web.config 文件代码如下：

```
<?xml version="1.0"?>
<configuration>
    <appSettings>
        <add key="ConnectionString" value="Data Source=05F9B1290C09480;Initial
            Catalog=Contact;Integrated Security=True"/>
    </appSettings>
</configuration>
```

此时，该网站的基础性文件已经设置完毕，下面将进行其他内容的开发。

2．显示联系人信息

显示联系人信息由 Default.aspx 和文件 ContactDB.vb 完成，该页面同时支持用户搜索。

接下来就开始介绍建立这个页面的过程。

(1) 在默认生成的 Default.aspx 文件的页面中插入图片 logo.gif，然后添加 1 个文本框、3 个按钮和 1 个 DataGrid 控件，如图 12.13 所示。

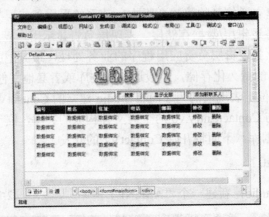

图 12.13 设计 Default.aspx

(2) 修改每个控件的属性，如表 12.7 所示。

表 12.7 修改控件属性

控件类型	ID 属性	Text 属性	CssClass 属性
TextBox	txtKey	空	textbox
Button	btnSearch	搜索	button
Button	btnShowAll	显示全部	button
Button	btnAdd	添加新联系人	button
DataGrid	myGrid		Table

(3) 选择 DataGrid 控件，单击右键，选择"显示智能标记"→"属性生成器"，进入 DataGrid 控件的属性生成器。

(4) 在如图 12.14 所示的界面中，从左边菜单中选择"列"。取消对"在运行时自动创建列"复选框的选择。

图 12.14 属性生成器

再添加 7 个字段，并设置它们的属性，如表 12.8 所示。

表 12.8 设置属性

列的类型	页眉文本	数据字段	其他属性
绑定列	编号	ID	-
绑定列	姓名	cName	-
绑定列	住址	cAddress	-
绑定列	电话	cPhone	-
绑定列	邮箱	cEmail	-
超链接列	修改	-	文本：修改，URL 字段：ID，URL 格式字符串：modify.aspx?ID={0}
超链接列	删除	-	文本：删除，URL 字段：ID，URL 格式字符串：delete.aspx?ID={0}

（5）适当设置 DataGrid 的各项颜色后，单击"确定"按钮，退出属性对话框。

以上步骤也可以通过在 Default.aspx 中输入如下代码来完成：

```
<%@ Page Language="vb" AutoEventWireup="false" Inherits="ContactV2._Default"
  CodeFile="Default.aspx.vb" %>

<html>
<head>
    <title>个人通信录</title>
    <meta http-equiv="Content-Type" content="text/html; charset=gb2312">
    <link rel="stylesheet" type="text/css" href="Css/style.css">
</head>
<body>
    <form id="mainForm" runat="server">
        <div align="center">
            <table border="0" width="600" id="table1" style="border-collapse:
                collapse" height="66">
                <tr>
                    <td>
                    <p align="center"><img border="0" src="images/logo.gif"></p>
                    </td>
                </tr>
            </table>
        </div>
        <div align="center">
            <table border="0" width="600" id="table2"
            style="border-collapse: collapse" height="206">
                <tr>
                    <td align="center">
                    <asp:TextBox ID="txtKey" runat="server" CssClass="textbox"
                        Width="217px">
                    </asp:TextBox>
                    <asp:Button ID="btnSearch" runat="server" Text="搜索"
                        CssClass="button" Width="63px">
                    </asp:Button>
                    <asp:Button ID="btnShowAll" runat="server" Text="显示全部"
                        CssClass="button" Width="107px">
                    </asp:Button>
                    <asp:Button ID="btnAdd" runat="server" Text="添加新联系人"
                        CssClass="button" Width="117px">
                    </asp:Button></td>
                </tr>
                <tr>
                    <td align="center">
                    <font face="宋体">
                    <asp:DataGrid ID="myGrid" runat="server" CssClass="Table"
                        AutoGenerateColumns="False"
```

```
                         Width="509px" BorderColor="#CC9966" BorderStyle="None"
                         BorderWidth="1px" BackColor="White"
                         CellPadding="4" Font-Size="9pt">
                         <SelectedItemStyle Font-Bold="True" ForeColor="#663399"
                          BackColor="#FFCC66">
                         </SelectedItemStyle>
                         <ItemStyle ForeColor="#330099" BackColor="White"></ItemStyle>
                         <HeaderStyle Font-Bold="True" ForeColor="#FFFFCC"
                          BackColor="#990000">
                         </HeaderStyle>
                         <FooterStyle ForeColor="#330099" BackColor="#FFFFCC">
                         </FooterStyle>
                         <Columns>
                         <asp:BoundColumn DataField="ID" HeaderText="编号">
                         </asp:BoundColumn>
                         <asp:BoundColumn DataField="cName" HeaderText="姓名">
                         </asp:BoundColumn>
                         <asp:BoundColumn DataField="cAddress" HeaderText="住址">
                         </asp:BoundColumn>
                         <asp:BoundColumn DataField="cPhone" HeaderText="电话">
                         </asp:BoundColumn>
                         <asp:BoundColumn DataField="cEmail" HeaderText="邮箱">
                         </asp:BoundColumn>
                         <asp:HyperLinkColumn Text="修改" DataNavigateUrlField="ID"
                          DataNavigateUrlFormatString="modify.aspx?ID={0}"
                          HeaderText="修改">
                         </asp:HyperLinkColumn>
                         <asp:HyperLinkColumn Text="删除" DataNavigateUrlField="ID"
                          DataNavigateUrlFormatString="delete.aspx?ID={0}"
                          HeaderText="删除">
                         </asp:HyperLinkColumn>
                         </Columns>
                         <PagerStyle HorizontalAlign="Center" ForeColor="#330099"
                          BackColor="#FFFFCC">
                         </PagerStyle>
                         </asp:DataGrid></font>
                         </td>
                  </tr>
             </table>
        </div>
    </form>
</body>
</html>
```

(6) 可见部分处理完毕，现在编写 **Default.aspx.vb** 文件。首先添加下面的命名空间：

```
Imports System.Data.SqlClient
Imports DataAccess.DataAccess
```

(7) 添加下面的方法，先从数据访问层获取所有的联系人信息，然后绑定到 DataGrid 控件：

```
Sub showAll()
     '新建数据访问实例
     Dim contact As New ContactDB

     '调用 GetAllFriend 方法获取所有的联系人信息
     Dim reader As SqlDataReader = contact.GetAllFriend()

     '绑定数据到 DataGrid
     Me.myGrid.DataSource = reader
     Me.myGrid.DataBind()

     '关闭阅读器，释放连接
     reader.Close()
End Sub 'showAll
```

(8) 在 ContactDB 中添加如下命名空间的引用：

```
Imports System
Imports System.Data
Imports System.Data.SqlClient
Imports System.Configuration
```

高职高专计算机实用规划教材——案例驱动与项目实践

(9) 在 ContactDB 中添加如下自定义的方法：

```vb
' 获取所有的联系人信息
' <returns>SQLDataReader: 所有的联系人</returns>
Public Function GetAllFriend() As SqlDataReader
    '新建连接对象
    Dim conn As New SqlConnection
    '从配置文件中获取信息
    conn.ConnectionString = ConfigurationSettings.AppSettings("ConnectionString")

    '新建命令对象
    Dim cmd As New SqlCommand
    cmd.CommandText = "Select ID,cName,cAddress,cPhone,cEmail from contact"
    cmd.Connection = conn

    '打开连接，读取数据
    conn.Open()
    Dim reader As SqlDataReader = cmd.ExecuteReader(CommandBehavior.CloseConnection)

    '返回结果
    Return reader
End Function 'GetAllFriend
```

(10) 修改 Page_Load 中的代码，调用上面的方法：

```vb
If Not Page.IsPostBack Then
    '显示所有联系人
    showAll()
End If
```

(11) 为“搜索”按钮添加事件处理程序：

```vb
Private Sub btnSearch_Click(ByVal sender As System.Object, ByVal e As System.EventArgs)
  Handles btnSearch.Click
    '获取搜索关键字
    Dim key As String = Me.txtKey.Text.Trim()

    '关键字不空时执行搜索
    If key <> "" Then
        '新建数据访问实例
        Dim contact As New ContactDB

        '调用 GetFriendByKey 方法获取检索到的联系人信息
        Dim reader As SqlDataReader = contact.GetFriendByKey(key)

        '绑定数据
        Me.myGrid.DataSource = reader
        Me.myGrid.DataBind()

        '关闭阅读器，释放连接
        reader.Close()
    Else
        showAll()
    End If
End Sub
```

(12) 在 ContactDB 中添加如下自定义方法：

```vb
' 依据关键字搜索联系人
' <param name="key">关键字</param>
' <returns>符合条件的联系人</returns>
Public Function GetFriendByKey(ByVal key As String) As SqlDataReader
    '新建连接
    Dim conn As New SqlConnection
    conn.ConnectionString = ConfigurationSettings.AppSettings("ConnectionString")

    '新建命令
    Dim cmd As New SqlCommand
    cmd.CommandText = "Select ID,cName,cAddress,cPhone,cEmail from contact "
    '按姓名搜索
    cmd.CommandText += "where cName like '%" + key + "%' "
    '按地址搜索
    cmd.CommandText += "or cAddress like '%" + key + "%' "
    '按电话搜索
```

```
cmd.CommandText += "or cPhone like '%" + key + "%' "
'按邮箱搜索
cmd.CommandText += "or cEmail like '%" + key + "%' "
cmd.Connection = conn

'打开连接，执行操作，返回阅读器
conn.Open()
Dim reader As SqlDataReader = cmd.ExecuteReader(CommandBehavior.CloseConnection)

'返回结果
Return reader
End Function 'GetFriendByKey
```

(13) 为"显示全部"按钮添加事件处理过程：

```
Private Sub btnShowAll_Click(ByVal sender As System.Object, ByVal e As System.EventArgs)
  Handles btnShowAll.Click
    Me.showAll()
End Sub
```

(14) 为"添加新联系人"按钮添加事件处理过程：

```
Private Sub btnAdd_Click(ByVal sender As System.Object, ByVal e As System.EventArgs)
  Handles btnAdd.Click
    Response.Redirect("Add.aspx")
End Sub
```

(15) 按 Ctrl+F5 组合键查看运行效果，如图 12.15 所示。

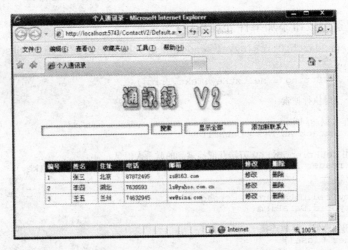

图 12.15　ContactV2 首页运行效果

可见，效果与通信录的第一个版本一样。

当页面首次加载时，Page_Load 事件被执行，调用 showAll()方法。此时 showAll 方法并不直接访问数据库，而是调用了数据访问层 ContactDB 的 GetAllFriend，由该方法负责访问数据库，读取数据。在 ContactDB 中，首先引入命名空间：

```
Imports System
Imports System.Data
Imports System.Data.SqlClient
Imports System.Configuration
```

前两个命名空间表示使用到 SQL Server 数据提供程序，后一个命名空间则说明将使用到配置文件。

GetAllFriend 方法负责从数据库中读取所有的联系人信息，其运行步骤依次为建立数据库连接，建立数据访问命令，调用数据命令的 ExecuteReader 方法获取数据阅读器，然后将阅读器返回：

```
'新建连接对象
Dim conn As New SqlConnection
'从配置文件中获取信息
conn.ConnectionString = ConfigurationSettings.AppSettings("ConnectionString")

'新建命令对象
Dim cmd As New SqlCommand
cmd.CommandText = "Select ID,cName,cAddress,cPhone,cEmail from contact"
cmd.Connection = conn

'打开连接，读取数据
conn.Open()
Dim reader As SqlDataReader = cmd.ExecuteReader(CommandBehavior.CloseConnection)

'返回结果
Return reader
```

需要注意的是返回数据阅读器 reader 以后不能调用 reader 的 close 方法。很多初学者认为既然已经将结果返回了，那么 reader 这个变量就不再需要了，因此应该立刻关闭。这是错误的，因为 reader 是引用型变量，传递的是引用，如果现在关闭 reader，则所有对 reader 的引用不再有效。另外，在 return 语句之后的语句是无法执行的，因为函数遇到了 return 将跳出该函数。

ShowAll 方法获取了由 ContactDB.GetAllFriend 方法返回的数据阅读器以后，将其绑定到 DataGrid 控件：

```
Dim reader As SqlDataReader = contact.GetAllFriend()

'绑定数据到 DataGrid
Me.myGrid.DataSource = reader
Me.myGrid.DataBind(
```

这样就分层完成了对联系人信息的显示。

同样，在执行搜索的时候，对数据库的搜索执行由 ContactDB 中的 GeiFriendByKey 方法来实现，该方法接收 String 类型的参数 key，然后对数据库进行匹配搜索。将搜索的结果保存到数据阅读器中返回：

```
'新建连接
Dim conn As New SqlConnection
conn.ConnectionString = ConfigurationSettings.AppSettings("ConnectionString")

'新建命令
Dim cmd As New SqlCommand
cmd.CommandText = "Select ID,cName,cAddress,cPhone,cEmail from contact "
'按姓名搜索
cmd.CommandText += "where cName like '%" + key + "%' "
'按地址搜索
cmd.CommandText += "or cAddress like '%" + key + "%' "
'按电话搜索
cmd.CommandText += "or cPhone like '%" + key + "%' "
'按邮箱搜索
cmd.CommandText += "or cEmail like '%" + key + "%' "
cmd.Connection = conn

'打开连接，执行操作，返回阅读器
conn.Open()
Dim reader As SqlDataReader = cmd.ExecuteReader(CommandBehavior.CloseConnection)

'返回结果
Return reader
```

而在 Default.aspx 中，按钮"搜索"的单击事件只需要检查用户输入的关键字是否非空，在非空的前提下调用 ContactDB 的 GetFriendByKey 方法即可：

```
'新建数据访问实例
Dim contact As New ContactDB

'调用 GetFriendByKey 方法获取检索到的联系人信息
Dim reader As SqlDataReader = contact.GetFriendByKey(key)

'绑定数据
Me.myGrid.DataSource = reader
Me.myGrid.DataBind()

'关闭阅读器，释放连接
reader.Close()
```

到目前为止 ContactV2 网站的首页已经全部完成，而且 ContactDB 中已经添加了对应的数据访问方法。

从上面的操作过程中可以发现，ContactV2 中的页面设计和 ContactV1 过程完全相同，不同的是对应页面的后台编码和程序执行逻辑。在 ContactV2 的其余设计中，有关 Web 界面的设计不再详细描述。

3．添加新联系人的功能

下面介绍添加新联系人的功能，该功能由位于表现层的 Add.aspx 以及位于数据访问层的 ContactDB 类和 ContactEntry 类完成。

(1) 在 ContactV2 网站中添加一个新的 Web 窗体，命名为 Add.aspx。

(2) 按图 12.16 所示设计 Add.aspx。

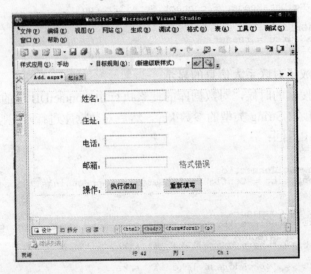

图 12.16 Add.aspx 设计界面

(3) 编写 ContactEntry 类的代码如下：

```
Imports System

Namespace DataAccess
    '联系人实体类
    Public Class ContactEntry
        Private m_id As Integer
        Private m_cName As String
        Private m_cAddress As String
        Private m_cPhone As String
        Private m_cEmail As String

        '联系人编号
```

```
        Public Property ID() As Integer
            Get
                Return m_id
            End Get
            Set(ByVal Value As Integer)
                m_id = Value
            End Set
        End Property

        '联系人姓名
        Public Property CName() As String
            Get
                Return m_cName
            End Get
            Set(ByVal Value As String)
                m_cName = Value
            End Set
        End Property

        '联系人地址
        Public Property CAddress() As String
            Get
                Return m_cAddress
            End Get
            Set(ByVal Value As String)
                m_cAddress = Value
            End Set
        End Property

        '联系人电话
        Public Property CPhone() As String
            Get
                Return m_cPhone
            End Get
            Set(ByVal Value As String)
                m_cPhone = Value
            End Set
        End Property

        '联系人邮箱
        Public Property CEmail() As String
            Get
                Return m_cEmail
            End Get
            Set(ByVal Value As String)
                m_cEmail = Value
            End Set
        End Property
    End Class 'ContactEntry
End Namespace 'DataAccess
```

(4)　为 ContactDB 添加如下方法：

```
'添加新的联系人信息
' <param name="friend">联系人实体</param>
Public Sub AddFriend(ByVal [friend] As ContactEntry)
    '新建连接对象
    Dim conn As New SqlConnection
    '从配置文件中获取信息
    conn.ConnectionString = ConfigurationSettings.AppSettings("ConnectionString")

    '新建命令对象
    Dim cmd As New SqlCommand
    cmd.CommandText = "Insert into contact(cName,cAddress,cEmail,cPhone) "
    cmd.CommandText += "Values ('" + [friend].CName + "','"
    cmd.CommandText += [friend].CAddress + "','"
    cmd.CommandText += [friend].CEmail + "','"
    cmd.CommandText += [friend].CPhone + "')"
    cmd.Connection = conn

    '打开连接，执行操作
    conn.Open()
    'Response.Write(cmd.CommandText);
    cmd.ExecuteNonQuery()

    '关闭连接
```

```
        conn.Close()
End Sub 'AddFriend
```

(5) 在 Add.aspx.vb 文件中引入如下命名空间：

```
Imports DataAccess.DataAccess
```

(6) 为"执行添加"按钮编写如下事件处理程序：

```
Private Sub btnAdd_Click(ByVal sender As System.Object, ByVal e As System.EventArgs)
  Handles btnAdd.Click
    If Page.IsValid Then
        '将信息封装为 ContactEntry 实体
        Dim [friend] As New ContactEntry
        [friend].CName = txtName.Text
        [friend].CAddress = txtAddress.Text
        [friend].CEmail = txtEmail.Text
        [friend].CPhone = txtPhone.Text

        '新建数据访问实例
        Dim contact As New ContactDB

        '调用添加联系人的方法
        contact.AddFriend([friend])

        '重定向到首页
        Response.Redirect("Default.aspx")
    End If
End Sub
```

(7) 为按钮"重新填写"添加如下代码：

```
Private Sub btnResert_Click(ByVal sender As System.Object, ByVal e As System.EventArgs)
  Handles btnResert.Click
    '清空个控件内容
    Me.txtAddress.Text = ""
    Me.txtEmail.Text = ""
    Me.txtName.Text = ""
    Me.txtPhone.Text = ""
End Sub
```

(8) 测试 Add.aspx 页面，可以发现运行效果与 ContactV1 完全一样。

首先注意 ContactEntry 类，这种类称为实体类，它对应着每个联系人实体。由于每个联系人实体有编号、姓名、住址、电话和邮箱属性，因此 ContactEntry 类必须具备这些属性。有了 ContactEntry 实体类，则在表现层和数据访问层可以直接传递 ContactEntry 实体，而不是传递数据阅读器。

在 Add.aspx.vb 中，并不需要引入 System.Data.SqlClient 命名空间，因为在这个文件中，使用的是数据访问层中的类，而不是直接访问数据库。

为了能够访问其中的类，在 Add.aspx.vb 中首先引入了 DataAccess 命名空间：

```
Imports DataAccess.DataAccess
```

接着在"执行添加"按钮事件中，首先要做的事情是将文本框中用户输入的信息封装为联系人实体：

```
'将信息封装为 ContactEntry 实体
Dim [friend] As New ContactEntry
[friend].CName = txtName.Text
[friend].CAddress = txtAddress.Text
[friend].CEmail = txtEmail.Text
[friend].CPhone = txtPhone.Text
```

接着调用 ContactDB 类的 AddFriend 方法实现添加操作，添加完成以后重定向到首页：

```
'调用添加联系人的方法
contact.AddFriend([friend])
```

高职高专计算机实用规划教材——案例驱动与项目实践

```
'重定向到首页
Response.Redirect("Default.aspx")
```

位于数据访问层中的 ContactDB 类的 AddFriend 方法实现什么功能呢？该方法接受 ContactEntry 类型的参数 friend，然后从 friend 方法中获取属性信息，据此拼接出数据库执行插入操作的命令文本，然后执行数据命令的 ExecuteNonQuery 方法：

```
'新建连接对象
Dim conn As New SqlConnection
'从配置文件中获取信息
conn.ConnectionString = ConfigurationSettings.AppSettings("ConnectionString")

'新建命令对象
Dim cmd As New SqlCommand
cmd.CommandText = "Insert into contact(cName,cAddress,cEmail,cPhone) "
cmd.CommandText += "Values ('" + [friend].CName + "','"
cmd.CommandText += [friend].CAddress + "','"
cmd.CommandText += [friend].CEmail + "','"
cmd.CommandText += [friend].CPhone + "')"
cmd.Connection = conn

'打开连接，执行操作
conn.Open()
'Response.Write(cmd.CommandText);
cmd.ExecuteNonQuery()

'关闭连接
conn.Close()
```

这样就分层实现了添加联系人。

4．联系人的修改

联系人的修改是由 Modify.aspx 及 ContactDB 中的两个方法共同完成的。下面介绍如何建立这个页面。

(1) 为 ContactV2 网站添加一个新的 Web 窗体，命名为 Modify.aspx。

(2) 按图 12.17 所示的界面设计 Modify.aspx 窗体。

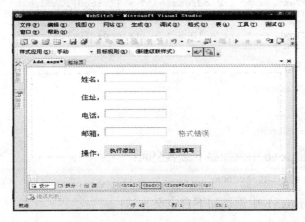

图 12.17　Modify.aspx 设计界面

(3) 为 ContactDB 类添加如下两个自定义方法：

```
' 获取指定 ID 的联系人信息
' <param name="id">联系人 ID</param>
' <returns>联系人实体对象</returns>
Public Function GetFriendByID(ByVal id As Integer) As ContactEntry
    '新建连接对象
```

```
    Dim conn As New SqlConnection
    '从配置文件中获取信息
    conn.ConnectionString = ConfigurationSettings.AppSettings("ConnectionString")

    '新建命令对象
    Dim cmd As New SqlCommand
    cmd.CommandText = "Select cName,cAddress,cPhone,cEmail from contact"
    cmd.CommandText += " where ID = " + id.ToString()
    cmd.Connection = conn

    '打开连接，执行操作
    conn.Open()

    Dim reader As SqlDataReader = cmd.ExecuteReader()

    '使第一条记录成为当前记录
    reader.Read()

    '建立 ContactEntry 实例，用于保存结果
    Dim result As New ContactEntry

    '设置 ContactEntry 实例属性以保存信息
    result.CName = reader.GetString(0)
    result.CAddress = reader.GetString(1)
    result.CPhone = reader.GetString(2)
    result.CEmail = reader.GetString(3)

    '关闭阅读器
    reader.Close()
    conn.Close()

    Return result
End Function 'GetFriendByID

' 修改联系人信息
' <param name="friend">联系人具体信息</param>
Public Sub UpdateFriendByID(ByVal [friend] As ContactEntry)
    '新建连接对象
    Dim conn As New SqlConnection
    '从配置文件中获取信息
    conn.ConnectionString = ConfigurationSettings.AppSettings("ConnectionString")

    '新建命令对象
    Dim cmd As New SqlCommand
    cmd.CommandText = "update contact set cName = '" + [friend].CName
    cmd.CommandText += "' , cAddress = '" + [friend].CAddress
    cmd.CommandText += "' , cEmail = '" + [friend].CEmail
    cmd.CommandText += "' , cPhone = '" + [friend].CPhone + "'"
    cmd.CommandText += " where ID = " + [friend].ID.ToString()
    cmd.Connection = conn

    '打开连接，执行操作
    conn.Open()
    cmd.ExecuteNonQuery()

    '关闭连接
    conn.Close()
End Sub 'UpdateFriendByID
```

(4) 在 Modify.aspx.vb 中添加如下命名空间：

```
Imports DataAccess.DataAccess
```

(5) 在 Modify.aspx.vb 中添加如下自定义方法：

```
Sub InitialData(ByVal ID As Integer)
    '新建数据访问实例
    Dim contact As New ContactDB

    '调用 GetFriendByKey 方法获取检索到的联系人信息
    Dim [friend] As ContactEntry = contact.GetFriendByID(ID)

    '设置控件属性以显示信息
    Me.txtName.Text = [friend].CName
    Me.txtAddress.Text = [friend].CAddress
```

高职高专计算机实用规划教材——案例驱动与项目实践

```
      Me.txtPhone.Text = [friend].CPhone
      Me.txtEmail.Text = [friend].CEmail
  End Sub 'InitialData
```

（6）修改 Modify.aspx.vb 文件的 Page_Load 事件如下：

```
Private Sub Page_Load(ByVal sender As System.Object, ByVal e As System.EventArgs)
  Handles MyBase.Load
      '获取 URL 中的参数 ID
      contactID = Convert.ToInt32(Request("ID"))

      If Not Page.IsPostBack Then
          '读取数据并显示
          Me.InitialData(contactID)
      End If
  End Sub
```

其中 contactID 为页面级变量：

```
Private contactID As Integer
```

（7）为"确定修改"按钮添加如下事件处理程序：

```
Private Sub btnAdd_Click(ByVal sender As System.Object, ByVal e As System.EventArgs)
  Handles btnAdd.Click
      If Page.IsValid Then

          '将信息封装为 ContactEntry 实体
          Dim [friend] As New ContactEntry
          [friend].CName = txtName.Text
          [friend].CAddress = txtAddress.Text
          [friend].CEmail = txtEmail.Text
          [friend].CPhone = txtPhone.Text

          '新建数据访问实例
          Dim contact As New ContactDB

          '调用修改联系人信息的方法
          contact.UpdateFriendByID([friend])

          '重定向到首页
          Response.Redirect("Default.aspx")
      End If
  End Sub
```

（8）为"重新填写"按钮添加如下事件处理程序：

```
Private Sub btnResert_Click(ByVal sender As System.Object, ByVal e As System.EventArgs)
  Handles btnResert.Click
      '重新加载数据
      Me.InitialData(Me.contactID)
  End Sub
```

（9）测试修改页面，可以得到和 ContactV1 相同的效果。

首先注意到 ContactDB 中的 GetFriendByID 方法，该方法接受 int 类型的参数 id，然后依据 id 类构造数据命令文本，从数据库中读取对应 id 的联系人信息，并把结果保存为 SqlDataReader：

```
'新建连接对象
Dim conn As New SqlConnection
'从配置文件中获取信息
conn.ConnectionString = ConfigurationSettings.AppSettings("ConnectionString")

'新建命令对象
Dim cmd As New SqlCommand
cmd.CommandText = "Select cName,cAddress,cPhone,cEmail from contact"
cmd.CommandText += " where ID = " + id.ToString()
cmd.Connection = conn

'打开连接，执行操作
```

```
conn.Open()

Dim reader As SqlDataReader = cmd.ExecuteReader()
```

接下来该方法将从 reader 中读取信息，然后封装为 ContactEntry 类的实例，并将其返回：

```
'使第一条记录成为当前记录
reader.Read()

'建立 ContactEntry 实例，用于保存结果
Dim result As New ContactEntry

'设置 ContactEntry 实例属性以保存信息
result.CName = reader.GetString(0)
result.CAddress = reader.GetString(1)
result.CPhone = reader.GetString(2)
result.CEmail = reader.GetString(3)
```
此时由于不再需要 reader 对象，则应该立即关闭数据阅读器和数据连接。
```
'关闭阅读器
reader.Close()
conn.Close()
```

而 ContactDB 中的 UpdateFriendByID 方法则恰好相反，它执行的操作不是读取数据，而是修改数据库中的数据，它接受 ContactEntry 类型的参数 friend，修改由 friend 的属性 ID 所指定的联系人的信息：

```
'新建连接对象
Dim conn As New SqlConnection
'从配置文件中获取信息
conn.ConnectionString = ConfigurationSettings.AppSettings("ConnectionString")

'新建命令对象
Dim cmd As New SqlCommand
cmd.CommandText = "update contact set cName = '" + [friend].CName
cmd.CommandText += "' , cAddress = '" + [friend].CAddress
cmd.CommandText += "' , cEmail = '" + [friend].CEmail
cmd.CommandText += "' , cPhone = '" + [friend].CPhone + "'"
cmd.CommandText += " where ID = " + [friend].ID.ToString()
cmd.Connection = conn

'打开连接，执行操作
conn.Open()
cmd.ExecuteNonQuery()

'关闭连接
conn.Close()
```

需要注意以上两个方法传递的参数类型不同，虽然这两个方法在操作数据库时都必须指定被操作记录的 ID，但是在 GetFriendByID 中 ID 是直接通过参数传递过来的，而 UpdateFriendByID 中 ID 则是由参数 friend 的 ID 属性获取的。

在 Modify.aspx 页面中，首先需要获取要修改联系人的编号，然后依据该编号来显示要修改的联系人的原始信息。联系人编号是通过 URL 传递的，Modify.aspx.vb 中的 Page_Load 负责读取该参数：

```
contactID = Convert.ToInt32(Request("ID"))
```

在 Modify.aspx.vb 中，自定义方法 InitialData 负责获取对应 ID 的联系人的原始信息并显示，其执行原理是首先调用 ContactDB 中的 GetFriendByID 方法来获取联系人实体，然后将联系人实体的属性赋值给文本框控件的 Text 属性：

```
'新建数据访问实例
Dim contact As New ContactDB

'调用 GetFriendByKey 方法获取检索到的联系人信息
Dim [friend] As ContactEntry = contact.GetFriendByID(ID)
```

```
'设置控件属性以显示信息
Me.txtName.Text = [friend].CName
Me.txtAddress.Text = [friend].CAddress
Me.txtPhone.Text = [friend].CPhone
Me.txtEmail.Text = [friend].CEmail
```

当用户修改了联系人信息以后单击"确定修改"按钮，则在该按钮的事件处理程序中，首先将用户数据的信息封装为联系人实体：

```
'将信息封装为 ContactEntry 实体
Dim [friend] As New ContactEntry
[friend].CName = txtName.Text
[friend].CAddress = txtAddress.Text
[friend].CEmail = txtEmail.Text
[friend].CPhone = txtPhone.Text
```

接着调用 ContactDB 方法来更新数据库：

```
'新建数据访问实例
Dim contact As New ContactDB

'调用修改联系人信息的方法
contact.UpdateFriendByID([friend])
```

至此，修改联系人信息的功能已经实现。

5．删除联系人

接下来介绍删除联系人功能。在首页浏览联系人信息时单击"删除"链接，将连接到 Delete.aspx 页面，该页面负责删除 URL 中传递的 ID 的联系人信息。

以下是建立该页面的过程。

(1) 为网站 ContactV2 添加新的 Web 窗体，命名为 Delete.aspx。

(2) 在 ContactDB 类中添加如下方法：

```
' 删除指定编号的联系人信息
' <param name="id">联系人编号</param>
Public Sub DeleteFriendByID(ByVal id As Integer)
    '新建连接对象
    Dim conn As New SqlConnection
    '从配置文件中获取信息
    conn.ConnectionString = ConfigurationSettings.AppSettings("ConnectionString")

    '新建命令对象
    Dim cmd As New SqlCommand
    cmd.CommandText = "Delete from contact where ID =" + id.ToString()
    cmd.Connection = conn

    '打开连接，执行操作
    conn.Open()
    cmd.ExecuteNonQuery()

    '关闭连接
    conn.Close()
End Sub 'DeleteFriendByID
```

(3) 在 Delete.aspx.vb 中首先引入如下命名空间：

```
Imports DataAccess.DataAccess
```

(4) 修改 Delete.aspx.vb 中的 Page_Load 的方法如下：

```
Private Sub Page_Load(ByVal sender As System.Object, ByVal e As System.EventArgs)
    Handles MyBase.Load
        '获取 URL 中的值
        Dim ID As Integer = Convert.ToInt32(Request("ID"))

        '新建数据访问实例，调用删除联系人方法
        Dim contact As New ContactDB
```

```
contact.DeleteFriendByID(ID)

    '重定向到首页
    Response.Redirect("Default.aspx")
End Sub
```

(5) 测试 Delete.aspx.vb 效果，与 ContactV1 相同。

Delete.aspx 实现的功能是删除指定 ID 的联系人信息，具体的删除操作由 ContactDB 来访问数据库，执行删除操作。Delete.aspx 要做的是获取联系人 ID，在页面加载时通过 Page_Load 来实现这个功能：

```
Dim ID As Integer = Convert.ToInt32(Request("ID"))
```

接着在 Page_Load 中调用数据访问层的删除方法 ContactDB.DeleteFriendByID：

```
Dim contact As New ContactDB
contact.DeleteFriendByID(ID)
```

ContactDB 的 DeleteFriendByID 的功能是什么呢？该方法负责访问数据库，删除参数 ID 所指定的联系人信息。代码执行逻辑是，首先建立数据库连接和命令对象，然后指定命令对象的命令文本，最后调用 ExecuteNonQuery 方法执行操作：

```
'新建连接对象
Dim conn As New SqlConnection
'从配置文件中获取信息
conn.ConnectionString = ConfigurationSettings.AppSettings("ConnectionString")

'新建命令对象
Dim cmd As New SqlCommand
cmd.CommandText = "Delete from contact where ID =" + id.ToString()
cmd.Connection = conn

'打开连接，执行操作
conn.Open()
cmd.ExecuteNonQuery()

'关闭连接
conn.Close()
```

至此，删除功能已经实现。

6. ContactDB 类总结

下面针对通信录版本二中的核心数据访问层 ContactDB 类做个总结，它封装了所有对数据库的访问操作，在 ContactDB 中共有 6 个对数据库进行操作的方法。以下是 ContactDB 类的完整代码：

```
Imports System
Imports System.Data
Imports System.Data.SqlClient
Imports System.Configuration

Namespace DataAccess

    ' 负责个人通信录与数据库的通信。
    Public Class ContactDB

        Public Sub New()
        End Sub 'New


        ' 获取所有的联系人信息
        ' <returns>SQLDataReader: 所有的联系人</returns>
        Public Function GetAllFriend() As SqlDataReader
            '新建连接对象
            Dim conn As New SqlConnection
```

```vbnet
    '从配置文件中获取信息
    conn.ConnectionString =
      ConfigurationSettings.AppSettings("ConnectionString")

    '新建命令对象
    Dim cmd As New SqlCommand
    cmd.CommandText = "Select ID,cName,cAddress,cPhone,cEmail from contact"
    cmd.Connection = conn

    '打开连接，读取数据
    conn.Open()
    Dim reader As SqlDataReader =
      cmd.ExecuteReader(CommandBehavior.CloseConnection)

    '返回结果
    Return reader
End Function 'GetAllFriend



' 获取指定 ID 的联系人信息
' <param name="id">联系人 ID</param>
' <returns>联系人实体对象</returns>
Public Function GetFriendByID(ByVal id As Integer) As ContactEntry
    '新建连接对象
    Dim conn As New SqlConnection
    '从配置文件中获取信息
    conn.ConnectionString =
      ConfigurationSettings.AppSettings("ConnectionString")

    '新建命令对象
    Dim cmd As New SqlCommand
    cmd.CommandText = "Select cName,cAddress,cPhone,cEmail from contact"
    cmd.CommandText += " where ID = " + id.ToString()
    cmd.Connection = conn

    '打开连接，执行操作
    conn.Open()

    Dim reader As SqlDataReader = cmd.ExecuteReader()

    '使第一条记录成为当前记录
    reader.Read()

    '建立 ContactEntry 实例，用于保存结果
    Dim result As New ContactEntry

    '设置 ContactEntry 实例属性以保存信息
    result.CName = reader.GetString(0)
    result.CAddress = reader.GetString(1)
    result.CPhone = reader.GetString(2)
    result.CEmail = reader.GetString(3)

    '关闭阅读器
    reader.Close()
    conn.Close()

    Return result
End Function 'GetFriendByID

' 依据关键字搜索联系人
' <param name="key">关键字</param>
' <returns>符合条件的联系人</returns>
Public Function GetFriendByKey(ByVal key As String) As SqlDataReader
    '新建连接
    Dim conn As New SqlConnection
    conn.ConnectionString =
      ConfigurationSettings.AppSettings("ConnectionString")

    '新建命令
    Dim cmd As New SqlCommand
    cmd.CommandText = "Select ID,cName,cAddress,cPhone,cEmail from contact "
    '按姓名搜索
    cmd.CommandText += "where cName like '%" + key + "%' "
    '按地址搜索
    cmd.CommandText += "or cAddress like '%" + key + "%' "
```

```vb
                    '按电话搜索
        cmd.CommandText += "or cPhone like '%" + key + "%' "
                    '按邮箱搜索
        cmd.CommandText += "or cEmail like '%" + key + "%' "
        cmd.Connection = conn

                    '打开连接，执行操作，返回阅读器
        conn.Open()
        Dim reader As SqlDataReader =
            cmd.ExecuteReader(CommandBehavior.CloseConnection)

                    '返回结果
        Return reader
    End Function 'GetFriendByKey



    ' 删除指定编号的联系人信息
    ' <param name="id">联系人编号</param>
    Public Sub DeleteFriendByID(ByVal id As Integer)
                    '新建连接对象
        Dim conn As New SqlConnection
                    '从配置文件中获取信息
        conn.ConnectionString =
            ConfigurationSettings.AppSettings("ConnectionString")

                    '新建命令对象
        Dim cmd As New SqlCommand
        cmd.CommandText = "Delete from contact where ID =" + id.ToString()
        cmd.Connection = conn

                    '打开连接，执行操作
        conn.Open()
        cmd.ExecuteNonQuery()

                    '关闭连接
        conn.Close()
    End Sub 'DeleteFriendByID



    ' 修改联系人信息
    ' <param name="friend">联系人具体信息</param>
    Public Sub UpdateFriendByID(ByVal [friend] As ContactEntry)
                    '新建连接对象
        Dim conn As New SqlConnection
                    '从配置文件中获取信息
        conn.ConnectionString =
            ConfigurationSettings.AppSettings("ConnectionString")

                    '新建命令对象
        Dim cmd As New SqlCommand
        cmd.CommandText = "update contact set cName = '" + [friend].CName
        cmd.CommandText += "' , cAddress = '" + [friend].CAddress
        cmd.CommandText += "' , cEmail = '" + [friend].CEmail
        cmd.CommandText += "' , cPhone = '" + [friend].CPhone + "'"
        cmd.CommandText += " where ID = " + [friend].ID.ToString()
        cmd.Connection = conn

                    '打开连接，执行操作
        conn.Open()
        cmd.ExecuteNonQuery()

                    '关闭连接
        conn.Close()
    End Sub 'UpdateFriendByID

    ' 添加新的联系人信息
    ' <param name="friend">联系人实体</param>
    Public Sub AddFriend(ByVal [friend] As ContactEntry)
                    '新建连接对象
        Dim conn As New SqlConnection
                    '从配置文件中获取信息
        conn.ConnectionString =
            ConfigurationSettings.AppSettings("ConnectionString")
```

```
'新建命令对象
Dim cmd As New SqlCommand
cmd.CommandText = "Insert into contact(cName,cAddress,cEmail,cPhone) "
cmd.CommandText += "Values ('" + [friend].CName + "','"
cmd.CommandText += [friend].CAddress + "','"
cmd.CommandText += [friend].CEmail + "','"
cmd.CommandText += [friend].CPhone + "')"
cmd.Connection = conn

'打开连接，执行操作
conn.Open()
'Response.Write(cmd.CommandText);
cmd.ExecuteNonQuery()

'关闭连接
conn.Close()
        End Sub 'AddFriend
    End Class 'ContactDB
End Namespace 'DataAccess
```

12.4　小　结

　　本章通过通信录实例详细讲解了如何通过 ADO.NET 来访问数据库，包括对数据库的查询、添加、修改和删除。

　　通过本章的学习，读者应该能够独立编写小型应用程序，例如留言本等。

参 考 文 献

1. 房大伟，吕双，刘云峰. ASP.NET 学习手册. 北京：电子工业出版社，2011

2. Stephen Walther, Kevin Hoffman. 李静，谭振林，黎志，朱兴林，马士杰，姚琪琳等译. ASP.NET 4 揭秘. 北京：人民邮电出版社，2011

3. 薛小龙. 一览众山小 ASP.NET Web 开发修行实录. 北京：电子工业出版社，2011

4. 陈学平. ASP.NET 动态网站开发案例教程. 北京：机械工业出版社，2011

5. 余昭辉，董鉴源. 构建高性能可扩展 ASP.NET 网站. 北京：人民邮电出版社，2011

6. Bill Evjen, Scott Hanselman, Devin Rader. 赵红宇，付东译. ASP.NET 4 高级编程——涵盖 C#和 VB.NET(第 7 版). 北京：清华大学出版社，2011

7. 房大伟，吕双. ASP.NET 开发实战 1200 例(第 I 卷). 北京：清华大学出版社，2011

8. 陈伟，卫琳. ASP.NET 3.5 网站开发实例教程. 北京：清华大学出版社，2009

9. 李正吉，边祥娟. ASP.NET 网站开发技术(项目式). 北京：人民邮电出版社，2011

10. 刘志成，许锁坤. ASP.NET 应用开发教程. 北京：高等教育出版社，2011

11. 王海龙，朱彦松，窦桂琴. ASP.NET 程序设计基础与实训教程. 北京：清华大学出版社，2011

12. 王辉，来羽，陈德祥. ASP.NET 3.5(C#)实用教程. 北京：清华大学出版社，2011

13. 崔淼. ASP.NET 程序设计教程(C#版)上机指导与习题解答(第 2 版). 北京：机械工业出版社，2010

14. 明日科技，房大伟. ASP.NET 编程宝典(十年典藏版). 北京：人民邮电出版社，2010

15. 李文强. 跟我学 ASP.NET. 北京：清华大学出版社，2010

16. 郑健. 庖丁解牛：纵向切入 ASP.NET 3.5 控件和组件开发技术(第 2 版). 北京：电子工业出版社，2010

17. Chris Love. 王吉星，熊家军，王海涛译. ASP.NET 3.5 网站开发全程解析(第 3 版)，北京：清华大学出版社，2010

18. 郎登何. ASP.NET(C# 2008)项目开发案例教程. 北京：机械工业出版社，2010

19. 韩颖. ASP.NET 3.5 动态网站开发基础教程. 北京：清华大学出版社，2010

20. 朱先忠. ASP.NET 3.5 前沿技术与实战案例精粹(附 1DVD). 北京：中国铁道出版社，2010